U0270352

大飞机出版工程

总主编 顾诵芬

民用飞机可靠性工程

Civil Aircraft Reliability Engineering

胡广平 叶群峰 包敦永 等 编著

上海交通大学出版社
SHANGHAI JIAO TONG UNIVERSITY PRESS

大飞机读者俱乐部

内容提要

本书从工程应用的角度出发,涵盖了民用飞机可靠性工程的各个方面,包括民用飞机可靠性概念、背景、研究现状以及全寿命周期可靠性设计流程与设计方法。本书重点介绍了民用飞机研制阶段需要进行的各项可靠性工作,包括可靠性定量、定性设计要求,可靠性指标的论证与确定,可靠性指标分配与预计,基于功能的可靠性分析,可靠性验证等理论方法和应用实例,同时,深入介绍了民用飞机可靠性数据、试验、增长、管理的方法和应用。

本书主要面向希望了解更多有关民用飞机可靠性工程的技术人员,可供从事型号研制工作的技术人员及管理人员参考使用,也可作为航空院校本科生和研究生的学习参考书。

图书在版编目(CIP)数据

民用飞机可靠性工程/胡广平等编著. —上海:上海交通大学出版社,2019
大飞机出版工程
ISBN 978 - 7 - 313 - 21961 - 9

Ⅰ.①民…　Ⅱ.①胡…　Ⅲ.①民用飞机—可靠性工程—研究　Ⅳ.①V271

中国版本图书馆 CIP 数据核字(2019)第 199467 号

民用飞机可靠性工程

编　著:胡广平　叶群峰　包敦永　等
出版发行:上海交通大学出版社　　　　　　　　　　地　　址:上海市番禺路 951 号
邮政编码:200030　　　　　　　　　　　　　　　　电　　话:021 - 64071208
印　制:苏州市越洋印刷有限公司　　　　　　　　经　　销:全国新华书店
开　本:710mm×1000mm　1/16　　　　　　　　　印　　张:18
字　数:309 千字
版　次:2019 年 10 月第 1 版　　　　　　　　　　印　　次:2019 年 10 月第 1 次印刷
书　号:ISBN 978 - 7 - 313 - 21961 - 9
定　价:188.00 元

版权所有　侵权必究
告读者:如发现本书有印装质量问题请与印刷厂质量科联系
联系电话:0512 - 68180638

大飞机出版工程

丛书编委会

总主编

顾诵芬（中国航空工业集团公司科技委原副主任、中国科学院和中国工程院院士）

副总主编

贺东风（中国商用飞机有限责任公司董事长）

林忠钦（上海交通大学校长、中国工程院院士）

编委会（按姓氏笔画排序）

王礼恒（中国航天科技集团公司科技委主任、中国工程院院士）

王宗光（上海交通大学原党委书记、教授）

刘　洪（上海交通大学航空航天学院副院长、教授）

任　和（中国商飞上海飞机客户服务公司副总工程师、教授）

李　明（中国航空工业集团沈阳飞机设计研究所科技委委员、中国工程院院士）

吴光辉（中国商用飞机有限责任公司副总经理、总设计师、中国工程院院士）

汪　海（上海市航空材料与结构检测中心主任、研究员）

张卫红（西北工业大学副校长、教授）

张新国（中国航空工业集团副总经理、研究员）

陈　勇（中国商用飞机有限责任公司工程总师、ARJ21飞机总设计师、研究员）

陈迎春（中国商用飞机有限责任公司CR929飞机总设计师、研究员）

陈宗基（北京航空航天大学自动化科学与电气工程学院教授）

陈懋章（北京航空航天大学能源与动力工程学院教授、中国工程院院士）

金德琨（中国航空工业集团公司原科技委委员、研究员）

赵越让（中国商用飞机有限责任公司总经理、研究员）

姜丽萍（中国商用飞机有限责任公司制造总师、研究员）

曹春晓（中国航空工业集团北京航空材料研究院研究员、中国工程院院士）

敬忠良（上海交通大学航空航天学院常务副院长、教授）

傅　山（上海交通大学电子信息与电气工程学院研究员）

总　　序

　　国务院在 2007 年 2 月底批准了大型飞机研制重大科技专项正式立项,得到全国上下各方面的关注。"大型飞机"工程项目作为创新型国家的标志工程重新燃起我们国家和人民共同承载着"航空报国梦"的巨大热情。对于所有从事航空事业的工作者,这是历史赋予的使命和挑战。

　　1903 年 12 月 17 日,美国莱特兄弟制作的世界第一架有动力、可操纵、比重大于空气的载人飞行器试飞成功,标志着人类飞行的梦想变成了现实。飞机作为 20 世纪最重大的科技成果之一,是人类科技创新能力与工业化生产形式相结合的产物,也是现代科学技术的集大成者。军事和民生的需求促进了飞机迅速而不间断的发展和应用,体现了当代科学技术的最新成果;而航空领域的持续探索和不断创新,也为诸多学科的发展和相关技术的突破提供了强劲动力。航空工业已经成为知识密集、技术密集、高附加值、低消耗的产业。

　　从大型飞机工程项目开始论证到确定为《国家中长期科学和技术发展规划纲要》的十六个重大专项之一,直至立项通过,不仅使全国上下重视我国自主航空事业,而且使我们的人民、政府理解了我国航空事业半个多世纪发展的艰辛和成绩。大型飞机重大专项正式立项和启动标志着我国的民用航空进入新纪元。经过 50 多年的风雨历程,当今中国的航空工业已经步入了科学、理性的发展轨道。大型客机项目产业链长、辐射面宽、对国家综合实力带动性强,在国民经济发展和科学技术进步中发挥着重要作用,我国的航空工业迎来了新的发展机遇。

　　大型飞机的研制承载着中国几代航空人的梦想,在 2016 年造出与波音 737 和 A320 改进型一样先进的"国产大飞机"已经成为每个航空人心中奋斗的目标。然而,大型飞机覆盖了机械、电子、材料、冶金、仪器仪表、化工等几乎所有工业门类,集成数学、空气动力学、材料学、人机工程学、自动控制学等多种学科,是一个复杂的科技创新系统。为了迎接新形势下理论、技术和工程等方面的严峻挑战,迫切需要引入、借鉴国外的优秀出版物和数据资料,总结、巩固我们的经验和成果,编著一套以"大飞机"为主题的丛书,借以推动服务"大飞机"作为推动服务整个航空科学的切入点,同时对于促进我国航空事业的发展和加快航空紧缺人才的培养,具有十分重要的现实意义和深远的历史意义。

　　2008 年 5 月,中国商用飞机有限责任公司成立之初,上海交通大学出版社就开始酝酿"大飞机出版工程",这是一项非常适合"大飞机"研制工作时宜的事业。新中国第一位飞机设计宗师——徐舜寿同志在领导我们研制中国第一架喷气式歼击教练机——歼教 1 时,亲自撰写了《飞机性能及算法》,及时编译了第一部《英汉航空工程名词字典》,翻译出版了《飞机构造学》《飞机强度学》,从理论上保证了我们的飞机研制工作。我本人作为航空事业发展 50 多年的见证人,欣然接受上海交通大学出版社的邀请担任该丛书的主编,希望为我国的"大飞机"研制发展出一份力。出版社同时也邀请了王礼恒院士、金德琨研究员、吴光辉总设计师、陈迎春总设计师等航空领域专家撰写专著、精选书目,承担翻译、审校等工作,以确保这套"大飞机"丛书具有高品质和重大的社会价值,为我国的大飞机研制以及学科发展提供参考和智力支持。

　　编著这套丛书,一是总结整理 50 多年来航空科学技术的重要成果及宝贵经验;二是优化航空专业技术教材体系,为飞机设计技术人员的培养提供一套系统、全面的教科书,满足人才培养对教材的迫切需求;三是为大飞机研制提供有力的技术保障;四是将许多专家、教授、学者广博的学识见解和丰富的实践经验总结继承下来,旨在从系统性、完整性和实用性角度出发,把丰富的实践经验进一步理论化、科学化,形成具有我国特色的"大飞机"理论与实践相结合的知识体系。

　　"大飞机出版工程"丛书主要涵盖了总体气动、航空发动机、结构强度、航电、制造等专业方向,知识领域覆盖我国国产大飞机的关键技术。图书类别分为译著、专著、教材、工具书等几个模块;其内容既包括领域内专家们最先进的理论方法和技术成果,也包括来自飞机设计第一线的理论和实践成果。如:2009 年出版的荷兰原福克飞机公司总师撰写的 *Aerodynamic Design of Transport Aircraft*(《运输类飞机的空气动力设计》);由美国堪萨斯大学 2008 年出版的 *Aircraft Propulsion*(《飞机推进》)等国外最新科技的结晶;国内《民用飞机总体设计》等总体阐述之作和《涡量动力学》《民用飞机气动设计》等专业细分的著作;也有《民机设计 1000 问》《英汉航空缩略语词典》等工具类图书。

　　该套图书得到国家出版基金资助,体现了国家对"大型飞机"项目以及"大飞机出版工程"这套丛书的高度重视。这套丛书承担着记载与弘扬科技成就、积累和传播科技知识的使命,凝结了国内外航空领域专业人士的智慧和成果,具有较强的系统性、完整性、实用性和技术前瞻性,既可作为实际工作指导用书,亦可作为相关专业人员的学习参考用书。期望这套丛书能够有益于航空领域里人才的培养,有益于航空工业的发展,有益于大飞机的成功研制。同时,希望能为大飞机工程吸引更多的读者来关心航空、支持航空和热爱航空,并投身于中国航空事业做出一点贡献。

　　　　　　　　　　　　　　　　　　　　　　　　　　　　　　　　　2009 年 12 月 15 日

前　　言

　　随着中国经济的飞速发展,我国民用航空也进入了高速腾飞时期,产品可靠性逐渐体现出它的重要性。可靠性不仅影响产品的性能,而且影响国家经济和安全等重大问题。民用飞机可靠性作为飞机质量的重要特征,直接影响了飞机效能和寿命周期费用,在保证飞机安全运行、经济运营、持续适航等方面具有重要的作用。因此,民用飞机可靠性研究已成为工程和科研的重点问题。

　　在国际上,欧美各国最早推行民用飞机可靠性研究,积累了大量民机可靠性数据,对各种型号飞机使用数据的收集和处理都有相当完备的程序,从而在民用飞机可靠性的研究、应用、推广和发展方面处于领先地位。我国民用飞机设计研制工作起步于 20 世纪 60 年代,与其他国家相比较晚。近年来,在国家大力发展民用飞机的战略部署下,民用飞机可靠性设计与分析研究工作得到了较大的发展。然而,对于民用飞机可靠性工程,目前还没有形成完善的技术体系,国内民用飞机可靠性设计依然缺乏基于民用飞机特点的系统性技术指导资料。本书从工程应用的角度出发,深入研究和总结了民用飞机可靠性工程的概念、背景、研究现状,并提出了一套全寿命周期可靠性设计流程与设计方法,使读者对民用飞机可靠性设计工作有了一个全面的认识和掌握。

　　本书共分为 11 章,第 1 章介绍了民用飞机可靠性的国内外发展状况;第 2 章介绍了民用飞机可靠性的设计与验证体系,全面规划了在整个飞机研制阶段中需要进行的各项可靠性工作;第 3 章介绍了可靠性定量、定性设计要求和可靠性指标的论证与确定方法;第 4 章介绍了可靠性指标分配与预计方法和示例;第 5 章介绍了基于功能的运营可靠性分析过程;第 6 章介绍了可靠性验证方法与示例;第7章介绍了可靠性增长流程、方法和应用;第8章介绍了可靠性分析方法;第9章对可靠性试验的类型、方法等进行了详细阐述;第10章介绍了可靠性数据分析理论方法和其在民用飞机中的应用;第11章介绍了贯穿整个飞机寿命周期的可靠性管理工作。

本书的作者均为奋战在民用飞机研制一线的专家及工程技术人员,在型号研制过程中积累了宝贵的经验。本书的编写参考了国外先进民用飞机主制造商的相关研究资料,同时也结合实践经验,部分研究成果已在型号工作中得到应用,其可行性和有效性得到了验证。

本书编写分工安排如下:第1章由胡广平、陆鹏编写;第2章由叶群峰、包敦永编写;第3章由高伟雁编写;第4章由张凡编写;第5章、第6章、第9章由杨学蕊编写;第7章、第10章由王榕、郑丽平编写;第8章由吕程诚、杨超编写;第11章由杨超编写。全书的统稿工作由张习习、楼圆、郑丽平负责。

由于编者水平有限,书中存在的不足和错误之处,敬请读者批评指正。

编著者

2019.7

目　　录

1　绪论　1

1.1　引言　1

1.2　可靠性工程技术背景　2

1.2.1　国外可靠性工程的发展　2

1.2.2　国内可靠性工程的发展　4

1.3　民用飞机可靠性工程发展历程　5

1.3.1　国外民用飞机可靠性工程发展概况　6

1.3.2　国内的民用航空可靠性发展概况　6

1.4　民用飞机可靠性工程发展趋势　7

2　民用飞机可靠性工程体系　11

2.1　引言　11

2.2　可靠性设计体系　15

2.2.1　可靠性分配与预计　15

2.2.2　基于功能的运营可靠性分析　16

2.2.3　可靠性验证　16

2.3　可靠性管理体系　16

2.3.1　供应商监控与管理　16

2.3.2　FRACAS 系统管理　17

2.3.3　可靠性试验管理　18

2.3.4　其他管理工作　18

2.4　可靠性支持体系　19

2.5　可靠性增长　20

2.6　可靠性试验　21

2.7　可靠性数据分析　21

2.8　可靠性的接口关系　21

　　2.8.1　可靠性与安全性之间的影响分析　22

　　2.8.2　可靠性与维修性之间的影响分析　23

　　2.8.3　可靠性与经济性之间的影响分析　24

　　2.8.4　可靠性与设计活动之间的影响分析　25

　　2.8.5　可靠性与运营和市场活动之间的影响分析　26

　　2.8.6　可靠性与产品支援活动之间的影响分析　26

3　可靠性要求　28

3.1　引言　28

3.2　**影响可靠性的因素**　28

　　3.2.1　任务剖面　28

　　3.2.2　飞机技术　29

　　3.2.3　环境条件　30

　　3.2.4　运营人特点　31

3.3　可靠性目标论证　32

　　3.3.1　相似性分析　33

　　3.3.2　经济性分析　34

　　3.3.3　权衡分析　34

3.4　可靠性定量要求　34

　　3.4.1　可靠性指标要求　35

　　3.4.2　FRA确定的概率要求　37

3.5　可靠性定性要求　38

　　3.5.1　通用要求　38

　　3.5.2　各系统的详细要求　47

　　3.5.3　典型零件可靠性要求　64

4　可靠性分配和预计　68

4.1　引言　68

4.2　可靠性建模　69

　　4.2.1　串联模型　70

　　　4.2.2　并联模型　70

　　　4.2.3　$r/n(G)$表决模型　71

　　　4.2.4　桥联模型　72

　　　4.2.5　旁联模型　72

　4.3　可靠性指标分配　73

　　　4.3.1　可靠性指标分配目的及准则　73

　　　4.3.2　可靠性指标分配方法　74

　　　4.3.3　民用飞机可靠性指标分配　76

　　　4.3.4　某型飞机可靠性指标分配示例　84

　4.4　可靠性预计　88

　　　4.4.1　可靠性预计方法　88

　　　4.4.2　可靠性预计流程、假设和要求　92

　　　4.4.3　民用飞机可靠性指标预计　92

　　　4.4.4　某型飞机可靠性指标预计示例　108

5　**基于功能的运营可靠性分析**　115

　5.1　引言　115

　5.2　基于功能的运营可靠性分析过程　115

　5.3　功能可靠性评估　117

　　　5.3.1　识别需要分析的失效状态　118

　　　5.3.2　分析失效状态对飞机运营的影响　119

　　　5.3.3　确定失效状态的可靠性影响等级　120

　　　5.3.4　确定可靠性影响等级对应的概率要求　121

　　　5.3.5　提出符合性验证方法　122

　　　5.3.6　输出 FRA 结果　122

　5.4　初始主最低设备清单　124

　　　5.4.1　PMMEL 项目选择方法　124

　　　5.4.2　PMMEL 项目的分析　126

　　　5.4.3　PMMEL 项目的维修间隔　127

　　　5.4.4　PMMEL 项目的限制　127

　　　5.4.5　PMMEL 示例　128

　5.5　初步飞机可靠性评估　128

5.5.1　PARA 过程　129

5.5.2　PARA 的输入　129

5.5.3　相互关联性分析　129

5.5.4　评估 AFRA 中确定的失效状态　130

5.6　初步系统可靠性评估　131

5.6.1　PSRA 过程　131

5.6.2　PSRA 的输入　131

5.6.3　失效状态评估　131

5.6.4　PSRA 的输出　132

5.7　系统可靠性评估　133

5.7.1　SRA 的输入　133

5.7.2　失效状态评估　134

5.7.3　SRA 的输出　134

5.8　飞机可靠性评估　135

6　可靠性验证　136

6.1　引言　136

6.2　验证项目　136

6.3　可靠性指标验证方法　137

6.3.1　分析验证　137

6.3.2　试验验证　141

6.4　功能可靠性评估指标验证方法　144

6.4.1　失效状态评估　144

6.4.2　功能可靠性评估指标验证流程　144

6.5　定性可靠性设计要求验证方法　145

7　可靠性增长　147

7.1　引言　147

7.1.1　可靠性增长技术的意义与作用　147

7.1.2　可靠性增长过程与方法　148

7.2　可靠性增长模型　151

7.2.1　杜安模型　152

7.2.2 AMSAA 模型 153

7.2.3 贝叶斯模型 153

7.3 民机研制过程中的可靠性增长 154

7.3.1 民机可靠性增长理论及流程 154

7.3.2 案例 156

8 可靠性工程分析方法 159

8.1 引言 159

8.2 失效模式与影响分析 160

8.2.1 概述 160

8.2.2 失效模式分析 161

8.2.3 失效模式与影响分析方法 162

8.2.4 FMEA 步骤 164

8.3 故障树分析 164

8.3.1 概述 164

8.3.2 FTA 程序 168

8.3.3 最小割集以及定性分析结果的应用 169

8.3.4 故障树的建造 169

8.3.5 故障树定性分析 171

8.3.6 故障树定量分析 172

8.3.7 概率重要度 174

8.3.8 起落架收放系统 FTA 实例 175

8.4 可靠性关键项目分析 178

8.5 符合性检查表法 180

8.5.1 符合性检查对象 180

8.5.2 符合性检查方法 180

8.5.3 符合性检查示例 183

9 可靠性试验 185

9.1 引言 185

9.2 可靠性试验项目 186

9.3 可靠性试验分类 186

    9.3.1　按试验场地分类　188

    9.3.2　按施加应力原则分类　188

    9.3.3　按试验目的和性质分类　189

  9.4　环境应力筛选　189

    9.4.1　ESS 的基本特性　189

    9.4.2　产品各组装等级的 ESS　191

    9.4.3　环境应力的选取　191

    9.4.4　ESS 方法　192

  9.5　可靠性研制试验　192

    9.5.1　可靠性研制试验的特点　193

    9.5.2　可靠性增长摸底试验　193

    9.5.3　可靠性强化试验　194

  9.6　可靠性增长试验　194

    9.6.1　适用对象　195

    9.6.2　试验时间　195

    9.6.3　受试产品　195

    9.6.4　故障分类　196

    9.6.5　可靠性增长目标的确定　196

    9.6.6　可靠性增长模型　197

    9.6.7　可靠性研制试验与可靠性增长试验的关系　198

  9.7　可靠性验证试验　199

    9.7.1　可靠性鉴定试验　200

    9.7.2　可靠性验收试验　200

    9.7.3　可靠性验证试验方案　200

  9.8　寿命试验　202

    9.8.1　产品寿命参数　202

    9.8.2　寿命试验分类及方法　202

  9.9　高加速应力试验　202

    9.9.1　高加速应力试验的发展　203

    9.9.2　高加速应力试验的应用　204

    9.9.3　高加速应力试验的基本原理　205

    9.9.4　高加速寿命试验　206

9.9.5 高加速应力筛选 216

10 可靠性数据分析 228

10.1 引言 228

10.1.1 可靠性数据分析概述 228

10.1.2 可靠性数据分析的目的和意义 228

10.2 可靠性数据收集 229

10.2.1 可靠性数据的特点 229

10.2.2 可靠性数据的内容和来源 230

10.2.3 可靠性数据收集的要求 231

10.2.4 可靠性数据收集程序与方法 232

10.3 可靠性数据处理与评估 233

10.3.1 分布假设检验 233

10.3.2 参数估计 233

10.3.3 基于小样本信息的可靠性数据分析 236

10.4 可靠性故障数据分析 239

10.4.1 民机设计阶段故障数据分析 239

10.4.2 民机运营阶段故障数据分析 242

10.5 可靠性指标数据分析 243

10.5.1 民机设计阶段指标数据分析 243

10.5.2 民机运营阶段指标数据分析 244

11 可靠性管理 246

11.1 引言 246

11.2 可靠性管理模式和组织机构 247

11.2.1 主制造商-供应商模式 247

11.2.2 可靠性管理组织机构 249

11.3 供应商可靠性管理与监控 251

11.3.1 供应商可靠性管理方法 253

11.3.2 合同文件可靠性要求 254

11.3.3 可靠性分析要求文件体系 256

11.3.4 产品可靠性设计评审 256

11.3.5　供应商可靠性试验管理　257

11.3.6　供应商可靠性监控　258

11.3.7　可靠性交付物管理　259

11.4　FRACAS 系统管理　259

11.5　可靠性评审　260

11.6　全寿命阶段可靠性工作　261

11.6.1　需求与概念论证阶段　261

11.6.2　初步设计阶段　262

11.6.3　详细设计阶段　263

11.6.4　试制与验证阶段　263

11.6.5　批生产阶段　263

参考文献　264

缩略语　267

索引　269

1 绪 论

1.1 引言

可靠性工程是民用飞机的重要特性工程之一,是保障飞机飞行安全和高正点率,减少对维修人力和产品支援的要求,并使飞机具有良好经济性的重要因素。高可靠性技术已成为现代航空行业的重要标志,是一个机型能否成为乘客愿意乘坐、驾驶员愿意飞、航空公司愿意运营的重要依据之一。

民用飞机具有较高的系统集成度要求、可靠性和安全性要求、经济性要求、维护性要求。这使得民用飞机的可靠性工程设计工作既要遵循以往可靠性军用标准规定的机载设备可靠性设计方法,又要考虑民用飞机复杂系统集成的特点,开展具有针对民用飞机特点的飞机级和系统级可靠性设计验证工作。

国外各民用飞机主制造商研发起步较早且经过了近百年的不断发展,已经建立了比较成熟的、具有民用飞机特色的可靠性工程技术体系。我国的民用飞机事业自 20 世纪 60 年代起步,经过半个多世纪的坎坷发展,中国的民用飞机研制工作经历了从无到有,从跟随别人步伐到自主研发的曲折历程。特别是近十几年,得益于国家的大型民用飞机发展战略部署,民用飞机可靠性工程技术得到了长足的发展,但是对于民用飞机可靠性工程,目前还没有形成完善的技术体系和成熟的应用方法示例,民用飞机研制的可靠性工程设计过程也不很清晰。

本书立足于工程应用经验,依照国际民用飞机设计标准,从工程技术人员的角度,深入介绍了民用飞机可靠性工程技术全寿命周期可靠性设计、分析、确认、管理、试验与验证体系,帮助读者对民用飞机的可靠性工程技术建立全新的认识。

1.2 可靠性工程技术背景

1.2.1 国外可靠性工程的发展

20 世纪 50 年代是可靠性工程兴起的年代,美军的导弹及军用电子设备出现的严重可靠性问题引起了美国国防部的重视,美国开始有计划、有组织地开展可靠性研究。美军于 1952 年成立了军用电子设备可靠性咨询组,制订可靠性研究与发展计划。美军于 1957 年颁布《军用电子设备可靠性》,报告提出了军用电子设备可靠性设计分析与试验评价的方法与程序,成为可靠性专业的奠基性文件,标志着可靠性工程已成为一门独立的学科。对于 20 世纪 50 年代开始研制的 F - 4、F - 104 等第二代战斗机,研制人员几乎没有开展有计划的可靠性工作,主要靠传统的工程设计方法和质量控制技术获得可靠性,其可靠性水平低,战备完好性和出勤率低,维修和保障费用高。

20 世纪 60 年代,可靠性工程得到全面而迅速的发展,并逐步进入工程应用。在战争中,F - 4、F - 100 和 F - 105 等没有开展可靠性工作的第二代战斗机的任务可靠度仅为 0.5,平均每架飞机每天出动 1 架次。因此,美军在《军用电子设备可靠性》报告的基础上,经过几年的研究与应用,制定和颁布了 MIL - STD - 785 等一系列可靠性军用标准,并在 F - 14A、F - 15A、MI 坦克等第三代装备研制中得到应用。相关人员开始规定这些装备的可靠性要求,制定了可靠性大纲,开展了可靠性分析、设计和可靠性鉴定试验。

20 世纪 70 年代,第三代装备在使用中故障多、可靠性低,可靠性问题引起了美军高层领导的重视。为加强武器装备的可靠性管理,美国国防部建立了统一的管理机构,成立了直属三军联合后勤司令领导的可靠性、可用性与维修性联合技术协调组;建立了全国统一的数据交换网——政府与工业界数据交换网。20 世纪 70 年代后期,在武器装备研制过程中,相关人员开始重视采用可靠性研制与增长试验、环境应力筛选和综合环境试验,并颁布了相应的标准。此外,机械产品和软件可靠性问题等引起了人们的注意。20 世纪 70 年代中期,美军开始秘密研制隐身战斗机 F - 117,由于研制中强调飞机的隐身性能而忽视可靠性,因此飞机迟迟无法形成战斗力。

20 世纪 80 年代,可靠性工程得到深入发展。在战争中,以色列车队依靠具有良好抢修性的武器装备和具有高战伤抢修水平的部队,扭转战局,取得最后胜利,实战表明,可靠性、维修性、保障性是武器装备战斗力的"倍增器"。1980 年,美国国防部颁布了第一个可靠性和维修性条例,规定了国防部武器装备采办的可靠性和维修性政策以及各个部门的职责,并强调从装备研制开始就应开展可靠性和维修性工作。在装备研制和改进、改型过程中,广泛采用可靠性计算机辅助技术(computer aided design,CAD)技术,进行可靠性研制与增长试验和环境应力筛选,大大提高了装备的可靠性水平。1986 年,美国空军从管理入手,推动可靠性与维修性技术的发展,使可靠性与维修性的管理走向制度化,使可靠性与维修性成为航空武器装备战斗力的组成部分。

20 世纪 90 年代,多次战争的经验教训进一步表明了可靠性在现代高技术局部战争中的作用。在可靠性工程领域内,重视高加速寿命试验(highly accelerated life test,HALT)、高加速应力筛选(highly accelerated stress screening,HASS)、失效物理分析、失效模式与影响分析(failure mode and effect analysis,FMEA)等实用性技术的研究,并在 F - 22、F - 35 战斗机和 MIA2 坦克等新一代装备的研制中得到应用。此外,1994 年美军进行了防务采办改革,为了压缩国防经费,时任国防部部长取消了大部分军用标准,造成了武器装备可靠性水平不断下降。在新一代装备中,软件成为决定装备性能的主导因素。美国陆军未来作战系统的软件规模达到了 9 510 万行源代码,该项目成功的关键是在所有的子系统间建立通信网络,而该网络又依赖软件实现其功能。F - 22 战斗机机载软件达 196 万行源代码,执行全机 80% 的功能。然而,软件可靠性比硬件低一个数量级,软件问题已导致导弹误发射、航天飞行器发射失败等许多重大事故,成为装备可靠性和安全性的重大隐患,例如美军"爱国者"导弹曾由于软件系统运行累计误差大,导致发射未能拦截"飞毛腿"导弹,使英军兵营 28 人死亡,98 人受伤。1996 年,欧洲航天局在发射新研制的"阿里安娜 5 号火箭"时,因控制软件错误导致火箭升空数十秒后发生爆炸,卫星发射失败。美国空军 F - 22 战斗机因为航空电子软件可靠性问题,造成飞机飞行试验计划推迟一年多。软件的质量和可靠性已引起世界各国的关注,开展了大量的研究,制定了有关标准和指南,成为今后装备可靠性领域亟待解决的关键技术。

进入 21 世纪以来,美国国防部发现近半数的采办项目在初始试验与验证过程中,作战效能未能满足要求,而且作战适用性差。在 1996—2000 年期间,80% 的装备都达不到要求的使用可靠性水平。国防部针对这些项目进行了一系列研究后发现装备的研制存在着一些严重问题,如设计中考虑可靠性要求不够,较多地依靠可靠性预计而缺乏工程设计分析,防务承包商的可靠性设计实践不符合最佳商业惯例,FMEA 和故障报告、分析和纠正措施系统(fault reporting, analysis and corrective action system，FRACAS)在纠正问题(故障模式)时没有发挥作用,部件和系统的试验不充分,试验时间非常有限,试验样本量太小等。

为了解决武器装备研制中存在的可靠性问题,美国国防部一方面全面深入改革防务采办的政策工程序和方法,另一方面调整装备采办的可靠性政策,制定军民合用的可靠性标准。国防部与工业界、政府电子与信息技术协会密切合作,美国信息技术协会于 2008 年 8 月 1 日正式发布了供国防系统和设备研制与生产用的可靠性工作标准,进一步强化了装备研制的可靠性工作。为贯彻和实施以可靠性增长过程为核心的 GEIA - STD - 0009 标准,美国国防部于 2009 年 5 月颁布了 MIL - HDBK - 00189A《可靠性增长管理手册》以替代 1981 年 2 月发布的 MIL - HDBK - 189 军用手册。此外,陆军装备系统分析局开发了一种有效的可靠性评价工具——可靠性评分卡,用于对项目的可靠性工作进行评分,以定性评价项目的可靠性状况。

与此同时,以故障机理为基础的可靠性预计技术得到深入发展,开发了相应的计算机辅助分析软件,并在 F - 22 战斗机航空电子设备和欧洲 A400M 军用运输机的可靠性设计中得到应用,A400M 首次采用无维修工作期替代传统的平均失效间隔时间(mean time between failures，MTBF)作为飞机的可靠性指标。

1.2.2　国内可靠性工程的发展

1) 航空可靠性工程的诞生

在"七五""八五"期间,可靠性在航空装备领域经历了从无到有的初创阶段。国内可靠性和寿命领域的工作者积极学习国外的先进理论与做法,开展可靠性、寿命领域的标准引进、消化及吸收等工作,向航空装备的管理层和研制人员介绍可靠性工程的基本理念,同时不断进行实践创新,将相关技术方法进行本地化改造,使之符合中国的国情和航空工业现状水平。1985 年,科六字第 1325 号文《航空技术装备寿命和可靠性工作暂行规定(试行)》的颁布标志着可靠性工作已经作为一项专业,在航空产品的研制、生产及使用过程中占据了一席之地。

2) 航空可靠性工程的逐步成熟

在"九五""十五"期间,可靠性专业基本形成了覆盖装备全寿命周期的工作体系。GJB 450A《装备可靠性工作通用要求》成为指导型号开展可靠性工作的顶层文件,同时根据 GJB 899A《可靠性鉴定和验收试验》的要求开展航空产品的可靠性鉴定试验,成为装备产品设计定型必需的工作项目。这一阶段的可靠性工作主要聚焦于研制的末端,在装备研制结束后对装备可靠性水平进行摸底和验证,保证装备试用及使用安全。

3) 航空可靠性工程的改进提升

"十一五"以来,随着航空装备研制迎来蓬勃发展阶段,用户对航空装备可靠性工作的重视程度逐渐提高,装备的可靠性指标要求也越来越高,为可靠性的设计实现及指标验证带来了巨大的挑战。仅仅依靠 GJB 450A 中的常规工作项目已经无法保证装备高可靠性要求的实现,因此,在这一阶段涌现出了大量创新性的可靠性技术,如可靠性仿真试验、可靠性强化试验、可靠性加速试验等,并在某型运输机和某新型歼击机(战斗机)的研制中推广应用。这一阶段可靠性工作的典型特点是强调可靠性工作重心前移,加强研制阶段的可靠性设计和增长,从源头发现产品的潜在薄弱环节,通过早期的设计改进手段提升可靠性水平。同时,提出了可靠性综合评价的思路,除了鉴定外,将研制阶段的可靠性试验结果也纳入评价体系中。这一批可靠性工程新技术的出现,在一定程度上跳出了原有的基于概率统计的可靠性工作模式和方法,引入了基于故障物理的可靠性设计和可靠性试验等新技术,将可靠性的设计和提升落实到产品具体的物理设计参数上,扭转了可靠性工作长期给设计人员带来的"看不见、摸不着"的固有观念,初步实现了产品可靠性与性能的一体化设计,将航空装备的可靠性工作引入了一个新的发展阶段。

总体来讲,经过几代航空工业可靠性工作者的持续探索和发展创新,航空可靠性工程技术的发展成果是突出的,包括从无到有建立了完整的工作体系,解决了装备可靠性的验证问题,解决了装备研制过程中的设计改进和提升问题等。型号可靠性工作的成绩也是明显的,如某型装备通过开展电子设备可靠性仿真试验,平均无故障工作时间提升了 60%。截至 2016 年的统计数据表明,国内在役主战装备的 MTBF 已经大于要求值,与国外装备相比处于同等水平。新一代飞机整机可靠性指标约为三代机的 1.7~2.5 倍。

1.3　民用飞机可靠性工程发展历程

民用飞机特性工程包含了可靠性、安全性、维修性、测试性和可运行性等领域,除却作为适航要求的安全性之外,飞机的可靠性、维修性、测试性和可运行性等设计工作决定了一个型号飞机的设计质量;特别是可靠性工程,作为维修性、测试性和可运行性等设计工作的基础,在决定飞机效能、设备质量、设计成本和运营成本权衡决策等工作中,具有举足轻重的地位。

1.3.1 国外民用飞机可靠性工程发展概况

具有几十年甚至上百年设计研发经验的国际民用飞机主制造商凭借在飞机研制过程中逐渐积累的经验和教训,已经形成了较为成熟的可靠性工程技术体系。作为集聚了干线、支线客机研发制造的欧洲和美洲地区,最早开始在航空航天机载电子设备领域开展可靠性工程的研究和应用,并依靠大量的人力、物力投入和工业应用,制定了一系列可靠性相关的设计、试验和管理标准,对可靠性工程的发展起到了关键的作用,提升了现代工业的可靠性水平。在整体可靠性工程发展的基础上,这些国家和地区也最早开展飞机的可靠性工程研究和应用工作,并且不断对可靠性理论进行完善和创新,将各种可靠性的新理论、新方法应用到最新的民用飞机研究设计、制造、保障和客户支援上,这使得欧美国家在民用飞机可靠性的研究、应用、推广和发展方面处于领先地位,为他们进行整机级、系统级、设备级的创新性设计和可靠性评估提供了基本保障。

在飞机设计公司,可靠性不仅贯穿飞机设计、飞机定型试验、飞机制造、合作方选择、分包生产、保障支援等各个生产环节,而且还广泛地应用于企业管理、营销管理、市场开发、客户服务等多种管理和商务活动中。在设计过程中,不断将可靠性最新研究成果应用于机型的设计研发工作中,使飞机的维护和使用费用大幅减少。对于航空公司来说,这种做法提供了一种更加节约成本、更加经济的飞机,可靠性工程设计为民用飞机主制造商赢得了更多用户,帮助他们更快、更广地占领航空市场。

先进国际主制造商生产的民用飞机在行业内因其经济实用、质量好而耐用、有优良的维护性以及极佳的安全记录,在民用航空业内得到了极高的认同和广泛的赞誉,他们在民用航空领域的地位和成就很大程度上要归功于其可靠性工程的发展和应用。

1.3.2 国内的民用航空可靠性发展概况

我国的民用航空可靠性、维修性、保障性工程始于 20 世纪 70 年代,发展于 80 年代,自 90 年代进入了全面发展阶段。最具有代表意义的是运七支线飞机和运十干线飞机的研制。运十飞机从 1970 年开始研制,1980 年首飞成功,1985 年由于多种原因停止了研制。该飞机由上海飞机研究所和上海飞机制造厂共同研制。虽然运十飞机在研制过程中也考虑了部分可靠性的因素,但是其研制目的是解决"有"和"无"的问题,在方案设计阶段,更多考虑的是飞机性能,许多方面还谈不上可靠性设计。

我国实行改革开放政策后,民用飞机工业走上了对外合作的道路。从 1985 年开始,上航公司与美国麦道公司签订了合作生产 MD82 飞机的协议,后又续签了继续生产 10 架 MD83 飞机的协议,直到 1994 年,共生产了 35 架 MD82、MD83 飞机。与此同时,在 MD82 飞机改型项目中,进行了飞机的可靠性设计和分析,归于适航技术课题研究,进行了 CCAR‐25 的 1309 条的符合性验证研究。从 1995 年开始,航空工业集团与麦道公司合作生产干线飞机 MD90,虽然我国成飞、沈飞、西飞和上航公司都参与了生产,机体的国产化率也达到了 70% 以上,但由于我国不具有麦道飞机设计的知识产权,因此很难有真正的可靠性设计和维修性设计。

1996 年,我国想与欧洲空客公司联合研制 AE‐100 飞机项目,当时在北京集中了我国的一大批航空工业人才,成立了航空工业下属的民用飞机总体设计部,在国家有关部门的支持下开展了大量论证工作,民用飞机的可靠性工作也在过去积累的经验基础上迈上了一个新台阶。在国内航空界可靠性、维修性专业领域有关专家和学者的共同努力下,根据国际民航组织标准、中国民用航空条例、美军标、国标等有关标准及规定,在总结国内外民用飞机研制的经验基础上,反复论证编写了《民用飞机可靠性、维修性技术指南》,为我国民用飞机可靠性的管理、设计、分析、评估、试验、验证及产品支援等工作提供了一套规范的工程指导性文件,其内容涉及可靠性、维修性等参数指标的选择和确定,可靠性、维修性工程和可靠性、维修性管理等领域。

近年来,随着国内新型支线、干线民用客机的研制,可靠性研究有了一个稳定的民用飞机型号作为研究背景,可靠性研究也更加透彻,国内的民机可靠性设计验证工作在逐步跟上技术潮流。

1.4　民用飞机可靠性工程发展趋势

近十几年来,国外的可靠性工程技术不管在顶层的工作体系还是在具体的技术方法方面均发生了一些变化,这些变化总体上是为了与装备新的研制模式、研制技术和复杂装备系统的特点相适应。主要的发展趋势概括如下。

1) 可靠性工作体系逐步与装备系统工程研制过程融合

在美国,随着美军装备采办策略的不断优化,采用系统工程方法进行装备采办逐渐成为美军的强制性要求,美国国防部发布的 D5000.1 采办指令特别强调了采办项目应该基于系统工程方法进行管理,以实现最优的系统性能和最低的总体采办成本。为了在可靠性相关工作中全面落实美国国防部的系统工程采办要求,美国国防部编制了《面向任务成功的可靠性、可用性、维修性工作指南》,并与波音公司、国际自动机工程师学会(SAE)等合作,共同发布了新的可靠性大纲标准 GEIA - STD - 0009《系统设计、研制和制造可靠性大纲标准》。GEIA - STD - 0009 从系统工程的角度出发,阐述了可靠性工作的四项基本要求,如下所示。

(1) 产品开发人员应该与用户一起开展必要的活动,全面理解和定义用户需求,以形成全面的设计规格和可靠性大纲计划。

(2) 在设计过程中应使用完善的可靠性和系统工程过程、开发、设计和验证系统,以保证满足用户的可靠性需求。

(3) 在生产阶段应保证制造过程对固有可靠性的影响最小化。

(4) 应在使用阶段建立可靠性监控系统,进行数据收集、分析、维护和闭环反馈活动。

GEIA - STD - 0009 与以前的可靠性大纲的主要区别在于其将原先的可靠性工作项目要求转变为可靠性工程活动要求,这些工程活动并不对具体的技术、工具、方法进行限制。传统可靠性大纲中的工作项目,如 FMEA、故障树分析(fault tree analysis, FTA)等全部在该标准的附录中作为具体的工具方法列出。GEIA - STD - 0009 中强调的关键工程活动包括如下几个方面,这些工程活动应在设计阶段反复迭代开展。

(1) 系统和产品的可靠性建模。利用可靠性模型描述产品和系统的功能依赖性、冗余、降级模式,分析单点故障和关键产品,将底层的可靠性数据进行综合,开展系统可靠性评估等。

(2) 反复识别和分解产品的寿命周期环境载荷,将环境载荷条件逐步分解为系统、设备、部件、组件。

(3) 反复分析故障机理和故障模式,通过分析、试验及加速试验等手段确定产品的故障模式。

(4) 在各阶段都要策划和实施可靠性验证。针对可靠性需求,利用分析、建模、仿真和试验等手段进行验证,试验条件应尽可能接近真实使用环境。

(5) 在各阶段均实施可靠性验证,根据验证结果综合评价产品的可靠性水平。

2) 系统级产品可靠性技术与基于模型的系统工程集成

随着数字化研制技术的不断更新,产品级的 CAD、计算机辅助工程(computer aided engineering, CAE)和计算机辅助制造(computer aided manufacturing，CAM)等数字化技术不断趋于成熟,数字化研制方式逐渐向系统需求级及架构级延伸,代表性技术是基于模型的系统工程(model based system engineering，MBSE)技术。国外相关的研究机构、企业正在探索将传统的系统可靠性技术与 MBSE 技术融合集成,以支持装备的系统工程过程。

3) 设备级产品可靠性技术向精细化、工程化方向发展

面对机械产品和电子产品的高可靠性要求,产品级可靠性技术逐渐向精细化和工程化方向发展。所谓精细化是指不再以宏观的统计规律为依据进行可靠性设计,而要细化到具体的故障模式的分析、预计和设计控制。能够实现精细化控制,得益于发达国家围绕高可靠性产品设计与验证所需要的各种基础模型(如各种故障物理模型及加速模型等)的研究。例如在故障物理模型研究方面,美国马里兰大学的电子产品系统和寿命分析中心在电子产品故障建模和建设故障物理模型数据库方面做了很多工作,积累了大量的数据,建立了较完整的故障物理模型数据库,在可靠性加速模型的研究方面、在经典的统计模型(如 Arrhenius 模型、Eyring 模型、逆幂律模型以及指数模型)的基础上,引入综合应力的加速模型,从而可以更精确地模拟实际环境条件,利用加速试验中得到的观测值,预计正常使用状态下的寿命指标。所谓工程化是指可靠性设计更多地利用结构设计、热设计等工程分析手段发现产品设计的薄弱环节,并通过设计改进实现可靠性增长。美国陆军装备系统分析中心一直在推行基于故障物理的可靠性预计和试验评估计划,其基本出发点是认为环境条件和工作载荷对产品产生了应力,这些应力最终导致装备故障,因此必须建立适当的应力-故障关系,通过对故障的仿真分析和加速试验验证,实现陆军装备的超高可靠性。美国空军经过对电子设备的故障机理进行大量试验研究,确认了电子设备的故障主要是疲劳和腐蚀等耗损性故障,同时制定了以故障物理技术为核心的航空电子系统完整性大纲,以保证电子设备满足其高可靠性要求。通过在产品设计、研制、生产和验收过程中及时开展分析和加速试验验证工作,为产品设计提供权衡方案和设计改进建议,以设计出具有足够应力裕度的产品,确保不会发生故障。

在 F-22 飞机研制过程中,采用了大量可靠性仿真分析、强化、加速试验等手段提高电子设备的可靠性水平。在试验手段方面,除常规的可靠性鉴定和增长试验外,采用了 HALT 等进行可靠性验证,这些验证试验既是对前期分析结果的验证,也用于检查在分析过程中没有识别出的耐久性故障模式,从而在 F-22 飞机的全寿命阶段内验证各单元的耐久性和性能水平。F-22 飞机开展的可靠性验证试验的条件相对传统可靠性试验的条件更加全面和严格,如 MIL-

STD-810《环境工程考虑与实验室试验》和 RTCA/DO-160《机械设备环境条件和试验程序》中所规定的典型振动试验的持续时间通常只有1~2 h,而典型的F-22飞机设备振动试验持续时间则长达 20 h。除了试验时间更长之外,在F-22飞机项目中,还需对电路板卡插接件进行受迫移位试验(超过3 000 万个周期循环),用于测定由振动环境引起的磨损周期循环数。

4) 可靠性评价方法向基于证据的全过程考核评价转变

目前国内关于可靠性考核评价的一致观点是:一次性的鉴定试验往往不能对产品的可靠性水平进行准确判定,而且随着产品可靠性水平的逐渐提高,使用鉴定试验的方式对可靠性进行评价变得越来越困难,通过研制全程积累的证据来支持证实产品的可靠性增长是可选的另一种评价方式。

可靠性证据是一系列研制材料的组合,这些材料主要用于说明开发人员已经理解了可靠性需求,策划了相关的可靠性活动,瞄准需求不断使用分析和试验的方式进行持续改进,并将采取这些活动形成的文件化证据用于证实产品能达到规定的可靠性要求。

英国国防部于 2011 年颁布的国防标准《可靠性与维修性保证指南——第三部分 可靠性与维修性例证》给出了研制过程中可靠性证据包的构造方法。不同研制阶段提供的可靠性证据有所差异,方案阶段的证据主要用于证明可靠性需求得到了完整的理解以及方案的合理性和可实现性;研制阶段证据主要证明可靠性需求可以实现,可以进入生产阶段;在役阶段证据主要证明系统运行性能良好,任务可靠性指标达标等。

2 民用飞机可靠性工程体系

2.1 引言

民用飞机具有研制技术含量高、系统复杂、研制周期长、市场竞争激烈、重视研制成本及运营经济性等特点,因此民用飞机可靠性是最受业界、航空公司和公众关注的性能之一。提高民用飞机可靠性可以降低研制成本和运营费用,对保证飞机安全运行、经济运营、持续适航具有重要的意义,进而可以提升飞机市场竞争力,保障商业成功。为了达到这一目标,在飞机研制阶段就需要建立一套完整的可靠性设计与管理体系,保证可靠性各项设计工作有序开展,使得民用飞机固有可靠性和运营可靠性得以持续改进和稳步提升。

民用飞机可靠性工程体系全面规划了飞机全寿命周期的可靠性工作,为后续各项可靠性工作的开展以及提出具体工作要求提供基本依据,确保可靠性工作科学、有序、协调地开展;有助于保持飞机的适航性,保证飞行安全,提高飞机的经济性,为飞机的研制提供参考。民用飞机可靠性工程体系如图2-1所示。

根据飞机研制阶段的划分,一般分为需求与概念论证、初步设计、详细设计、试制与验证、批量生产五个阶段,飞机研制阶段及全寿命周期可靠性工作如图2-2所示。

1) 需求与概念论证阶段

在需求与概念论证阶段开展的可靠性工作主要包括如下几个方面。

(1) 确定可靠性参数体系。

(2) 根据相似产品的经验,考虑新研产品的特点并确定可靠性要求,进行指标论证工作。

(3) 建立可靠性组织机构并确定职责。

(4) 开展飞机、系统、供应商等各层级可靠性工作的规划,制订详细的可靠性工作计划,明确各阶段的可靠性工作。

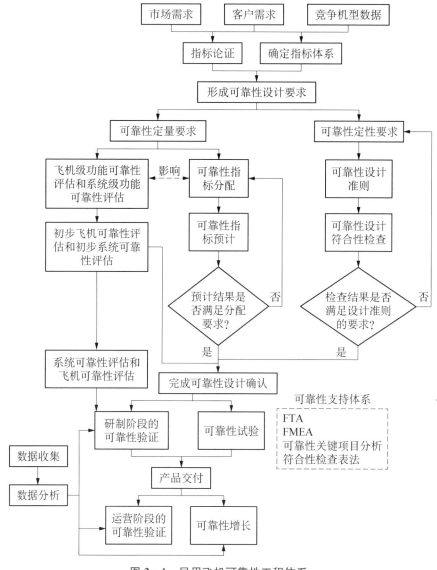

图 2-1 民用飞机可靠性工程体系

（5）开展可靠性顶层文件体系的编制工作，如制订 FTA 要求、可靠性预计要求等。

（6）开展可靠性关键技术攻关工作。

（7）根据飞机功能清单，开展飞机级功能可靠性评估（aircraft functional reliability assessment，AFRA）工作。

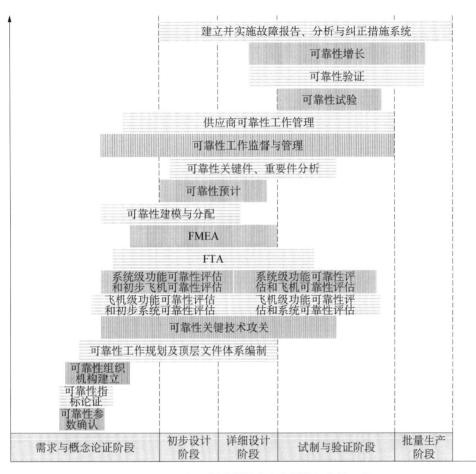

图 2‒2　飞机研制阶段及全寿命周期可靠性工作

（8）开展初步飞机可靠性评估（preliminary aircraft reliability assessment，PARA）。

（9）开始初步系统可靠性评估（preliminary system reliability assessment，PSRA）。

（10）进行初步的 FTA 分析工作，确定影响飞行中断和签派中断的失效状态，并纳入薄弱项目清单。

（11）开展初步的 FMEA。

（12）进行飞机级的可靠性建模工作。

（13）编制供应商可靠性管理及技术要求文件。

（14）进行综合权衡研究，评价设计对可靠性的影响，并根据研究结果提出对系统设计的改进建议，以确保达到符合性能和其他要求的最佳可靠性水平。

（15）分析相似系统的成功设计经验。

（16）按照已确定的可靠性定性要求，制订初步的可靠性设计准则，以指导系统设计。

（17）按照已确定的可靠性定量要求，分配系统可靠性指标，使各系统、各层次的设计人员明确各自的设计目标。

（18）确保将可靠性要求纳入最新的可靠性设计分析、验证的研制规范和设计文件中。

（19）完成需求与概念论证阶段可靠性评审。

2）初步设计阶段

在初步设计阶段应确定可靠性参数和指标，制订更加详细、准确的可靠性设计准则，综合权衡性能、安全性、可靠性、维修性等要求。初步设计阶段具体的可靠性工作主要包括如下几个方面。

（1）随着工程设计工作的开展，建立可靠性模型，进行系统可靠性指标的分配与预计工作，同时进行系统可靠性分配指标的调整工作，使指标分配更合理。

（2）完善可靠性设计准则，并对设计工作进行初步的符合性检查。

（3）开展 AFRA 工作。

（4）开展 PARA 工作。

（5）开展系统级功能可靠性评估（system functional reliability assessment，SFRA）工作。

（6）进行 FTA 等分析工作。

（7）开展 PSRA 工作。

（8）开展初步的功能 FMEA。

（9）制订 FRACAS 初步方案。

（10）开展初步的可靠性薄弱环节分析工作，确定关键的重要功能。

（11）完成初步设计阶段可靠性评审。

3）详细设计阶段

贯彻执行可靠性设计准则，全面开展飞机级、系统级和设备级的可靠性设计工作。详细设计阶段的可靠性工作主要包括如下几个方面。

（1）随着设计工作的深入，建立更加详细、准确的可靠性模型，进行新一轮的系统可靠性预计工作，并初步判断设计方案能否达到系统的可靠性指标要求，以便及时调整设计。

（2）完成 PARA，并随着设计的深入，完善 AFRA。

（3）完成 PSRA，并随着设计的深入，完善 SFRA。

（4）进行 FMEA 和失效模式与影响摘要（failure mode and effect summary，FMES）分析工作。

（5）开始飞机可靠性评估（aircraft reliability assessment，ARA）。

（6）开始系统可靠性评估（system reliability assessment，SRA）。

（7）开展其他可靠性设计分析工作（如余度设计、降额设计、环境防护性设计等）。

（8）确定飞机级、系统级和设备级中的关键件和重要件，落实相应的可靠性控制和管理措施。

（9）完成详细设计阶段可靠性评审。

4）试制与验证阶段

试制与验证阶段的可靠性工作主要包括开展并完成可靠性验证和试验工作，评估系统实现与飞机集成对可靠性要求的制造符合性，完成 AFRA、SFRA、ARA 和 SRA，并按照规定的要求升级相关的文件。

5）批量生产阶段

评估飞机级、系统级和设备级在实际使用中的可靠性水平；完成运营阶段的可靠性验证和可靠性增长；收集、分析、反馈航空公司航线使用的可靠性数据及故障纠正措施。

2.2 可靠性设计体系

可靠性设计体系全面规划了在整个飞机研制阶段需要进行的各项可靠性工作，包括可靠性分配与预计、基于功能的运营可靠性分析、可靠性验证等内容，是开展可靠性工作并保证可靠性设计水平的基础。

2.2.1 可靠性分配与预计

可靠性分配是将顶层的或者上层的可靠性目标与要求按照一定的方法和程序分配到产品的规定层次，以此作为各有关层次的产品可靠性目标。可靠性分配主要适用于工程研制的早期阶段，对于主制造商来说，主要是在总体概念定义阶段与初步设计阶段进行；对于供应商来说，主要在初步设计阶段与详细设计阶段进行，并随着设计方案的不断细化和完善而不断迭代。

可靠性预计是评估产品是否符合可靠性定量要求的方法,它可以作为设计手段为设计决策提供依据。通过可靠性预计,还可以发现设计中的薄弱环节,提出改进措施。在设计的不同阶段及产品的不同层次上可以采用不同的预计方法,由粗到细,随着研制工作的深入而不断细化。

2.2.2 基于功能的运营可靠性分析

基于功能的运营可靠性分析参考 SAE ARP 4754A 和国际先进主制造商的做法,主要包括 AFRA、SFRA、PARA、PSRA、SRA 和 ARA 等内容。分析过程如下所示。

(1) 在设计之初,开展 AFRA 工作,确定飞机级失效状态对运营可靠性的影响,然后通过 PARA 分解到各系统。

(2) 各系统以 PARA 分配结果、系统级功能定义为输入,开展 SFRA 工作,确定各失效状态的概率设计要求,并开展 PSRA,对设计要求进行初步确认。

(3) 在设计完成之后,开展 SRA 和 ARA 工作,对 SFRA 和 ARA 的设计要求进行验证,然后开展产品的试制和飞机试飞、运营工作。

2.2.3 可靠性验证

可靠性验证对系统和设备的可靠性设计结果进行试验与评价,目的是确定所研产品的可靠性是否达到规定的可靠性要求,并及时对设计进行反馈。在飞机级、系统级和设备级的可靠性定量指标确认(分配和预计的迭代)后,开展可靠性定量指标的验证工作。通过可靠性验证,证明可靠性设计要求的符合性。若验证结果不能满足可靠性定量设计要求,则需反馈至设计人员并再次进行可靠性的确认和验证工作,直至满足可靠性设计要求。

可靠性验证方法主要分为分析验证和试验验证,当采用单一的验证方法难以验证可靠性要求时,也可综合应用多种验证方法,考虑多种综合因素进行验证和评估。

2.3 可靠性管理体系

可靠性管理体系规划了整个飞机研制阶段需要进行的各项可靠性管理工作,包括供应商监控与管理、FRACAS 系统管理、可靠性试验管理及其他管理工作,是保证可靠性设计有序开展的基础。

2.3.1 供应商监控与管理

可靠性的供应商监控与管理主要根据定义与计划供应商的可靠性任务和可

靠性要求,管理与监控供应商的可靠性工作,对供应商出现的可靠性问题进行协调、处理与跟踪,评审与检查供应商的可靠性工作及其实施过程,定期审查供应商的可靠性工作进展等。供应商可靠性工作的管理与控制对象主要包括系统供应商和设备供应商,对其实施监控与管理,主要内容如下所示。

(1) 依据飞机的整机可靠性大纲核准供应商提供的产品可靠性大纲及大纲工作计划。

(2) 审查供应商的可靠性设计和分析报告,确定其工作输出和结论满足相应的可靠性要求。

(3) 监督与控制供应商可靠性工作计划的实施。在研制的不同阶段,根据研制工作的特点和需要,对相应的工作进行必要的审查,以确定供应商是否按时完成了规定的可靠性工作。有关可靠性文件、数据的审查应根据研制进度和工作的需要进行,可靠性评审等工作可结合系统的设计评审、技术监督和审查等工作协调进行。

(4) 根据供应商产品的复杂程度和信用情况,要求供应商提供附加的可靠性信息、资料和报告,并依据飞机可靠性要求进行符合性检查。

(5) 明确、落实可靠性指标要求。应明确为了保证飞机达到设计目标,各系统应达到的可靠性指标要求,并将指标要求明确落实到有关技术文件中。

对供应商实施监控与管理的主要方法和手段包括如下方面。

(1) 按计划定期检查供应商可靠性工作计划的执行情况。

(2) 供应商阶段计划执行情况应有明确的记录和阶段报告(如试验记录、验证分析报告)备查。

(3) 参加供应商可靠性工作会议,如技术协调、设计评审、试验验证、产品验收等。

(4) 利用可靠性数据收集、分析、纠正措施系统,掌握被监控产品的可靠性设计活动的开展情况。

(5) 应严格按照合同(或协议)要求及有关规定验收产品。

2.3.2 FRACAS 系统管理

FRACAS 是一个故障报告闭环系统,利用"信息反馈、闭环控制"的原理,通过规范化的管理程序,从分散发生的产品故障中总结出规律,从根本上解决问题,防止故障重复发生。建立 FRACAS 是实现产品可靠性增长、提高产品质量的重要手段。它既有纠正已有故障的现实意义,又能对未来新产品发生类似的故障起到积极的预防作用。

通过 FRACAS 的建立及有效运行,及时报告飞机在研制生产过程中产品发生的所有故障、质量问题或缺陷,分析其影响因素及主要原因,制订和实施有效的纠正措施,验证纠正措施的有效性,并纳入设计、试验等文件,防止故障重复发生,消除重大质量隐患,实现故障的归零管理,从而保证产品的质量持续改进和可靠性增长。在研制阶段应尽早建立和运行 FRACAS,因为在研制阶段采取纠正措施方案的选择灵活性最大,最易于实施,效果也最为明显,也能保证所有故障数据记录在案,并向规定的管理级别报告,以便及时采取纠正措施。

2.3.3　可靠性试验管理

可靠性试验是对产品的可靠性进行调查、分析和评价的一种手段。它可以用试验数据说明产品可靠性,更主要的目的是细致地分析产品在试验中发生的每一个故障的原因和后果,并且应该研究可能采取的有效的纠正措施。

在可靠性设计中,依据产品所处的研制阶段、产品的结构特点、复杂程度、新技术应用程度以及产品的可靠性要求的高低等情况,选择确定要开展的可靠性试验类型与试验产品层次。在试验前制订产品可靠性试验大纲,确定试验时间、试验应力条件与施加方式,明确故障判据、产品故障处理要求、数据收集要求等内容。根据可靠性试验大纲制订相应的试验程序,以保证试验大纲的实施。试验程序必须详细说明待进行的试验、试验设施、待测参数、实施步骤、故障处理程序等;详细记录试验过程中的数据,及时记录试验过程中出现的故障并开展分析,必要时需要开展相应的纠正措施。

在可靠性验证试验开始前,根据需要应在试验现场组织一次试验前准备工作评审,以确定是否具备试验条件,确保已批准的试验大纲及试验程序中规定的所有试验要求都得以满足。在可靠性验证试验期间,根据需要安排试验过程评审,以便及时审查试验的进展情况和最新的试验结果。在试验结束后,根据需要对试验完成情况进行评审,评价试验的结果。

在可靠性试验结束后,试验单位应尽快整理试验数据,编制试验报告,并将试验过程中的所有情况进行总结,编写试验工作总结报告。

2.3.4　其他管理工作

可靠性管理组织、监督和指导全寿命周期内与可靠性有关的所有活动。除上述可靠性管理方面外,其他管理工作包括可靠性组织架构及其职责;可靠性工作大纲与计划;可靠性工作管理、监控与检查;可靠性问题发现、通告与处理机制;可靠性培训等。

针对可靠性管理的实施主体,不同的飞机制造商其组织架构与相关的职责可能会有所不同。为了对产品全寿命周期实施严格的可靠性控制,必须建立健全的可靠性组织机构,全面负责可靠性工程的领导、控制、协调和实施。

制订飞机可靠性工作大纲和工作计划,以实现飞机可靠性设计所需的各项任务,包括飞机设计和研制阶段可靠性工作的实施细则(如工作项目要求、工作内容、完成状态、验收方法等),可靠性工作的组织、人员及职责,可靠性工作进度,工作里程碑和评审节点,工作计划的协调性,可靠性信息的收集、传递、处理和使用,关键问题的解决方法和程序等。

可靠性工作管理、监控与检查主要通过分析、审查和评定可靠性工作项目的设计依据、设计构思、设计方法和设计结果,找出可靠性设计上的疑点和薄弱环节,提出改进措施并做出决策。

对于飞机可靠性设计中出现的问题,制订相应的通告与处理机制,及时采取纠正措施,优化可靠性设计,防止故障复现。

2.4　可靠性支持体系

可靠性支持体系是为可靠性设计与管理提供支持的方法体系,贯穿可靠性工程的全过程,是可靠性工程的重点和核心任务之一。可靠性支持体系包括FTA、FMEA、可靠性关键项目分析、符合性检查表法等内容。

1) 故障树分析

FTA 是一种对复杂系统或影响飞机安全和任务完成的系统常用的安全性、可靠性分析方法。它通过演绎的故障分析法研究特定的系统不希望发生的事件,即顶事件。通过由上而下严格按故障的层次进行因果逻辑分析,逐层找出故障事件的必要且充分的直接原因,画出逻辑关系图(故障树),最终找出导致顶事件发生的所有原因和原因组合。由分析结果可以确定被分析系统的薄弱环节、关键部位、应采取的措施、对可靠性试验的要求等。

FTA 根据分析对象、分析目的、精细程度等不同而不同,但一般按如下步骤进行:建造故障树;故障树规范化、简化和模块分解;定性分析;定量分析;编写FTA 报告。

2) 失效模式与影响分析

FMEA 是确定系统、设备、功能或硬件的失效模式及其对高一层级设计影响的一种系统分析方法,也可以确定每种失效模式的检测方法(如果存在)。

FMEA 的定性分析或定量分析适用于任何类型的系统(包括电气、电子、机械等系统)。

FMES 是对 FMEA 分析中具有相同影响较低层级的失效模式的总结。FMEA 中的故障影响是 FMES 中的失效模式,FMEA 中相同的故障影响在 FMES 中归为一个模式,较高层级的影响列于 FMES 的影响栏。此外,FMES 也可作为 FTA 或其他分析的输入。

3) 可靠性关键项目分析

可靠性关键项目是指飞机各系统中影响航班可靠度和签派可靠度,对安全性有Ⅰ、Ⅱ、Ⅲ类影响的新研或重大改型设备,以往运营数据不理想的货架产品以及设计比较复杂、昂贵设备等。为了达到可靠性指标要求,通过分析可靠性关键项目,为可靠性分析和设计优化提供参考,逐步提高整机可靠性水平。

4) 符合性检查表法

符合性检查表法通过对设计依据、设计构思、设计方法和设计结果的分析、审查和评定,及时发现潜在的设计缺陷和设计薄弱环节,采取有效的纠正措施,加以解决。通过符合性检查表法可以对可靠性设计工作进行有效的监督与控制。

2.5 可靠性增长

可靠性增长是通过不断地消除产品在设计或制造中的薄弱环节,使产品可靠性随时间而逐步提高的过程。当周密的设计完成后,应对它进行故障源检测,以确定现实的或潜在的故障源,进一步的设计工作应集中在这些故障源上。设计工作可以是产品设计,也可以是生产过程设计。可靠性增长的基本过程由三个要素组成:故障源的检测、反馈发现的问题、根据发现的问题进行再设计。

在重新设计之后,故障源检测除了用于完成新故障源的检测外,还用于验证再设计的有效性。如果故障源检测是由试验完成的,那么在再设计后需要制造有关硬件,然后再进行故障源检测。在可靠性增长的基本过程中,故障源检测占据重要地位,它指出再设计的方向,可有效地促进可靠性增长。

由于试验能充分暴露产品的薄弱环节,能有效地验证设计更改,还能对产品的可靠性水平做出客观评估,因此各种试验成了可靠性增长的最主要手段。可靠性增长的基本方法是通过试验发现产品故障,对故障进行分析找出原因,针对故障原因进行设计更改以消除薄弱环节,然后再试验,一方面验证设计更改的有效性,另一方面可发现新的故障。这种基本方法概括为"试验、分析与纠正"。作为可靠性工作项目的可靠性增长试验(称为专门的可靠性增长试验)是一种十分典型的贯穿"试验、分析与纠正"方法的过程。

2.6 可靠性试验

可靠性试验是为了解、评价、分析和提高产品的可靠性而进行的各种试验的总称。可靠性试验可以通过试验数据说明产品是否符合规定的可靠性定量要求,做出接收或不接收,合格或不合格的判定;也可以通过试验发现产品设计、零部件、原材料和工艺方面的缺陷和潜在故障,以便采取有效的改进措施,提高产品可靠性。作为可靠性工程的重要组成部分,常用的可靠性试验包括环境应力筛选、可靠性研制试验、可靠性增长试验、可靠性验证试验、寿命试验、高加速应力试验等,不同试验的目的、取样方法、适用阶段都不尽相同,在研制阶段视设计需要有序开展。

2.7 可靠性数据分析

可靠性数据是指在产品研制、试验、生产和使用过程中产生的可靠性信息。可靠性数据分析就是对这些信息进行定量和定性分析,对产品可靠性水平进行评估,找出影响产品可靠性水平的原因,提高产品可靠性。民用飞机中的可靠性数据分析包括设计过程和运营过程中的可靠性数据分析。

民用飞机设计过程中的可靠性数据分析与可靠性设计过程密不可分。可靠性数据分析支持可靠性设计中的各个部分:捕获(即指标论证和确定)、要求确认和要求验证。通过完成可靠性设计过程,并开展数据分析工作,以达到可靠性数据分析的最终目的:对可靠性水平进行评估,并提高产品可靠性。在产品寿命周期中,还可利用可靠性数据帮助分析和判别失效模式、失效模式影响及故障发生机理,并通过各级数据管理系统对故障开展闭环监控。

民用飞机运营阶段的可靠性数据分析工作可以为设计提供支持,作为设计过程中有效且直接的数据源使用,应用于可靠性指标分配、FMEA 分析等工作中。

2.8 可靠性的接口关系

可靠性是民用飞机的重要特性之一,它与安全性、维修性、可用性并称为民机的"四性"。它在很大程度上反映了飞机在可靠性、正点率等方面的能力,同时也与安全性、维修性、经济性、设计活动、运营和市场活动、产品支援活动有着紧密的关系,如图 2 - 3 所示。

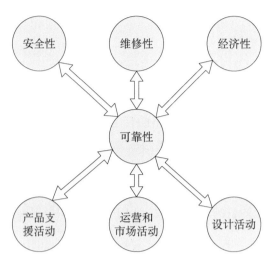

图 2 - 3　可靠性与其他活动之间的关系

2.8.1　可靠性与安全性之间的影响分析

飞机在研制过程中的安全性活动主要包括安全性评估、安全性管理、持续适航的安全性分析、运营安全性评估等。除安全性管理外,其他的安全性技术活动大多围绕故障进行,而故障数据与信息一般来自可靠性。

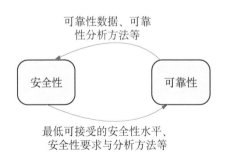

图 2 - 4　可靠性活动与安全性活动之间的相互关系

可靠性与安全性有很多相似的方面,国外民用飞机制造商和系统制造商的安全性与可靠性工作多由一个团队共同完成,它们使用的很多方法是相同或者相似的,比如 FMEA、FTA、关联图分析(dependence diagram analysis,DDA)、功能危险性评估(functional hazard assessment,FHA)、分配与预计方法等。可靠性活动与安全性活动之间的相互关系如图 2 - 4 所示。

可靠性分析是开展安全性评估的基础,可靠性活动为安全性活动提供底层的可靠性数据与信息(FMEA 或者等效方法),相似机型、系统、产品的可靠性数据,可靠性试验数据,试飞与运营可靠性数据,可靠性手册和标准中的可靠性数据与信息,以支持安全性预计、确认与验证工作的开展。此外,安全性分析与评估借用了原来可靠性分析中所使用的方法,比如FTA等,通过这些方法进行安全性要求(包括定性的与定量的)的分配和安全性目标与要求的预计。可靠性的运营数据与相关的可靠性预计分析还能为某些特定的安全性要求提供最有力的证据,例如空中停车率等。

可靠性目标与指标的确定与优化往往是基于最低可接受的安全性水平开展的,特别是签派可靠度,其往往基于安全性或者适航所确定的最低安全性水平和主最低设备清单(master minimum equipment list,MMEL),再结合可靠性预计与设计过程,确定签派可靠度的目标与要求,也为最终的签派可靠度验证活动提供了最直接的依据。在可靠性的分配与设计过程中,会借用一些安全性分析方法和过程,比如FHA、初步系统安全性评估(preliminary system safety assessment,PSSA)等。

2.8.2　可靠性与维修性之间的影响分析

在民用飞机的可靠性设计与分析过程中,可靠性与维修性有着密切的联系,有些设计目标与活动需要综合权衡、分析飞机和系统的可靠性与维修性,例如签派可靠度、平均非计划拆卸间隔时间(mean time between unscheduled removals,MTBUR)等可靠性参数,需要综合考虑与分析可靠性、安全性、维修性与设计等因素最终确定,签派可靠度与其他活动之间的关系如图2-5所示。

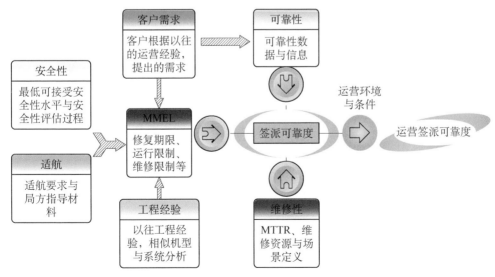

图2-5　签派可靠度与其他活动之间的关系

由上图可知,维修性需要为定义、确认与验证签派可靠度提供平均修复时间(mean time to repair,MTTR)、适用的维修资源、标准维修场景定义、MTBUR等信息与数据,良好的维修性有助于提高和保持高的签派可靠度,并有助于减少或者消除不必要的系统故障(由错误维修导致)。除此之外,飞机的维修策略和飞机技术对民用飞机的可靠性水平也有着重要的影响,例如实时维修、健康监控系统、远程空地数据链等,这些技术大大减少了维修成本、维修时间和非计划维修活动,对提高飞机可靠性水平具有深远的意义。

可靠性活动也为维修性活动提供重要的技术支持。可靠性数据(如FMEA、MTBF等)为维修工程分析、测试性、健康监控、维修间隔的定义等提供了必要的依据。飞机设计会根据产品的可靠性水平优化维修性与布置情况。

2.8.3　可靠性与经济性之间的影响分析

经济性是民用飞机的重要属性之一,是民用飞机制造商与客户最为关注的参数之一,是民用飞机存在与发展的原动力,在市场经济环境下,没有了经济性,民用航空运输业将无从发展。民用飞机的经济性主要包括全寿命周期费用与环境费用(污染物排放),全寿命周期费用包括研制费用、采购费用、使用和运营费用、退役处置费用。

可靠性对保持良好的经济性具有很大的促进作用。良好的可靠性水平会使飞机的系统故障减少、延误率与取消率大大降低,飞机由于技术故障导致的飞机事件,如事故、转场、返场、应急着陆的概率也会大大减少,这些将大大节约成本和减少不必要的经济损失。在经济性计算中,将提供可靠性数据以支持经济性分析与计算。经济性与可靠性之间的相互关系如图2-6所示。

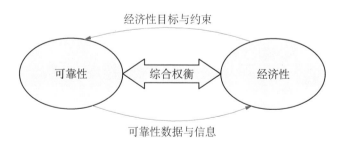

经济性目标与约束

可靠性　　综合权衡　　经济性

可靠性数据与信息

图2-6　经济性与可靠性之间的相互关系

经济性也为可靠性活动提供约束与要求,在定义与分配可靠性目标与要求时,需要充分考虑经济性方面的约束与影响,特别是对于新研产品或者可靠性低的产品,其可靠性目标的定义,可靠性分析、确认、验证活动直接影响飞机的研制成本,在研制过程中过度提高可靠性要求将会使研制成本大大增加,也可能会影响飞机的研制进度。在定义与分配可靠性目标与要求时,需要充分考虑提高可靠性的经济收益,以确定可以得到的收益大于提高可靠性所花费的成本。一般在飞机设计过程中,需要综合权衡可靠性与成本、可靠性与经济性之间的关系,不断对其进行优化,使得可靠性与经济性达到最优状态,这些权衡活动一般会紧密结合飞机、系统、产品的设计过程而开展。

2.8.4 可靠性与设计活动之间的影响分析

设计活动是民用飞机研制的主线,从立项论证阶段到飞机投入运营,民用飞机的论证、设计、制造、试飞、产品支援无不围绕着设计目标与要求的定义、设计方案的优化与确定、设计确认与设计验证等活动展开。可靠性也是设计活动的一部分,可靠性与其他设计活动之间也存在着密切的联系,同时可靠性的目标与要求也需要在设计过程中贯彻,才能够真正提高飞机的可靠性。

一方面,飞机和系统设计是可靠性分析与评估、确认与验证的对象,飞机的可靠性需要通过设计来实施与完成;另一方面,飞机和系统设计活动为可靠性工作的开展提供了必要的输入与设计数据,比如飞机飞行剖面、飞机和系统设计架构、飞机运行环境、系统和设备布置情况及其所处环境、飞机运行条件与运行能力、目标市场、平均航程、特定运行的市场覆盖与航程等。此外,在设计过程中需要综合权衡可靠性、维修性、经济性、重量、性能、客户需求等因素之间的关系,优化飞机和系统的设计。在飞机和系统设计与实现过程中,需要开展确认与验证工作,以确认、验证设计和可靠性目标与要求是否得以满足。系统实现后,在做完有关的评估、分析、检查、测试与相关的试验后,飞机进入试飞与运营阶段。在试飞与运营阶段早期,需进一步检验与验证飞机设计与飞机的可靠性,及时将出现的问题和数据反馈给设计人员,以期实际运行的飞机达到良好的状态。可靠性与设计、确认和验证、试飞和运营之间的关系如图 2-7 所示。

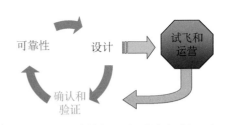

图 2-7 可靠性与设计、确认和验证、试飞和运营之间的关系

可靠性活动也会为设计工作提供方向、目标与要求,并确保所设计的系统与飞机满足既定的可靠性目标与要求。可靠性人员会实时关注与评估变更的设计

对可靠性的影响,在必要时,会联合其他专业进行评估或者采取有关的措施,以确保既定的可靠性目标与要求得以满足。此外,可靠性活动还会为系统设计必要的可靠性数据与信息,以支持系统设计人员开展系统设计活动。

2.8.5　可靠性与运营和市场活动之间的影响分析

市场体现了目前全球或者某一地区和国家飞机的运营情况以及发展趋势。在项目研制过程中飞机制造商会一直持续关注市场动向与客户需求的变化,这些变化有可能会导致飞机设计的变化。例如早期的 A350 项目,空客公司计划在 A330 的基础上通过改进的方式进行 A350 的设计,然而主要的客户如卡塔尔航空、阿联酋航空等航空公司对其早期的设计方案很不满意,从而导致空客公司暂时中止了 A350 项目,并经过研究,于 2008 年启动 A350 XWB 项目。通过市场和客户调研与分析,可以获得最直接的市场和客户需求,包括飞机航程、飞机尺寸、载客量、货舱尺寸、飞机性能、经济性、拟采用的新技术、运行环境与运行能力等,这些信息为确定飞机设计目标与要求提供了重要的支持。同时其他机型与相似机型的运营数据也会为设计提供必要的输入。

通过市场调研与客户需求分析以及其他机型或相似机型的运营数据,可以初步确定飞机设计的主要目标与要求,并且可以了解目前的民用飞机可靠性水平、运营过程中的可靠性问题和潜在的可靠性提升空间。这些信息对于确定所研制飞机的可靠性目标与要求有着重要的作用。市场与其他机型的运营情况会为所研制飞机的可靠性、相似性分析与证明活动提供最有力的支持、最直接的数据与信息。此外,所研制的飞机投入运营后,市场可以验证所研制飞机的可靠性目标是否得到满足,并且可以暴露在反馈设计过程中存在的可靠性问题,支持持续改进,以使所运营的飞机达到良好的可靠性水平。

可靠性活动也会对市场与运营活动产生影响。在项目研制早期或研制过程中,通过可靠性设计与分析活动,可以初步预计飞机能够达到的可靠性水平,这些可靠性数据与信息为市场宣传和与客户签订购机合同和意向提供依据,良好的可靠性水平可以帮助飞机不断地赢得市场,比较差的可靠性水平可能使飞机丧失市场。此外,在投入运营初期,飞机的早期故障一般会很多,这些早期故障会大大影响飞机的可靠性水平,飞机制造商一般会通过持续改进可靠性与设计,不断消除已经发现的早期故障或者错误,以支持飞机在航线上更好地运营。

2.8.6　可靠性与产品支援活动之间的影响分析

产品支援活动是保证民用飞机持续安全、高效与经济运行的必要条件。产品支援包括产品支援分析、MSG－3、备件管理、技术出版物、地面设备等。对于新研的飞机,主制造商除了完成其本身的产品支援分析、定义、确认与验证等工作外,通常还会协助运营人或航空公司完成其相应的工作或者提供技术方案和技术支持。

产品支援与可靠性存在着非常紧密的关系,如图 2－8 所示,一方面FMEA为 MSG－3 提供支持和输入,另一方面标准的产品支援方案假设、MMEL 等为确定签派可靠度与运营可靠度提供了必要的信息与支持。

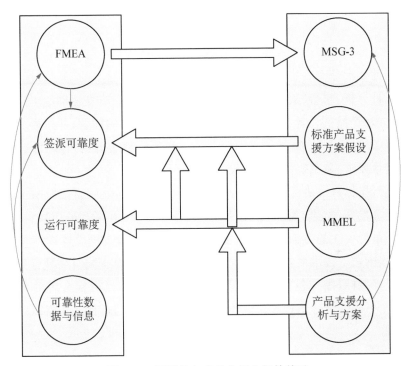

图 2－8　可靠性与产品支援之间的关系

3　可靠性要求

3.1　引言

可靠性要求是产品使用方从可靠性角度向承制方提出的研制目标,是进行可靠性设计分析、制造、试验和验收的依据。研制人员只有在透彻地了解这些要求后,才能在产品的设计、生产过程中充分考虑可靠性的问题,并按要求有计划地实施有关的组织、监督、控制及验证工作。可靠性要求分为可靠性定性要求、可靠性定量要求、典型零件可靠性设计要求。

可靠性指标是民机可靠性设计中的核心内容之一,能够直接反映飞机的可靠性水平和航线的运营情况,影响飞机的经济性水平,在激烈的市场竞争中,是航空公司最为关注的方面之一。在设计过程中应依据飞机总体设计目标与要求,考虑当前航空技术最新发展状况及趋势,提出科学合理同时又具有竞争力的可靠性设计指标,指导各项可靠性设计工作。因此,如何确定合理的可靠性指标,是整个可靠性设计流程的关键环节之一,是飞机的可靠性工作得以开展的前提和基础。

3.2　影响可靠性的因素

在确定各层级可靠性指标之前,首先要分析运营可靠性的影响因素,其次筛选出与前期设计相关的影响因素,最后针对筛选出的因素开展可靠性目标论证及确定工作。在确定可靠性目标时,这些影响因素之间不是简单的数学关系,而是一个根据经验和目标不断权衡的过程。

3.2.1　任务剖面

任务剖面主要包括如下几个特征。

(1) 飞行时间(如短航程飞行、中航程飞行或者长航程飞行)。

（2）高度。

（3）飞机性能和类型等。

3.2.2 飞机技术

飞机技术对于可靠性有很大的影响。例如空客公司最新采用的机载系统确保飞机拥有更好的性能和高可靠度，该机载系统引进了更高的液压工作压力（5 000 psi[①]），使得机载液压设备更小和液压油更轻。重量更轻、维修成本更低的可变频率发生器能提供更多的动力，可靠性和拆换时间间隔也得到了增加。

1）飞机和系统复杂度

当飞机在空中完成预定的滚转动作时，任何设备的失效都可能引起中断。由于飞机系统具有多冗余度，因此在大多数情况下的失效并不会影响飞机正常飞行。然而，飞机的冗余度越高，飞机和系统的复杂度越高，也越需要开展维修策略。

2）故障和失效检测

故障未发现因子（no fault found，NFF）是困扰飞机运营商和维修人员数十年的问题。NFF 是一个典型的事件链，最开始驾驶员发现故障症状，随后维修人员开展检查和维修工作，维修完成后故障症状再次发生。NFF 发生的原因主要有如下 3 种。

（1）故障症状无法复现，因而被认为是"一次性的"。在功能测试时并未采取维修行为并且认为飞机是"可使用的"。经过一段时间后，由于故障的根源依然存在，因此故障症状再次出现。

（2）针对报告的故障症状，维修人员更换他所认为的最可能是故障根源的航线可更换单元（line replaceable unit，LRU）。将被更换的疑似故障的 LRU 送去维修，安装好新的 LRU 后，经过功能测试，飞机显示是"可使用的"。由于故障根源依然存在，因此过一段时间后，故障症状再次出现。

（3）第三种情况和前两种基本相同，区别在于被更换的 LRU 确实存在故障，因此更换后确实将飞机恢复至"可使用的"状态。然而，将 LRU 送去维修后，维修人员无法检测出故障也无法隔离故障的根源。在查找设计及历史故障数据后（通过类型和序列号查找），该 LRU 可能会接受进一步的调查。

检测出故障并将其汇报给机组和维修人员的时间对于运营可靠度而言非常

---

① psi：磅力每平方英寸，压力单位，1 psi＝6.895×10³ Pa。

重要：检测出失效的时间越早，航班延误和取消的可能性越低。应针对故障检测优化和及时实施纠正措施开展更为详细的研究。由于 NFF 存在学科的高复杂性并且需要数据交换，因此是个棘手的问题，在高复杂度工业中并不那么受欢迎。

由于产品类型、设计和年限、制造商和服务提供商的不同，因此 NFF 数值的变化范围也很大。工业数据显示，NFF 最优可达 15% 左右，最差可超过 60%，不同类型设备的 NFF 值如表 3-1 所示。

表 3-1 不同类型设备的 NFF 值

NFF/%	设备类型
10	机械设备
20	电子、液压设备
35	复杂电子设备
>60	旧设计

3) 失效指示和报告

（1）失效指示。飞行设备的失效会导致飞机失去控制，自动驾驶也可能因此而断开连接。因此，若想安全地处理突发状况，则对于特定类型飞机的大气数据系统、自动驾驶系统和飞行指引系统间关系的全面理解是非常必要的。飞机应该具备识别错误指示的能力，从而可以预防潜在的运营中断。

（2）失效报告是为了从失效中吸取经验教训，根据失效报告中收集的数据对失效开展分析并采取纠正措施，进而降低失效发生的概率，提高飞机的可靠性。

FRACAS 针对各类失效提供了报告、分类、分析失效和计划纠正措施等过程，通常在工业环境中用于收集数据、记录和分析系统失效，FRACAS 系统可以管理多种失效报告，显示失效和纠正措施的历史。通常 FRACAS 输出包括外场 MTBF、MTBUR、MTTR、备件消耗、可靠性增长、按类型的失效和事件分布、位置、部件编号、序列号、故障症状等。

4) 维修性特性

为了达到优化维修时间以降低运营中断率、恢复系统正常工作的目的，子系统由 LRU 组成，这些 LRU 之间相互作用，以便尽快提供飞行中所需要的功能。

3.2.3 环境条件

在造成运营中断的因素中，飞行中飞机的外部因素也是需要考虑的。天气状况不好可能会导致整个机场关闭,导致计划在该机场起飞和降落的航班全部取消,计划飞往该机场的航班也只能选择转场。有一些不太恶劣的天气状况可能只会导致飞机延误。在飞机计划飞行的地域分布中,如果存在潮湿的天气情况,则可能会造成腐蚀;如果风沙很大,则可能会造成发动机堵塞,这些都可能导致失效。

3.2.4　运营人特点

1) 内部过程和程序

内部的步骤会对飞机的可靠性造成影响。例如,在中途停留时,机长在飞机的技术日志上记录飞机的硬着陆情况,随后航空公司中途停留技术团队针对硬着陆情况实施技术步骤,包含在飞机的机载档案中,接收的数据总结显示,机械师认为没有必要开展深入的检查,并签字同意飞机可以继续运营。在飞机再次起飞后的初始爬升阶段,机组发现起落架无法收回,链接到客舱空调的一些报警被触发,机长决定返航。

2) 后勤保障

飞行中严重的失效会导致返航或者转场,在这种情况下,飞机应该飞往最近的、可以完成维修的维修基地,在下次起飞前,在签派决策过程中必须处理这一事件。能否迅速地处理好失效取决于所选择机场的资源是否可用(备件可用性和目的机场的维修设施可用性),否则该次飞行会延误或者取消。

3) 飞行机组的资质和经验

在飞行中,唯一能够迅速应对问题的人员就是飞行机组,他们处理正常事件和非正常事件的资质与经验是决定性因素。在处理失效时,机组人员迅速反应十分重要,例如废料箱的指示器出现问题,指示器显示其中一个废料箱已经使用了 20%,然而实际上该废料箱是空的,指示废料箱使用 20% 并不是一个"NO GO"项,但是这花了飞行机组很长时间来搞明白所处的情况并完成文书工作,而事实上这个问题并不应该引发延误。

4) 维修人员的资质和经验

在航空维修和检查任务中,维修人员的资质和经验是导致人为差错的原因之一。很多因素都会影响航空维修人员的工作表现,其中有些是重要的原因,会直接或间接地引起维修中的人为差错。

(1) 时间压力。

(2) 不充足的培训、维修工具和经验。

（3）复杂的维修任务、编写得很差的维修程序、不充足的设备设计、过时的维修手册、不合理的工作布局、疲乏的维修人员和恶劣的工作环境。

一个不合格的、缺乏经验的维修人员会导致很多重要的维修工作出错，例如不正确的安装顺序（如内汽缸垫片和锁环安装顺序出错）、程序缺陷（如前起落架门未关）、错误的部件（如安装了错误的驾驶员静态探针）、错误的设置（如阀反向嵌入）、缺少部件（如螺丝没有密封）、有缺陷的部件（如磨损的电缆、液压油泄漏、破裂的吊架等）、功能性缺陷（如错误的胎压）。

5）接受咨询通告的意愿和能力

咨询通告是飞机、发动机、设备的制造商用于向维修部门交流有关飞机技术问题、改进和提升相关细节的文档，这些技术信息或注解以强制性的或可选择的咨询通告的形式发布，其中，强制性的咨询通告由中国民航局下发相应的适航指令。咨询通告的集成对于飞机运营而言是至关重要的，例如为下一架飞机的维修操作更新飞机、发动机或者部件等。如果维修部门在维修过程中没有能力、承诺或者意愿接受咨询通告，那么那些经过有序的，精确改进的部件、发动机、飞机在使用中就会存在损坏的风险。

3.3　可靠性目标论证

由上可知，与前期设计相关的影响因素主要包括任务剖面、飞机技术、环境条件等，影响运营中断的因素种类繁多，因素之间又存在相互作用，因此，出现运营中断的情况有可能非常严峻，上述提到的所有因素也可能叠加出现。例如同时出现飞机复杂度和故障检测。系统和现代技术日益增长的复杂度增加了有效、迅速地检测故障的难度，因此也增加了系统维修工作的难度。在发生失效后，可能会导致航班延误或取消等影响运营可靠度的事件发生。

搞清楚这些影响运营可靠度的因素之间的相互作用是非常重要的，对于可靠性工程师进行因素权衡也大有帮助。在民用飞机项目可行性论证阶段，可以根据相似产品的经验，考虑新研产品的特点，综合市场需求、运行剖面相似性分析、客户需求、竞争机型的相关数据等因素，进行相似性（含差异性）分析、经济性分析和权衡分析等，完成飞机级、系统级以及失效状态级的可靠性目标论证及确定流程如图 3-1 所示。

飞机级可靠性目标可以通过相似性分析、经济性分析和权衡分析等方面综合考虑确定。

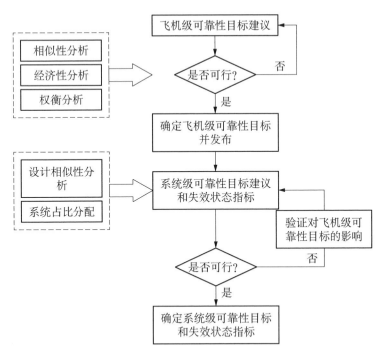

图 3-1　可靠性目标论证及确定流程

3.3.1　相似性分析

相似性分析主要包括技术相似性分析、运行剖面相似性分析、市场分析。

1）技术相似性分析

技术相似性分析主要以市场上成熟运营的竞争机型为分析对象,对竞争机型飞机和各系统的设计方案进行相似性和差异性分析,确定相似性和差异性程度。通过竞争机型的可靠性设计要求和实际运营可靠性水平确定新研民用飞机的可靠性设计要求。

2）运行剖面相似性分析

运行剖面主要包括民用飞机的平均航段里程、平均航段时间、运行环境条件(如温度、振动等)等,确定运行剖面中影响可靠性的因素,并进行相似性和差异性分析,确定相似性和差异性程度。

3）市场分析

需要进行详细的市场分析来评估飞机级可靠性目标,保证该目标能够反映真实的客户需求,有利于产品改进,且超过竞争机型的目标值。航空公司还会关注一些额外的性能指标,如完成因子(实际完成的航班占计划航班的百分比)、停运天数、完成双发飞机延伸航程飞行(extended twin operations,ETOPS)飞行的百分比等。这些额外的可靠性参数可能在航空公司的意见中至关重要,一般由分配的飞机标准剖面决定。

3.3.2 经济性分析

可靠性低导致的高成本可以用平均延误时间成本、每航班取消成本、每航班中断成本、设备拆卸成本等描述。在对成本进行分析时,需要考虑如下几部分内容。

(1) 与乘客有关的成本(如额外的餐饮、过夜、退票或换票)。

(2) 与机组有关的成本(如超时、机组更换)。

(3) 与飞机有关的成本(如维修、附加燃料、机场费用)。

经济性分析主要利用运营中飞机的已有数据乘以相应的比例因子得到分析结果,总体目标是绝对运营成本不高于竞争机型。如果分析结果不满足要求,则可以通过降低 NFF、增加 MTBF、修改 MMEL 等方法进行调整。

3.3.3 权衡分析

可靠性与成本、重量、周期等有密切关系。可靠性要求过高,其成本会增加,并且研制周期和产品重量均会增加,因此可靠性设计要求不是越高越好,必须对可靠性设计要求进行权衡分析。在考虑飞机级、系统级以及设备级可靠性水平的同时应综合考虑可行性、经济性、安全性、测试性、维修性以及重量等因素。

可靠性权衡分析对市场上的飞机、系统以及设备的最高可靠性设计水平和目标进行统计分析,以确保新研机型的可靠性要求在现有可靠性设计能力范围内或通过一定的成本权衡后是可以达到的,而不是脱离市场需求和现有的设计能力确定的,以免可靠性要求无法达到。

3.4 可靠性定量要求

可靠性定量要求是确定产品的可靠性参数,通过可靠性指标论证形成的可靠性指标要求以及通过功能可靠性评估(functional reliability assessment,FRA)分析功能失效对应的可靠性影响等级而产生的概率要求。可靠性定量要求有助于在设计、生产、试验验证、使用过程中用量化的方法评价或验证产品的可靠性水平。

3.4.1　可靠性指标要求

1) 可靠性参数体系

民用飞机可靠性参数体系分为基本可靠性参数和任务可靠性参数。常见的基本可靠性参数有 MTBF、MTBUR 等。常见的任务可靠性参数有签派可靠度、航班可靠度等。行业中常用的重要可靠性参数如表 3-2 所示。

表 3-2　行业中常用的重要可靠性参数表

任务可靠性参数		
可靠性参数	公　式	目标级别
运营中断率(每 100 次起飞)	$\dfrac{运营中断次数}{起飞总次数}\times 100$	飞机级
延误率(每 100 次起飞)	$\dfrac{签派超过 15\,min 次数}{起飞总次数}\times 100$	飞机级
取消率(每 100 次起飞)	$\dfrac{取消次数}{起飞总次数}\times 100$	飞机级
空中中断率(每 100 次起飞)	$\dfrac{中断起飞次数}{起飞总次数}\times 100$	飞机级
地面中断率(每 100 次起飞)	$\dfrac{地面中断次数}{起飞总次数}\times 100$	飞机级
驾驶员报告率(每 100 次起飞或每 1 000 个飞行小时)	$\dfrac{驾驶员报告的次数}{起飞总次数}\times 100$ 或 $\dfrac{驾驶员报告的次数}{总飞行小时数}\times 1\,000$	飞机级
空中停车率(in flight shutdown rate，IFSDR)	$\dfrac{发动机空中停车的总次数}{每架飞机发动机的总数量\times 总飞行小时数\times 1\,000}$	飞机级
签派可靠度(dispatch reliability，DR)	$DR = 1 - \dfrac{技术性延误和取消航班次数}{营运总离站次数}$ $= 1 - \dfrac{地面中断次数}{营运总离站次数}$	飞机级
航班可靠度(schedule reliability，SR)	$SR = 1 - \dfrac{航班中断次数}{营运总离站次数}$ $= 1 - \dfrac{地面中断次数+空中中断次数}{营运总离站次数}$	飞机级
基本可靠性参数		
部件(LRU)非计划拆换率(MTBUR，每 1 000 飞行小时)	$\dfrac{所有飞机级和系统级部件非计划拆换的次数}{累计飞行小时数}\times 1\,000$	部件级

（续表）

可靠性参数	公　式	目标级别
部件（LRU）失效率（MTBF，每 1 000 飞行小时）	$\dfrac{\text{所有飞机级和系统级部件失效次数}}{\text{累计飞行小时数}} \times 1\,000$	部件级

2) 可靠性参数选择

可靠性参数应根据民用飞机的适航要求、国际惯例、产品的层次和特点、预期的维修方案、产品的重要程度等因素选取。

（1）适航要求。适航是政府对于民用飞机进入市场的管制和操作手段，是民用航空器市场准入的最低要求。适航要求是民用飞机必须达到的最低安全要求，飞机可靠性指标的选取应充分考虑适航问题。

（2）国际惯例。可靠性是民用飞机参与国际市场竞争的重要性能指标之一，因此必须选用国际公认的惯用参数，如 DR、MTBF 等。

（3）产品的层次和特点。按飞机整机、发动机、飞机系统、机载设备和重要零部件来选择可靠性、维修性等参数。如对整机可选每飞行小时直接维修工时等；对发动机可选择发动机 IFSDR 等；对飞机系统或机载设备可选择 MTBF 等；对具有机内测试功能的设备可选择故障检测率等。

（4）预期的维修方案。包括维修级别、维修工作要求、维修资源要求等。

（5）产品的重要程度。一般产品只选择可靠性、维修性参数，对飞机安全性影响较大的产品还应选择与安全性有关的参数。

民用飞机可靠性参数主要从飞机正点、安全和经济的角度提出，根据民机在全寿命周期内的不同阶段，民机可靠性主要涉及以下几个可靠性参数：MTBF、SR、DR、MTBUR。

3) 可靠性指标的确定

在确定可靠性指标时，应根据民用飞机的市场预测、用户要求、民航适航条例有关条款的规定，考虑经费、进度、市场竞争、运营、用户使用、维修条件等因素，结合研制单位的能力，经综合权衡后确定。

飞机系统、机载设备、重要零部件的可靠性指标一般应由整机指标分配（或经转换后分配）确定，也可单独提出，但必须与整机的指标相协调。

确定可靠性指标时应依据下列因素。

（1）机型，即考虑飞机是大型的还是小型的；飞行距离是远程、中程还是近程；飞机是宽体还是窄体等。此外，还应该充分了解用户需求、市场预测、未来运营预测等情况。

（2）目前的水平，即国内外同类机型实际已达到的可靠性水平。

（3）在研制过程中准备采用的技术以及预期可靠性提高的程度。

（4）产品的重要度。产品故障对飞机安全、正点、经济性的影响程度。

（5）国内的技术水平。国内的技术基础（如设计技术、元器件、原材料等）和生产水平（如工艺装备水平、加工制造水平、装配水平）等。

（6）民用飞机的使用、维修、售后服务等约束条件。

（7）全面性、完整性。可靠性指标的选取，应能够完整地描述 CR929 飞机可靠性的特性，包括各寿命周期阶段、各任务阶段等。

（8）不重复、不冗余。在飞机的可靠性指标体系中，应尽量减少内涵相互交叉的参数。

（9）可分析、可考核。所选取的可靠性指标必须能够对飞机的可靠性进行定量分析和评估。

在确定可靠性指标时还应该明确如下注意事项。

（1）何时或何阶段应达到的指标。

（2）验证时间与验证方法。

（3）主要航线结构。

（4）其目的是为了明确飞机的使用、维护、停放等环境条件。

（5）飞机利用率。

（6）飞机利用率与飞机的可靠性水平密切相关。

（7）其他假设和约束条件。

指标量值不仅关系到客机的设计思路和设计成本，而且会影响用户的使用成本。在选择可靠性指标时，需要充分考虑市场的需求与目前的工业基础，这是可靠性指标确定工作的一个基本原则。

3.4.2　FRA 确定的概率要求

FRA 是基于 FHA 开展的运营可靠性分析方法。FRA 识别 FHA 中分析的各种失效状态，筛选导致航班中断的失效状态，给出明确概率要求，通过故障树分解到底层设备，更好地对关键项目可靠性水平进行控制，保证运营可靠性。

在进行 FRA 时，可以从失效状态对飞机、机组和乘客的影响，机组发觉方式，机组和维修措施与采取措施后的飞机状态等几个方面分析，确定各失效状态对飞机运营的影响。根据影响程度，失效状态的可靠性影响等级一般可分为

3 类：飞行中断(flight interruption，FI)；签派中断(dispatch interruption，DI)；无运营影响(no operational effect，NOE)。

各影响等级的影响描述如表 3-3 所示。

表 3-3　失效状态可靠性各影响等级描述

失效状态可靠性影响等级	影响描述
FI	影响可能导致空中返场或改航
DI	影响可能导致长时间延误、地面返场、起飞中断或飞行取消
NOE	对运营无影响,但可能会导致驾驶员报告、非计划拆卸或者延时的维修行为

3.5　可靠性定性要求

可靠性定性要求是通过非量化的形式提出可靠性要求,以便通过设计和分析工作,保证产品的可靠性。可靠性定性要求对数值无确切要求,在缺乏大量数据支持的情况下,提出定性要求并加以实现就显得尤为重要。可靠性定性要求一般分为通用要求、各系统的详细要求、典型零件可靠性要求。

3.5.1　通用要求

1) 总体设计要求

民用飞机总体设计的基本要求如下所示。

(1) 在确定系统和设备的总体方案时,应进行可靠性论证,同时对安全性、经济性、可靠性、维修性、性能等进行综合权衡,实现最佳总体方案。

(2) 在确定方案时,应根据飞机总体技术要求,对系统、设备等使用环境进行调研和分析,确定影响可靠性的环境应力,作为可靠性设计的主要依据之一。在设计时应尽量降低对环境的敏感性。

(3) 在系统、设备的可靠性设计过程中须运用可靠性建模、可靠性预计和分配、FMEA、FTA 等分析方法。

(4) 在飞机研制的概念设计、初步设计、详细设计等主要阶段应对系统和设备进行可靠性设计确认、验证或评审,以保证设计的正确性。

(5) 充分利用内场、外场信息进行可靠性设计,对已投入使用的相似产品,应对其常见失效模式、薄弱环节及对可靠性有显著影响的因素进行分析。

(6) 在系统和设备研制过程中,应不断进行可靠性增长工作。

2) 简化设计

简化设计是指飞机在设计过程中,在满足技术要求的前提下尽量简化设计方案,减少零部件、元器件等的规格、品种和数量,并在保障性能要求的前提下达到最简化状态,以便于制造、装配、维修的一种设计措施。简化设计是减少故障、提高飞机可靠性的有效方法之一。通过简化单元、装配件和系统实现简化设计。民机简化设计的基本原则和主要技术如下所示。

(1) 应对产品功能进行分析权衡,合并相同或相似的功能,消除不必要的功能。

(2) 应在满足规定功能要求的条件下,使其设计简单,尽可能减少产品层次和组成单元的数量。

(3) 尽量减少执行冗余功能的零部件、元器件数量。

(4) 应优先选用标准化程度高的零部件、紧固件与连接件、管线、缆线等。

(5) 最大限度地采用通用的组件、零部件、元器件,并尽量减少其品种。

(6) 采用不同工厂生产的相同型号成品件必须能互换安装和功能互换。

(7) 修改产品时,不应改变其安装和连接方式以及有关部位的尺寸,使新旧产品可以互换安装。

3) 冗余设计

冗余设计用多种方式实现飞机功能,是一种最常用的系统容错设计方法。采用冗余设计可以提高系统或设备的任务可靠性,但冗余数增多,相应的检测、判断隔离和转换装置必然会增多,从而会造成系统或设备的基本可靠性降低。系统或设备是否采用冗余技术,需要从任务可靠性、安全性指标要求的高低,基础元器件和成品的可靠性水平,研制周期和费用,使用、维护和保障条件,重量、体积和功耗的限制等多个方面进行综合权衡分析后确定。冗余设计的基本原则如下所示。

(1) 对于运营可靠性要求高的系统和设备,通常可采用冗余设计。

(2) 应考虑采用冗余设计来提高关键的、但可靠性水平低的设备的运营可靠性。

(3) 当简化设计、降额设计及选用的高可靠性的零组件、元器件仍然不能满足运营可靠性或签派可靠性要求时,应采用冗余设计。

(4) 采用冗余设计时,应保证运营可靠性的提高不会被构成余度布局所需的转换器件、检测装置和其他设备所增加的故障率抵消。

(5) 在冗余设计过程中应避免某些设备的单点故障导致冗余作用消失。

（6）影响运营可靠性的关键系统应设置备份或应急系统。当系统不能正常工作时,能自动或人工转入应急系统工作。

（7）应急系统应完全独立于主系统,即应急系统工作应完全不受主系统的影响。

（8）与备份系统有关的电线和设备在机械方面和电气方面应与主系统的电线和设备隔开。

（9）主系统和备份系统的接线不能通过同一个连接器,电路不得通过同一条电源干线和断路开关供电。

4) 环境防护设计

环境防护设计调查环境对产品可靠性的影响,以便研究对策,采取有效措施,设计和制造耐环境的产品,从而提高产品的可靠性。当产品在冲击、振动、潮湿、高低温、盐雾、霉菌、核辐射等恶劣环境下工作时,部分单元会因难以承受这种环境应力的影响而产生故障,所以为了提高产品的可靠性,必须在方案论证与确定及设计阶段就考虑产品的环境防护。环境防护的第一步是确定产品的工作环境,第二步是确定在这种环境条件下所用的元器件及材料的性能。若这种性能不能满足产品可靠性要求或处于临界状态量,则采取环境防护措施,并且选择耐环境的元器件和材料等。环境防护设计的基本原则如下所示。

（1）应采取防冲击和振动的保护措施,包括安装座、紧固装置和隔离措施等。

（2）进行环境防护设计时应考虑环境对产品可靠性的影响,尤其是防盐雾、防潮湿、防霉菌、防腐蚀、防沙尘等。

（3）设计应采取防静电、防雷击的措施,使发生雷击对飞机产生的影响减到最小可接受的程度。

（4）对易腐蚀和易磨损的部位,应选择耐腐蚀和耐磨损的材料,并应采用防腐蚀和防磨损的设计措施。

（5）对于有可能接触漏出来的酸或其他腐蚀性液体的结构,应采用耐腐蚀材料。

5) 标准化设计

在飞机可靠性设计过程中,应贯彻标准化要求。标准化设计有利于保证设备、元器件等的质量和可靠性,减少维修的复杂性并保证在整个寿命周期中都能得到供应,可以大大减少设备的采购和保障费用,提高设备的可用性,减少维修人员,降低其技术水平要求,减少对维修技术文件的需求以及维修备件品种及数量。飞机标准化设计的基本原则包括以下方面。

（1）应尽量采用成熟的设计技术。

（2）在设计中应贯彻标准化要求，尽量采用标准的和互换性好的零部件、元器件、成熟的设备和系统。

（3）优先选用能够解决可靠性问题的普通工艺。

（4）在设计中若采用新技术、新工艺、新材料、新元器件、新设备，则应进行可靠性分析和验证。

6）人机工程设计

人机工程设计就是应用人体工程学与可靠性设计，使所设计的机器设备能充分适应人的生理特点，适合人的操作和使用要求，以排除不良环境对人机系统的影响，保证操作者能安全、舒适、高效地工作，提高人机系统的效能和可靠性。人机工程设计的基本原则包括以下方面。

（1）在进行系统、设备设计时，应进行人机工程设计并满足人机接口要求。

（2）应设置防护与报警装置，使人员不会接近高温、有毒的物质和化学制剂、放射性物质以及其他有害环境。

（3）应采取避免有毒、有害气体进入有人区域的措施。

（4）应尽可能改善操作人员的工作舒适度，减少导致人能力降低和错误增加的因素。

（5）不可要求操作人员同时做太多的工作。

（6）在时间、费用、性能、技术、人力、资源等相互权衡中，尽力减少对人员技能及训练的要求。

7）热设计

温度是影响产品可靠性的主要因素之一，对大部分元器件而言，温度每升高10℃，寿命下降一半。所以在民用飞机产品中多采用热设计的设计手段，其主要目的是通过选择器件、电路设计及结构设计减少温度变化对产品性能的影响，控制产品内部所用元器件的工作温度，使其在产品内部能在所处的工作环境条件下不超过规定的最高允许温度，以保证产品正常、可靠地工作。热设计的基本原则如下所示。

（1）所有的电子设备、驾驶舱仪表和印刷板组件等都应考虑热设计。

（2）电子、电气设备应进行热分析和电应力分析；应根据型号研制需要，采用降额设计。

（3）热设计应与其他设计同时进行，当出现矛盾时，应进行权衡分析。

（4）必须假定所设计的设备会靠近比环境温度更高的设备。

8）电磁兼容设计

电磁兼容性是指系统、分系统、设备在共同的电磁环境中能协调完成各自功能的共存状态，即设备不会受到处于同一电磁环境中的其他设备的电磁干扰而导致性能降低或故障，也不会受到自身的电磁干扰使处于同一电磁环境中的其他设备产生不允许的性能降低或故障。电磁兼容性是设备在电磁环境下工作的一个基本要求，因此在飞机可靠性设计中必须开展电磁兼容设计。电磁兼容设计基本原则如下所示。

（1）电子、电气设备安装应采取有效的电搭接措施。

（2）电子、电气设备的接地应避免与信号和电源共用接地回路，并应对信号电器和电路提供有效屏蔽，避免电磁干扰的影响或将其影响降低到可以接受的程度。

（3）在允许的电磁干扰范围内，不得引起系统故障或性能明显下降。

（4）应具有防止电路中瞬变现象及静电放电而造成部件或设备损坏的保护措施。

（5）高电压、强辐射部位应有明显的标志或说明，采取有效防护或屏蔽措施。

9）防辐射设计

当飞机遭遇辐射环境时，电磁能量会通过机身谐振、驾驶舱风挡、旅客舷窗、门缝、机翼前后缘、垂尾、复合材料区域等电磁薄弱区进入飞机内部。飞机内部的射频能量再通过设备之间的线缆和设备壳体上的缝隙进入设备内部，进而影响设备正常工作。防辐射设计旨在保护飞机电子设备与主要分系统在辐射环境中能够正常工作，其基本原则包括以下方面。

（1）各种信号接地线的设计应符合相关接地标准。

（2）民用飞机机身并非一个理想的屏蔽体，机身上存在的风挡玻璃、旅客舷窗、孔缝、复合材料以及未进行搭接处理的穿墙导体会破坏机身的电磁密封性，针对常见的电磁防护薄弱区域有以下措施。

a. 对于安装于敷设在非气密区的信号线线束，进行屏蔽。

b. 提高舱门四周采用的导电橡胶的屏蔽性能。

c. 提高机身蒙皮上存在的孔缝的屏蔽性能。

d. 对于翼身整流罩、地板以及其他复合材料区域，应确保复合材料能够保证一定的屏蔽性能。

（3）对于使用光纤传输信号的安装,必须采取一定的屏蔽措施,如将数据线进行双层屏蔽或者金属导管屏蔽,使用绝缘材料护套保护光纤等。

（4）在设计系统架构时,若系统的某一部分失效,则为了不让系统功能,尤其是关键功能受到不利影响,系统备份之间应采用非相似设计。

（5）在布局设备及敷设线缆时应考虑以下原则。

a. 执行关键功能的设备优先考虑安装于电磁保护区的舱室。

b. 所有设备,特别是执行关键功能的设备应尽可能远离机身蒙皮上的孔缝区域。

c. 设备之间的线束应尽可能短。

d. 线束在进行敷设时,应尽可能靠近金属结构。

10) 防腐蚀设计

飞机在飞行中,冷热交替、水汽凝结、压力变化和其他影响因素都会导致腐蚀,并扩展到飞机视野外的难以探测的区域。由于腐蚀具有隐蔽性,后续维修费用昂贵且会导致大量故障停机时间,因此在设计过程中需要考虑这个问题。易腐蚀区域如下所示。

（1）乘客门和货舱门的周围结构。

（2）机翼和安定面蒙皮接近沉头螺钉头的区域。

（3）粘合板。

（4）安装接头和机翼机身连接区。

（5）机身上部区域。

（6）机身下部瓣状结构(舱底区)。

（7）机身蒙皮面板附件。

（8）发动机挂架和防火墙。

防腐设计措施包括材料选择、设计原理、制造工艺等方面的考虑,包括下列基本措施和方法。

（1）如果一个设计不能防潮以及防止水积累和滞留,那么就必须想办法排水或者消散湿气。

（2）设计应使用合适的环境稳定型材料。

（3）确定适当的表面处理和保护层。

（4）为检查和维修提供适当的辅助功能。

（5）必须保持制造和装配的高质量。

11）冲击和振动防护设计

在运输和使用过程中，飞机上的设备会受到各种机械力的干扰，这些干扰有可能对设备的可靠性造成危害，其中危害最大的就是冲击和振动，故在进行设备结构设计时，应根据设备的使用场合，了解环境条件及其对设备可能造成的影响等，采取有针对性的措施避免或减小冲击和振动对设备造成的损害。

主要设计考虑如下所示。

（1）在设计结构时必须进行必要的模型模拟试验以确保抗击振动的性能。

（2）当振动源的激励频率很低时，应增强设备结构的刚性，提高设备及元器件的固有频率与振动源激励频率的比值，以防发生共振。

（3）设备的中心应尽可能与支撑结构的几何中心相重合。

（4）对于系统中可能因跌落或松动而损坏或压坏关键活动组件或零件的物体、碎片或移动的设备，应采用钢护装置、保护罩等进行保护。

（5）当设备的设计和制造难以满足规定的振动和冲击要求时，可以使用抗冲击和隔振装置，尽量选用已颁布标准的减振装置。

（6）针对冲击和振动的设计，必须考虑组件相对于支撑结构的位置，相对于冲击和振动力的预计方向的零件方向和挂载零件的方法。

12）防潮设计

潮湿是影响电子设备稳定性和可靠性最严重的因素。无论金属材料还是非金属材料，吸潮后均会在表面形成一层"水膜"，大气中的二氧化碳、二氧化硫等气体会溶解在"水膜"中形成电解液，使绝缘介质的绝缘性能下降，使金属材料产生化学腐蚀或电化学腐蚀。潮湿还会导致霉菌等微生物生长从而侵蚀金属和非金属材料。所以潮湿是造成腐蚀的最大原因。民用飞机设计可以采用单项或几项综合的措施以防止湿气的影响，设计方法如下所示。

（1）采用具有防水、防霉、防锈蚀的材料，并采用圆形边缘，以使保护涂层均匀。

（2）提供排水疏流系统或除湿装置，消除湿气聚集物。

（3）采用干燥装置吸收湿气。

（4）采用密封垫等密封器件。

（5）应用保护涂层以防锈蚀。

（6）进行憎水处理，以降低产品的吸水性或改变其亲水性能。

（7）浸渍，用高强度的、绝缘性能好的涂料填充某些绝缘材料。

（8）灌注和灌封，用环氧树脂、蜡类、沥青、不饱和聚酯树脂、硅橡胶等，加热熔化后注入元器件本身或元器件与外壳的空间、引线孔的孔隙,冷却后自行固化封闭。

13) 防火、防爆设计

飞机可靠性设计应考虑飞机上的组件和产品爆炸(和内爆)、产生火灾的可能性,以及如何最好地预防或者控制爆炸或火灾产生的影响。相关设计考虑如下所示。

(1)飞机上可能着火的区域应采取防火隔离措施。

(2)应尽量避免采用可燃或易燃的材料,必须采用时应与热源、火源隔离。

(3)应按需要绝热或屏蔽高温导管和附件,以防电线、结构或其他附件过热。

(4)高温导管应避免通过电器设备多的地方。

(5)燃油箱应设计有防爆措施。

14) 防沙设计

沙子和灰尘的研磨效果可以通过增加磨损和摩擦热,以及堵塞过滤器、小光圈、精致设备等降低设备性能。灰尘通常包括金属的微小颗粒、固体化学污染物、燃烧产品、火山灰等。灰尘可能是碱性、酸性或可直接对设备产生腐蚀或真菌影响的微生物。沙尘保护必须与其他环境因素的防护措施结合起来。

主要的防砂措施如下所示。

(1)采用空气过滤器,规定允许通过的灰尘颗粒大小。

(2)密封设计。

(3)对设备表面进行耐磨、耐腐蚀涂层处理。

15) 安装、运输和储存设计

安装设计要求如下所示。

(1)电缆、电线的安装应避免因行李、货物及其搬运装置以及服务人员或旅客损坏的可能性。

(2)不允许倒装或不允许旋转某一部位安装的设备或零组件,应采用非对称安装结构。

(3)具有方向性的部件应进行防差错设计。

(4)系统部件分布在飞机上,应要求相互连接的导线长度尽可能短,且保证设备间有足够的隔离。

(5)安装管路时应保证合适的支承间隔。

(6)避免在两个刚性支承接头之间安装直导管。

（7）导管和导管之间，导管和结构、运动部件之间，导管和其他系统之间应有合理且足够的间隙，以保证在最不利的制造公差、最严苛的环境条件、最严重的变形条件下不产生相互接触或磨损。

（8）线束的安装和支撑应牢固，防止绝缘材料在飞机使用期间磨损。在强振动和结构有相对运动的区域，应采用特殊的安装预防措施，如缩小卡箍的间隔。

（9）安装在飞机上的电子设备均应采取减振措施，并与其周围结构留有足够的间隙，避免飞行过程中产生碰撞。

（10）所有的设备在安装时都应采取措施以防止液压、燃油两系统管路的漏油而污染该设备。

运输和储存设计要求如下所示。

（1）应消除或尽量避免由设计产生的在包装、运输、储存、装卸过程中产品的损坏或性能下降。

（2）对那些由冲击、振动、静电放电以及其他不明原因造成的损坏、性能退化和污染敏感的关键、精密的元器件和设备，应规定特殊的装卸和运输要求。

（3）产品在出厂时应按相关要求进行包装，满足防潮防雨、防震和防霉菌的要求，从而保证运输和存储的可靠性。

16）原材料、零部件和元器件选用要求

电子元器件、机械零部件是产品的基础部件，是能够完成预定功能且不能再分割的基本单元。民用飞机上的所有系统都是由各种基础产品（包括各种元器件、零部件）构成的。由于元器件、零部件的数量、品种众多，所以它们的性能、可靠性、费用等参数对整个系统的性能、可靠性、寿命周期费用等影响极大。

原材料是各种基础产品的基本功能得以实现的基础，而原材料在一定的工作和环境条件下，尤其是在恶劣和严苛的环境条件下，极易产生各种可靠性的问题，对整个系统的可靠性和寿命具有重要的影响。此外，原材料的选择还与产品的性能、成本、进度等密切相关，必须对其加以控制。

在元器件、零部件和原材料选择与控制工作中，需要考虑下列方面。

（1）应对元器件、零部件、设备和成品进行必要的筛选、老练、磨合试验，以提高其可靠性。

（2）当用一种规格的元器件完成多个功能时，应对所有的功能进行验证，并且在验证合格后才能采用。

（3）应该尽可能选择具有可靠性验证记录的标准部件，这样能够使设计、生产和操作成本最小化，尤其是备件成本。

（4）根据零部件的使用工况（含主要功能）选择原材料。

（5）应考虑在典型工况和极限工况条件下原材料的热性能要求。

（6）应考虑原材料在加工、使用以及清洁等过程中可能暴露的化学环境条件影响。

（7）应考虑原材料的其他特性要求，如相对耐冲击性和韧性、热膨胀率、尺寸稳定性等。

17）鲁棒设计

鲁棒设计能降低所设计的系统性能对于制造过程中的波动或其工作环境（包括维护、运输和储存）的变化的敏感性，而且尽管零部件会漂移或老化，系统仍能在其寿命周期内以可接受的水平持续工作。飞机鲁棒设计要求如下所示。

（1）电子、电气元器件和电路应进行参数容差分析，以保证电路性能在全寿命周期内符合规定的要求。

（2）系统和设备的电路设计应考虑到各设备的击穿电压、功耗极限、电流密度极限、电压增益、电流增益的限制等因素，以确保电路工作的稳定性，减少电路工作的故障。

（3）发射天线与接收天线之间应有足够的隔离度，使发射机与接收机不会发生自发自收现象。

（4）应把电路交叉连接或倒相的可能性减到最小。

（5）在进行总体布局时应尽量避免某一系统或设备的损坏、爆裂等导致其他系统的故障。

（6）有旋转零件的电气设备应当设置有防护措施，以免发生故障时会损坏其他设备。

（7）应确保各系统、设备之间接口的可靠性，并保证接口的局部故障不会引起故障扩散。

3.5.2　各系统的详细要求

1）空调系统

（1）进入驾驶舱和客舱的空气应无毒、无嗅味，对能见度无不良影响。

（2）应设计有防止气体倒流进入气源的装置，防止发动机性能下降，同时当一个气源发生故障时能保证正常的气流控制。

（3）应安装分路截流活门或其他相应措施，能隔离损坏的分系统。

（4）应按需要绝热屏蔽高温导管和附件，以防止电线、结构或其他附件过热。

（5）温度控制系统应配有备份的控制系统，设计时还应考虑：

a. 选用已经证明有良好使用性能的组件、零部件、元器件。

b. 确定环境极限条件，设计应留有一定的余量。

（6）若设备冷却系统设置了一个正常冷却系统和一个备用冷却系统，则应保证当正常冷却系统出现故障时，备用冷却系统自动启动，并通告维护人员；当正常系统、备用系统均出现故障时应警告机组人员。

（7）设备冷却系统不能对驾驶舱和客舱的空气分配、压力调节、货舱加热系统造成影响。

（8）空调系统空气流量的分配应设计成在给定的环境内不会使驾驶员不舒适或明显地使设备可靠性降低。

2) 自动飞行系统

（1）自动飞行系统的设计应使驾驶员操作错误的概率减至最小。

（2）自动飞行系统的故障若存在使飞行航迹有危险偏离的可能，则应考虑驾驶员采取必要措施前的正常反应时间。

（3）自动飞行系统应设计成单个故障或故障组合不会造成飞机任何部分超出容许限制载荷或明显不稳定的机动动作。

（4）自动飞行系统应具有使所有警告接入飞机主警告系统的措施。

（5）自动驾驶仪的设计应保证安装在驾驶盘或侧杆上的断开开关可以正常人工断开。

（6）驾驶员无须断开自动油门就能人工干预。

（7）监控传感器应按"故障—自动防护"原则设计。

（8）应当有迅速而又可靠的措施，能将自动驾驶仪和有关伺服机构与主飞行操纵系统断开。

3) 通信系统

（1）通信系统无线电设备的安装应为空勤人员在飞行中使用提供最佳的操作状态，控制器应清晰可见，指示应易于判断。

（2）设计应使控制器便于操作，而且使误用的可能性减至最小。

（3）通信系统的设计应根据任务目标应用自动防故障系统或冗余系统的设

计原理。

（4）通信系统每一条线路的安装位置都应保证一条线路在事故中遭到破坏时，其他的余度线路不会同时遭到破坏。

（5）通信系统的主要功能部件都应有状态显示，以监视系统的工作。

（6）无线电设备的设计和安装应考虑各通道、波段间的相互干扰，并应采取防干扰措施。

（7）设计应考虑电磁兼容。应采取措施，排除或抑制电磁及其噪声对电路、器件等的干扰。

4）电源系统

（1）电源系统应考虑采用冗余设计。

（2）当电源系统的一个电源通道不工作时，系统应仍能向所有重要电气设备供电。

（3）机载外电源控制电路应具有逆相序保护，防止逆相序外电源向飞机电气系统供电。

（4）控制开关应易于接近，以便驾驶员在飞行中能够将电源通道与系统单独断开或一起断开。

（5）电源系统应设有自动保护装置，当任一主电源、外部电源或辅助电源的电压或频率不在技术指标范围之内时，使其与电气系统断开。

（6）系统保护应设计成能够有选择地隔离发生故障部分的同时对电源影响尽量小，并且使无故障的电源系统和无故障的用电设备能正常工作。

（7）应设有自动卸载功能，以免主电源过载。

（8）在正常工作时，设计应防止本不允许并联工作的电源并联。

（9）除主汇流条故障或有关保护装置发生故障外，任何单个故障都不能使任一主汇流条长时间无电，可通过手动转换使汇流条恢复供电。

（10）驾驶员应能得到任一电源故障和（或）向重要设备供电的任一汇流条供电中断的指示及警告。

（11）检测设备或系统的显示装置发生故障，不应使被监控的系统性能下降或故障。

（12）可能从蓄电瓶中逸出的易燃及有毒气体、腐蚀性气体或液体均不得损坏周围的飞机结构和邻近的重要设备。

（13）电缆和导线应组合成束并互相隔开，以便使载有大电流的电线发生故障时，对重要用电设备的供电电路的损害减至最小。

（14）与发电机通路有关的电线和设备应彼此隔离，以防单个通道故障造成其他通道故障。

（15）备用系统的电线和设备应与其他系统的电线和设备隔开，并使用独立的接地螺栓。

（16）对于多通道系统和冗余系统的供电，应当使用独立的线路，使任何单个故障或失效都不能引起一个以上相同的通道或分系统的失效。

（17）在要求有防护措施之处，为减少电磁干扰或对不易接近的区域布线，可使用管道。

（18）接线板应采取可靠的保护措施，防止与各种金属碎片接触或受到环境因素影响而发生短路。

（19）禁止将电源线和信号线连接在连接器的相邻插针上。

（20）外部电源插座的安装位置应尽可能远离易燃气体或液体的聚积点。

5）设备/装饰系统

（1）厨房设备的设计应考虑消除在长期使用过程中，由于不正确使用和搬运、液体的溢出、固体的洒落、湿气、腐蚀等可能对安全和结构完整性产生的有害影响。

（2）厨房区域地板表面应选用耐磨、耐热、防滑的材料。

（3）电气部件和导线束的位置应尽量避免暴露在烹饪蒸汽、烹饪废物、废水或漏水中。

（4）厨房内所有可活动的设备，如铰链、转动的门、抽屉、折叠的架子、推拉式部件、可卸组件等应能随时定位或固定。

6）防火系统

（1）应确定所有可能着火的区域，并在每一指定火区设置火警探测装置。

（2）通过火区的空气管路和其他器件应是耐火的，活门应能关闭，以防止空气流出。

（3）防火控制板上应对每个发动机设置发动机防火开关，用以切断燃油、液压油、引气并断开发动机电路，此开关还应能打开灭火控制电路的保险。

（4）进入和通过火区的易燃液体管路应设置截流装置，用于应急切断通向火源的易燃液体。

（5）驾驶舱、客舱等机舱的内部材料不应选用有毒、易燃的材料。

（6）系统控制功能应具有监测所有着火探测回路、过热探测回路和烟雾探测器的能力，以确定着火、过热和烟雾状况。

（7）火警探测和过热探测部件与相邻的结构和设备之间应保持一定的间隙，且应容易更换，元器件连接应能够承受所在环境并保证可靠。

（8）烟雾探测系统应具有自检测功能。

（9）货舱烟雾探测器的安装应便于拆换并能防止货舱内物品对烟雾探测器造成损坏。

（10）每台发动机舱和辅助动力装置（auxiliary power unit，APU）舱应设有两个互为冗余的着火和过热探测回路，以提高系统的签派可靠性并降低误报警率。

（11）发动机灭火系统应可以两次灭火。

（12）灭火系统的灭火开关应具有保护措施，避免非指令性启动。

（13）火警探测线路和灭火系统应通过各自的线路供电，并在主汇流条断电的情况下仍能工作。

（14）应保证灭火触发器结构密封、不锈蚀。

（15）单一的设备故障不应导致下列错误：

a. 无法探测到火警、过热、烟雾。

b. 探测器一个通道的缺失不能导致探测系统的工作故障。

c. 对两台发动机的错误探测。

d. 真实火警位置的探测失误。

7）飞行控制系统

（1）对于系统的部件，应根据需要采取保护措施，防止被掉落下来的或松动的零件卡住，防止在进行维修及移动货物时，影响其正常工作。

（2）应为部件上可能积存液体的凹坑开辟排液通道。

（3）系统应安装指示临界失速状态的失速警告装置。

（4）应保证由于货物、旅客、松散的物体和水汽结冰等因素造成的卡死、擦伤和相互干扰的概率减至最小。

（5）横向操纵系统任何单个液压源或电源故障都不能引起副翼或扰流板的非指令偏转。当任何单个液压或电气系统出现故障时，横向操纵力对于左、右滚转操纵指令必须是对称的。

（6）对任何可能引起飞机操纵系统不安全的故障，都应提供清晰可辨的警告。

（7）当飞机处于爬升、巡航、下降、进近的状态时，全部发动机故障后，飞机仍应是可操纵的，且有能力从合理的进近速度拉平到接地时的着陆状态。

（8）若副翼采用液压动力操纵，则至少应有两套液压系统进行驱动，以便在任何单个液压系统或动力源发生故障时，保证高速横向配平和自动驾驶仪的功能。

（9）任何液压或电源故障时，减速板都不应出现不对称情况和非指令工作状态。

（10）采用液压助力的飞行操纵系统的各个部件，应当设计成发生任何单个部件的故障都不会导致多于一个液压系统的故障。

（11）任何单个故障，包括卡阻，都不应导致两个驾驶员的操纵能力同时丧失。

（12）任何单个故障都不允许操纵停留在极端位置。

（13）任何单个液压系统发生故障后，都应保证升降舵的操纵有足够的起飞抬前轮能力。

（14）操纵机构的安装位置应保证操纵机构不会受到干扰和破坏。

（15）操纵面位置指示应当显示出来，显示器应当显示安全起飞、飞行、着陆时操纵面的位置。

（16）应确切地向驾驶员指示飞机左侧和右侧后缘襟翼位置；指示器还应清晰地显示左、右两侧襟翼间对应的不对称度。

（17）襟翼任何驱动部件的故障都不应使相邻的操纵面卡住，也不应影响其他的飞行操纵系统部件。

（18）钢索、传动连杆和扭力管的位置设计应考虑结构的变形及其对功能的影响。

（19）使用联锁装置或限制器保护的设备，应防止在超过结构极限载荷的情况下运动。

（20）主飞行控制系统设备的设计和安装（包括电搭接）应具有对闪电直接和间接效应、高强度辐射场和电磁干扰的防护能力。

8）燃油系统

（1）应尽可能采用双泵配置，必要时可设置应急油泵；当任一主油泵发生故障时，应急油泵应能立即代替该主油泵的部分或全部工作。

（2）应使各发动机有一套相对独立的供油系统，在必要时应能将任一油箱内的燃油供给任何一台发动机，同时要求在切断某一发动机或某几台发动机的供油时，不中断其余发动机的供油。

（3）应保证燃油系统的构件不因结冰而影响工作。

（4）燃油系统各部件、管路和附件之间以及系统与飞机结构之间均应有良好的电搭接；在地面加油和放油时应有搭接的措施。

（5）燃油箱应能承受使用中可能遇到的振动、惯性、压力及结构载荷而不至损坏。

（6）油箱应设有放油活门，以便放出油箱中的水和沉淀物。放油活门应有保险装置，保证不会在无意间打开。

（7）燃油管的设计和安装允许出现合理的变形和拉伸而不漏油。

（8）在相互间有相对运动的部件和燃油导管相接时，应有柔性连接措施。

（9）每根燃油导管的安装和支承都应能防止过度的振动，并能承受由于压力及各种加速度飞行条件所造成的载荷。经过增压区的导管应有防护套管，套管接头应尽量少，并能耐冲击。

（10）对于燃油管路的安装，应保证把泄漏带来的影响减到最小。

（11）燃油管路的敷设应考虑机体变形和热膨胀的补偿。

（12）重力加油口应设置漏油管，将雨水和溢出的燃油排出机外。

（13）重力加油口的位置应保证飞机处于正常停机状态时，不会无意中使油箱的膨胀空间加满燃油。

（14）通气管路的布置应保证飞机在地面停机状态时，不应有任何能够产生积水或积聚外来杂物的过度弯曲或回路。

（15）通气口应设在不易着火、结冰和堵塞的地方；并且通气口应设防鸟网，防止杂物及昆虫进入燃油系统。

（16）应对金属零件进行防腐处理。防止金属零件受燃油、盐雾、潮气和霉菌的腐蚀，或在运输、储存及正常工作寿命周期内发生损坏。

（17）燃油箱应设置集液槽，允许飞机在地面上时将任何危险量的水从油箱各个部位排向集液槽；并且当飞机在地面上时，集液槽内的沉淀物和水能完全排出。

（18）油箱通气系统应确保燃油箱在任何正常飞行状态下都能正常通气。

（19）通气系统应确保燃油箱能从顶部膨胀空间通气，并防止飞机在任何正常机动下的燃油溢出或虹吸现象。

（20）燃油系统应具有自检测功能。

（21）燃油系统所用材料应与燃油及燃油蒸气相容，且不允许镁、镉和没有进行表面保护处理的铜与燃油及燃油蒸气直接接触。

9) 液压系统

（1）单个液压系统的故障不应影响飞机的继续安全飞行。

（2）液压系统设计应保证单个故障或由一个原因引起的任何故障组合不会导致重大事故的发生。

（3）液压系统附件的任何单个故障都不应造成多于一个的液压系统故障的发生。

（4）应根据系统的具体特点，设置若干检测点和污染指示器。

（5）应设置正、副驾驶员均可观察到的指示显示警告，以便监控主要的液压系统参数并报警可能发生的不安全状态。至少应设置下列信号：

a. 每个液压系统有一个低压信号。

b. 每台液压油泵有一个低压信号。

c. 每个系统液压油箱有低油量信号。

d. 每个液压系统或油泵回路有过热警告灯指示油温已超过允许值。

（6）液压系统的设计应使任一附件的正常工作不受系统内反压力或反压力变化的影响，并保证系统内任一附件故障发生时不会使应急系统或备用系统因反压力作用而失灵。

（7）对系统控制装置如开关、手柄等，应加以保护，防止意外触动而可能导致的危险。

（8）应提供适当精度的液压油滤，防止因液压油污染而导致附件损坏或系统失灵。

（9）应具有使油液温度保持在设计允许的范围之内的措施。

（10）液压系统的附件应密封可靠，各结合部位的密封性应良好，传动装置应有防止油渗漏的有效结构措施。

（11）液压系统的每个附件都应设计成能承受工作压力与可能出现的结构使用载荷的合成载荷，且不产生妨碍执行其预定功能的变形或故障。

（12）设备的安装和支承应能够防止预计的最大振动、摩擦、腐蚀和机械损坏，并能承受住惯性载荷。

（13）液压油箱的设计应满足下列要求：

a. 应保证油液最大速率流入时不损坏。

b. 应避免在工作中产生气穴现象。

c. 应安装释压阀，避免液压油箱和有关设备压力过大。

（14）每个液压系统都应有自己的独立油箱，每个油箱都应有单独的加油口。

（15）如果泵是根据不能逆转的条件设计的，则系统和附件的设计应使任何一个故障均不会导致泵的逆转。

（16）对于液压管路的敷设，应选择在电线下面；若一定要在上面，则应保证电线卡箍损坏时电线不应与液压管路相接触。

（17）在设计导管时，非活动位置尽量不用软管连接，以提高使用可靠性；导管安装应考虑温度补偿，无支撑悬空长度应符合有关设计规定，弯曲半径适中，避免扭曲；软管接头不应承受过高的应力，并防止与其他机件摩擦。

（18）地面维护加压、地面维护回油口均应有保护盖，以防油液外泄及杂物进入。保护盖应有系留带，以防丢失或弄脏。

10）防冰/除雨系统

（1）对于飞机外表面、发动机短舱、风挡玻璃、天线、冲压空气进口等，除非能证明在设计和布局上已保证不可能结冰或结冰后不会影响使用性能和安全，否则应有防冰措施。

（2）应安装结冰探测装置，及时、准确地向机组发出结冰警告信号，以便及时接通防冰系统。如果误用了防冰/除雨系统，则应向机组发出误用警告信号。

（3）防冰系统正常工作或发生单个故障时，不应造成过热或超压等不良影响。

（4）机翼前缘若采用热气防冰，则左、右机翼防冰系统应相互连接并具有交叉引气能力和隔离能力。

（5）每台发动机的进气口都应有独立的防冰系统。

（6）机翼、发动机短舱、驾驶舱挡风玻璃、观察窗等的防冰系统应安装过热保护装置。

（7）大气数据传感器应具有防冰能力。

（8）防冰除雨系统和设备的设计应保证具有闪电防护和高强度辐射场防护特性。任何可能由系统和设备产生的电气干扰都不得对飞机或其他系统产生危险的影响。

11）指示/记录系统

（1）对飞行安全至关重要的仪表应有冗余设计。

（2）应有防振措施，使仪表板在受到振动时不降低仪表的精度或损坏任何仪表。

（3）使用需要能源的、对飞行安全至关重要的仪表，其能源必须有冗余，能源的转换可手动或自动完成。

（4）备用罗盘和磁感应传感器的安装应保证其精度不受飞机振动及机上用电设备和电缆产生的磁场和铁磁材料的严重影响。

（5）如果驾驶舱录音机装有抹音装置，则应使误动的概率以及碰撞冲击使抹音装置工作的概率减至最小。

（6）每个带大气静压膜盒的仪表都应经过合适的管道与外部大气相通。

12）起落架系统

（1）为了安全地收放起落架，应该采用最少数量且切实可行的锁、连杆、位置指示和程序开关。

（2）应提供自动刹车系统，在自动刹车期间，应保留防滑保护能力，且驾驶员在任何时刻均能操控自动刹车系统。

（3）应设计有机械装置和保护装置，以排除由于工具、紧固件的松开，胎面的脱落，石头、泥浆、冰块、碎沙和其他碎片而卡住起落架收放系统。

（4）刹车和防滑系统应设计成如下形式。

a. 系统的电路故障或能源丧失不应影响操纵人工刹车。

b. 单个故障不会导致飞机的刹车能力或方向操纵功能丧失。

（5）应设计有机轮止旋装置。

（6）在整个地面速度范围内应提供起落架前轮摆振所需要的阻尼。

（7）转向系统的故障不能妨碍方向舵脚蹬的必要动作。

（8）在刹车油路中应安装限流阀，以防止由于油路故障或密封故障而使液压油完全流失。

（9）起落架系统设备的设计和安装应能够直接或间接地对闪电或高强度辐射区的伤害进行防护。

（10）起落架系统应设计成在系统要求的寿命周期内能抗腐蚀。

（11）任何可能由起落架系统和设备产生的电气干扰均不得对飞机或其系统产生危险的影响。

（12）机轮应至少能装三个易熔保险塞，以防止刹车过热使轮胎或机轮破裂，并应装有可释放过量气体的装置。

（13）飞机上所有需要用压缩气体的设备，如前、主起减震支柱和蓄压器，必须应用干燥清洁的氮气，不允许用空气代替。

13）照明系统

（1）内部照明装置应尽可能设计成重叠照明，以避免一个照明装置失效时出现暗区。

（2）每个货舱都应当为货物的存放和装卸提供足够的照明亮度，在每个货舱门处都应有可达的开关。

（3）货舱灯具应给予保护，以免在装卸货物时受到损坏。

（4）每个着陆灯都应有一个单独的开关；装在同一部位的几个着陆灯可共用一个开关。

（5）地面滑行灯应设计有防护措施。

（6）应设置独立于主照明系统的应急照明系统。

（7）应急照明电源应与飞机其他电源相独立，能在应急情况下可靠地提供照明。

（8）应急照明系统包括有照明的应急出口标记和位置标志、机外应急照明、应急撤离照明。

（9）应急照明系统的部件包括电池、线路继电器、灯和开关，在经受规定的惯性力作用后，应能正常工作。

14）导航系统

（1）导航系统的设计应根据任务目标，采用自动防故障系统或余度系统的设计原理。

（2）对于导航系统中的设备、组件等，应注意其稳定性和精度的各个要素，并鉴定它们是否符合要求。

（3）对于导航系统进近和着陆过程中必不可少的关键参数的测量和显示装置，应考虑用余度设计。

（4）应有单独的姿态指示器，并应安装在两位驾驶员均能看到的部位，由飞机主蓄电池供电。

（5）设备安装应有有效的电搭接措施。

（6）全静压系统的设计和安装应尽可能防止由于湿气、尘埃或其他杂物侵入而发生故障或产生严重超差。

（7）全静压系统应有防止因结冰而发生故障的措施。

（8）如果使用两套大气数据计算机系统，则它们各自的全静压受感器之间应相隔足够的距离。

（9）应使全（动）静压受感器的设计和安装位置受气流变化、湿气、结冰或其他外来物的影响尽量小。

（10）全（动）静压系统的设计和安装应具有防水措施，应避免在导管拐弯处过分弯曲造成严重限流;应避免导管擦伤;所用材料应是耐用且防腐蚀的。

（11）除通大气的孔外,全静压系统应气密。

（12）系统每一条线路的安装位置都应保证当一条线路在事故中遭到破坏时,其他的余度线路不会同时遭到破坏。

（13）设计应采取措施排除或抑制电磁及其噪声对电路、器件等的干扰。

（14）应保证驾驶员能通过显示器了解系统的工作状态。

15）氧气系统

（1）氧气系统本身及其操作应是安全的,且不会影响其他系统。

（2）氧气设备应能防爆、防火、不易燃烧,而且在飞机工作的各种温度下都不得产生有害的气体。

（3）减压器应靠近高压氧气瓶安装,并采取保护措施,保证其发生故障后不会导致其他部件发生故障。

（4）应有切断氧源的阀门,阀门应安装在离氧源尽可能近的地方。

（5）氧气系统、设备、导管和气瓶的设计与安装应满足下列要求:

a. 应尽可能远离燃油、滑油、液压装置、蓄电池以及电气、电子系统。

b. 不应安装在超过规定温度的环境之中。

c. 意外泄露的氧气应不致引起其他系统因故障或正常工作所产生的油脂、油液和聚积的气体的燃烧,不应造成周围附件的严重氧化。

（6）固定氧源应单独装有能排除由于温度升高产生超压氧气的装置。

16）气源系统

（1）在设计引气管路时,非活动位置应尽量不用软管连接;导管安装应考虑温度影响;无支撑悬空长度不宜过长,弯曲半径应符合有关设计规定,避免扭曲,防止与其他机件摩擦。

（2）系统应设计成单个附件的任何故障都不会导致其他附件发生故障。

（3）如果引气温度超过最大额定值,则会导致使用引气的制冷附件超负荷工作或损坏;当不能证明这种情况是极不可能发生时,应采取保护措施或安置警告装置。

（4）当引气导管的泄漏在其途经的区域可能会引起结构或其附件的损坏时,应配有漏气检测装置,并应在驾驶舱内显示可能有害的泄漏。

（5）装有引气导管的飞机气密舱应使用保护装置,以避免可能的导管故障产生对气密舱有害的超压或别的危害。

17) 水/废水系统

（1）供水和废水系统的所有组件应用耐腐蚀的材料制成。

（2）厨房和盥洗室的供水和废水系统应设计成防漏的。

（3）供水系统及组件应能满足飞机各种环境条件的要求而不变形和损坏，并防止水汽进入。

（4）废水系统所有管路应能经得起座舱增压的全压差而不损坏。

（5）水/废水系统的管路不能布置在电气开关和设备之上。

（6）如果采用独立的马桶设施，则应设有防腐蚀和防溢出的保护装置。

（7）马桶座盆应全部使用耐腐蚀材料制成，且冲洗环和冲洗喷嘴应与马桶座盆构成一个整体，以防漏水。

18) 核心处理系统

（1）核心处理资源机柜的总线网络应包括双余度独立数据路径。

（2）通用处理模块应采用实时分区操作系统。

（3）核心处理资源机柜的每个机柜中内置的数字交换机应为单独的实体，且采用冗余设计。当其中一个网络通道上的数据传输出现错误时，其他网络通道也能保证数据的可靠性。

（4）关键设备应具有告警措施，其显示和检测系统应具有判断其正常或故障的手段。

19) 客舱系统

（1）客舱系统应采用通用性和模块化系统架构。

（2）系统部件分布在飞机上，应要求相互连接的导线长度尽可能短，以提供足够的设备隔离。

（3）导线选用和设计应考虑使敏感模拟信号的干扰最小化。

（4）系统的设计应保证在系统既定寿命周期内不会出现腐蚀现象。

（5）系统设备的设计和安装（包括电搭接）应具有对闪电间接效应、高强度辐射场和电磁干扰的防护功能。

（6）应考虑系统故障保护，例如自动保护、压力和温度释放等。

20) 机载维护系统

（1）机载维护系统应在满足技术要求的条件下，考虑简化设计。

（2）机载维护系统设备应考虑其安装环境，对设备的环境试验等级进行要求。

（3）机载维护系统设计选用的设备以及零部件应尽量考虑互换性以及标

准化。

21）信息系统

（1）信息系统设备的设计和安装（包括电搭接）应具有对闪电直接和间接效应、高强度辐射场和电磁干扰的防护功能。

（2）导线选用和设计应考虑使敏感模拟信号的干扰最小化。

（3）系统部件分布在飞机上，应要求相互连接的导线长度尽可能短，以提供足够的设备隔离。

（4）在供电系统的所有工作状态下，用电设备的工作都不应对供电系统有不良影响或引起故障。

（5）信息系统多功能键盘应能够防水。

（6）外部监控器应当具有自动加热防冰、防雾、温度控制的能力。

（7）信息系统的设计应保证在系统既定寿命周期内不会出现腐蚀现象。

22）惰化系统

（1）惰化系统及其部件应能经受飞机正常寿命周期内出现的飞机加速、振动和疲劳载荷等因素的影响。

（2）惰化系统的设计和安装应该具有对闪电直接和间接效应、高强度辐射场和电磁干扰的防护能力。

a. 惰化系统管路和接头的连接应该具有良好的导电通路；对不良接触的管路和接头之间应采用电搭接。

b. 惰化系统设备和管路的安装必须确保与飞机基本结构进行可靠电搭接。

c. 惰化系统的电子和电气设备在遭受闪电直接和间接效应、高强度辐射和电磁干扰的情况下，功能不能出现降级。

（3）机载制氮系统应该具有过滤的功能，用来过滤水分和各种污染物，以防止它们对空气分离器寿命和分离效率产生影响。

23）辅助动力装置

（1）APU 的设计应保证其在所有可能的条件下都能承受可能出现的载荷、振动和冲击。

（2）进气道及与其关联的管道应能经受住 APU 的喘振压力而不产生有害变形。

（3）APU 舱的设计应考虑管道破裂对结构的影响。

（4）APU 安装隔振系统在任何一个拉杆失效或者飞机上安装的支座失效的条件下都能够保证系统的安全性。

（5）APU 系统安装应考虑热膨胀造成的偏差。

（6）APU 安装隔振系统应能够经受极限惯性载荷，且在最大载荷下不失效。

（7）安装隔振系统应在各种运行条件下有效地减少 APU 与飞机间的振动传递，避免共振和声学振动造成系统损伤。

（8）应采用排液或通风的方法防止有害的易燃液体和气体聚集。

（9）排气系统应包含柔性连接部分，以适应安装公差、热膨胀以及运行过程中的位置偏移，并避免 APU 振动对飞机造成影响。

（10）APU 系统应设计有故障显示装置，当故障发生时，应能立即显示所发生的故障。

24）动力装置

（1）发动机的安装和配置应考虑当某一短舱内的发动机发生故障时，尽可能减少对其他发动机的影响。

（2）进气道设计应防止金属零件、紧固件脱落，进入发动机。

（3）动力装置应设计成当其发生所有单个故障或可能的故障组合时，都不会危及飞机的安全运行。

（4）反推力装置对发动机在正推力状态下工作时的性能不应有不许可的影响。

（5）反推力装置的动力源应由安装该反推力装置的发动机供给，当动力源发生故障时，最多只影响一个反推力装置。

（6）在飞机所有的工作条件下，当任一锁扣或紧固件脱开时，发动机罩应仍能固定住。

（7）应保证所有单个故障都不能造成一个以上的发动机故障。

（8）反推力装置设计应满足下述寿命和可靠性要求：反推力的非指令打开故障率应不大于规定值；反推力装置所有结构的设计寿命应至少大于规定的大修周期。

（9）发动机的操纵系统应以足够的精度、瞬间响应和稳定性（控制发动机的工作）满足飞机的使用要求和安全性要求，保证性能和安全性不受影响。

（10）发动机操纵系统的布局应防止由于热膨胀、结构变形、振动、冲击和惯性力等原因造成推力或响应特性超过允许极限值。

（11）应具有防止发动机转速超过极限值的保护措施。

（12）发动机操纵系统的操纵机构的安装部位应保证进出舱或在驾驶舱中

正常活动时不会改变操纵位置。

（13）发动机操纵系统的操纵机构应具有足够的强度和刚度，以便在承受其工作的可能最大载荷时不损坏，不发生有害变形。

（14）动力装置所发生的故障应在驾驶舱中显示。

25）结构

（1）机体结构的设计应符合结构完整性的要求，使飞机在规定的寿命周期内能安全、可靠地使用。

（2）机体结构应尽可能设计为多路传力结构，局部损伤不致使整个构件失效。

（3）为提高结构部件的抗疲劳能力，在设计中应注意下列细节：

a. 合理选材，综合考虑材料的强度、刚度、抗疲劳性能和裂纹扩展特性。

b. 减小应力集中，如减缓剖面急剧变化、避免尖角锐边、提高表面质量等。

c. 传递集中力或振动较大的接头应尽量加用过盈配合的衬套。

d. 尽量采用过盈配合的紧固件。

e. 采用合理的设计补偿，避免装配应力。

f. 必要时可采用喷丸强化等措施。

g. 控制螺纹连接件的预紧力矩。

（4）应通过合理布置结构和装载使机体固有频率与发动机使用时的主频率错开，以避免产生共振。

（5）机体结构应进行抗坠撞设计，通过结构、起落装置和座椅等组成吸能系统，以保证乘员的生存空间，并使撞击过载不超过人体承受能力。

（6）结构材料应尽可能在规定的优选范围内选取，并满足下列要求：

a. 材料强度设计值应在试验统计的基础上确定，并按经批准的强度原则确定结构强度。

b. 应考虑使用中预期的环境条件的影响（如温度和湿度的影响）。

c. 对于必须研制的新材料，应按规定对新材料的技术指标进行论证，并应通过试制、试验、评审。

（7）紧固件应尽可能在规定的优选范围内选取，并满足下列要求：

a. 综合考虑结构的实际情况，如被连接的材料性质、夹层数量、安装通路、适用配合、环境温度的影响以及检查维护的开敞性等。

b. 对于可能危及安全的可卸紧固件（如螺栓、螺母等），应选用两套独立的锁定装置；对于在使用过程中经常转动的螺栓，不得采用同时为摩擦和锁定的两套装置。

c. 应尽可能避免紧固件的不对称连接,减少局部偏心。

d. 对于重要的螺纹连接件,应规定合理的预紧力矩,并应有醒目的拧紧标记。

(8) 对于机体结构的零件表面应加以适当的保护,以防止因环境因素造成腐蚀或损伤而使强度降低,一般措施如下所示。

a. 每个零件都应该根据规定的环境条件和表面保护原则,按不同部位和功能选择适当的镀层和涂层。

b. 对于可能造成磨损的部位,应尽量嵌以衬套,衬套应选用耐磨损、耐腐蚀的材料(如不锈钢、铍青铜等)。

c. 对于无保护层的零件和钢索等,必须按规定进行涂油保护。

d. 对于能生成双金属腐蚀的界面,应采取有效的隔离措施。

(9) 按标准的热处理规范合理选择零件的热处理状态,当需要超出热处理规范时,应通过充分的试验验证。

a. 应注意热处理后的综合结果,特别应注意热处理后呈现脆性的情况。

b. 对于截面过大的零件表面应注意其淬透性;对于截面过小的零件表面则不得采用表面渗氮、渗碳处理,以防使其过脆。

(10) 对于可能受动力装置着火影响的各个结构部件,应设有防火墙或其他有效的设施,以便将结构与动力装置隔开。

(11) 应有使应急出口在轻度撞损着陆中因机身变形而被卡住的概率减至最小的措施。

(12) 驾驶舱和客舱舱门应便于人员进出,注意舱门不得危及使用人员的安全。舱门设计还需考虑下列方面。

a. 防止因故障而使舱门打不开、关不上、运动中止或舱门飞脱。

b. 每个舱门都应配置合理、可靠的锁定装置和保险装置,并配有指示器等以便于空勤人员检查。

c. 防止舱门在限制载荷下和设计所允许的应急着陆状态下因过度变形而卡住。

d. 防止舱门由于磨损而卡住,防止舱门疲劳损坏。

e. 气压式作动筒支撑舱门应牢固可靠,不会因失稳而伤及驾驶员或维修人员。

f. 门锁机构的设计应有防振动、防磨损的措施,以防止门锁关不严或打不开。

3.5.3 典型零件可靠性要求

1) 组件

应该考虑地面和飞行环境的不同对部件造成的影响,这是因为部件主要按照地面使用要求设计,在飞行环境中可能并不适合。例如,飞机上的 APU 经常在地面上使用,但为了保证 ETOPS 的可靠性,必须可以在飞行中以及指定的高度可靠地起动与运行。

部件应该能够使用所有许可类型的油、燃料或润滑剂以及它们的制品。气动、燃油和液压系统部件应能承受所有内部液体变化的极端条件,如温度、压力以及各种瞬态条件。材料应与所有清洗液制品相容。

应进行材料和化学分析,以确保使用耐腐蚀材料或防护涂层,特别是对于易腐蚀的材料制品,如钢和铝。

电气设备应该能够在如电源开关短路、低温或地面电源供给等引起的所有电压极端条件下正常运行。

不管环境如何,都应该将特定时间段内的部件拆卸数量控制在可接受水平。

2) 阀门

热膨胀会加速气动蝶阀和活塞密封的磨损和失效,导致所有气动阀门和作动活塞最终泄漏。因此,系统设计应该考虑在确保损伤和失效发生的情况下不会出现继发损伤或者破坏的方法。

燃油和排气阀不允许突然关闭,因为这会引起下游射流撞击的损伤。所有控制排气的部件都应该进行过滤。

气动阀门中的弹簧应该能够在飞行载荷或振动、连杆结构的卡滞、接触气缸壁等任何组合条件下正常使用。

3) 电线、线束、连接器、开关

(1) 电线。

供应商组件应详细规定实际电压和电流要求。例如,如果一个给定的螺线管需要 1 A 才能可靠运行,则不要将电流限制在 250 mA。

弱电输出信号容易受到电磁干扰、连接不当、异常信噪比的影响。如果可能则应当选用受影响最小的电压值作为信号。

如果热电偶需要拼接并使用插针和插孔,则应该指定不同的电线规格,以避免与无意中使用的热电偶合金材料混合。

电线和电缆设备等需要频繁拆卸的设备不应该使用半永久性的紧固件安装。紧固件应该用在很少打开或拆卸的设备上。

（2）线束。

推进系统线束组件由捆绑在一起的电线组组成，按需单独或一起防护，末端使用连接器或接线端子。线束组件通常由多串镀镍铜线组成，尺寸从 1/0 到 20 不等（参照美国电线规格 AWG）。热电偶引线通常由镍铬-镍铝合金线制成。

应该在电线束和高压设备之间采用间距、屏蔽或其他隔离方式。线束组件可以使用屏蔽套或者套筒。容易磨损的线束应该采用耐磨材料，如聚四氟乙烯。电磁干扰屏蔽套通常由镀镍铜编织带组成。

在高振动和高温区域，高强度的铜合金电线应该使用高温绝缘和橡胶钳座支撑，应该折中考虑重量与长久的可靠性。

（3）连接器。

尽量减少连接器的数量以降低维修成本。连接器外形应该超过销钉以防短路。在接合之前，定位销应超过插头的电探针以确保对准。每一个插头的引脚必须一致。

在布置电气部件的终端电缆引线的连接器时，应使得拆卸连接器时不需要将电缆和组件一起移除。

由不同厂商提供的传感器电连接器和线束连接器必须是兼容的，这可以降低连接器不能及时收紧或松开的可能性。用于防火墙、内部支架或设备架置的推进系统通用连接器通常采用圆形插头和螺纹耦合插座。连接器外壳材料通常是铝或不锈钢，覆盖几个关键接合以避免交叉连接。相应材料和尺寸的外壳可以避免线束张力释放，并屏蔽线束。

（4）开关。

高可靠性的开关应与安装功能和操作环境相兼容。例如，大电流的开关在低电流工作时水平性能一般，这是因为电流必须穿过大阻力的接触面。

制动开关应具有足够的弹簧力，以防止开关在制动位置被意外中止。用于检测读数的开关应该是瞬时类型的。尽可能用固态开关取代微指令开关和机电式继电器。

断路器不能作为开关使用，除非经过专门设计和测试。断路器应该具备瞬时过载自动重置功能。对不相关的系统需提供独立的断路器以避免意外的系统失效。

(5) 传感器。

压力传感器有许多功能,比如为驾驶舱提供指示信号,用于监测发动机润滑油压力、发动机燃油压力等。低压指示开关能够提供低泵出口压力的指标。其他的压力开关包括以下几种:压力传感器开关能够检测燃料、润滑油、气动和液压系统的压力高于或低于预设水平;压力驱动电气开关可以用来监测发动机润滑系统,当油压过低和逼近滤油器旁路时发出单独警告;空气压力开关能够检测防冰系统和引气管的过压环境。压力传感器应该具有足够的安全裕度,以维持偶然的压力瞬变。

热电阻传感器可以用来检测发动机、APU、发动机进口的空气温度、油温、排气温度、油箱温度以及发动机供油温度。

两合金接合的热电偶的交界处能够产生与接合温度成正比的低电压,可以用来检测发动机和 APU 的尾气温度。

接近开关应该使用大小合适的磁铁,以保证在各种生产公差,甚至最终磁通恶化的情况下都能可靠运行。磁铁材料的类型必须仔细挑选以保证其具有足够的使用寿命和剩余磁通。支架应使用机械紧固件,这样不易弯曲,能够使磁铁牢固。不能依靠胶黏剂固定磁铁。

4) 管道

管道部件用在润滑、燃油、液压、气动、防火和排水系统中。

管道直径的尺寸范围为 $0.25\sim3$ in($6.35\sim76.2$ mm),壁厚尺寸为 $0.02\sim0.08$ in($0.51\sim2.03$ mm)(或更大),并根据流量和压力的要求变化。

铝管材一般用于低压领域,而钛管材目前常用在高压领域,如液压系统。在指定防火区和高风险区,不锈钢是首选材料。

管道组件包括油管和配件,如 B 型螺母、套筒末端、连接器、弯头、三通管和十字架。由铝、钛、钢或不锈钢制造的配件可以是扩口或直口型端面,使用标准或开孔式螺纹长度,并且可能有不同尺寸的螺纹连接不同尺寸的管道。

外界振动强度过大可能导致管道最终失效,如管道与其他部件之间磨损或过度振动可能导致管道或支架失效。因此,在设计支架和夹具时,应该考虑减小内部和外部的振动、温度和噪声水平,还应该考虑振动可能会传递到相邻的管道中。

5) O 型圈

O 型圈用来防止气动、燃油、润滑、液压和其他系统的液体或压力损失,用在管道配件、威金斯型燃油箱接头、线性和旋转作动器以及泵中。

与垫片相比,O型圈更便宜,耐化学性更好,并可重复使用,这取决于某些部件的应用和年限限制。垫片需要更高的压缩力以形成可靠的密封,并且需要定期调整紧固件以承受塑性变形。

静态面O形密封圈用于集油槽排水阀、磁屑探测器以及快速断开装置。旋转轴O形密封圈用于燃油泵、齿轮箱附件以及液压驱动泵密封。管道O形圈安装在液压、气动、润滑和燃油系统的管道配件上。

O形密封圈的安装是设计必须考虑的关键部分。

4 可靠性分配和预计

4.1 引言

可靠性分配和预计的基础是可靠性建模。可靠性建模指依据所获得的可靠性数据,通过建立合理的数学模型,对系统可靠性水平予以评估或描述系统可靠性水平随时间变化而变化的规律。可靠性建模是开展可靠性设计、评估和维修的基础和依据,在可靠性工程技术领域中具有重要意义。根据研究对象的不同,可靠性模型可分为单元可靠性模型和系统可靠性模型。对于简单产品,可将产品视为一个"黑箱",不考虑内部的组成,构建描述产品可靠性的"外特性"的模型,将这种模型称为单元可靠性模型;对于复杂产品,应将产品视为一个系统,由相互作用和相互依赖的单元有机组成,构建描述单元间可靠性关系的模型,通过单元可靠性规律推测系统的可靠性规律,将这种模型称为系统可靠性模型。

(1)可靠性建模是可靠性设计改进的重要依据。通过建模,可明确各单元的可靠性逻辑关系,确定合适的数学模型,并利用模型进行可靠性指标的定量计算,暴露产品可靠性的薄弱环节。通过在设计阶段加以控制和改进,实现产品的可靠性增长。

(2)可靠性建模是开展可靠性评估的核心环节。可靠性建模的输入是可靠性基础数据,输出是可靠性指标,可见建模正确与否直接决定了结果的可信度,正确的建模结果可以检验产品可靠性水平是否满足设计指标要求,同时为用户选择产品提供依据。

(3)可靠性建模是管理设备维修的重要前提。传统意义上的维修(保养)管理的决策过程很大程度上取决于人的经验。通过建立可靠性模型,可模拟维修策略,并仿真出系统维修费用、可靠度、可用性,用于确定可指导工程实际的最佳维修策略,以维持系统可靠性水平,减少维修费用和其他附加费用。

可靠性分配将工程设计规定的系统可靠性指标按照一定的分配原则和方法

合理地分配给组成该系统的各分系统、设备、单元和元器件,确定系统各组成单元的可靠性指标定量要求,从而使整个系统可靠性指标得到保证。事实上,可靠性分配也是一个综合优化问题,基本模型为

$$f(R_1, R_2, \cdots, R_n) \geqslant R_s \qquad (4-1)$$

式中,R_s 为系统的可靠性指标;R_n 为分配给第 n 个子系统的可靠性指标;$f(\cdot)$ 为子系统可靠性与整机系统可靠性之间的函数关系。

可靠性分配需要遵循如下几个基本原则。

(1)技术水平。对于技术成熟,能够保证实现较高的可靠性,或预期投入使用时可靠性可有把握地增加到较高水平的单元,分配较高的可靠性指标。

(2)复杂程度。对于较简单,组成零部件数量少,组装容易保证质量或发生故障后易于维修的单元,分配较高的可靠性指标。

(3)重要程度。对于重要,该单元失效将产生严重的后果或导致系统失效的单元,分配较高的可靠性指标。

(4)任务情况。对于整个任务时间内均需连续工作或工作环境恶劣,难以保证较高可靠性的单元,分配较低的可靠性指标。

可靠性预计在飞机研制阶段对飞机级、系统级和设备级的可靠性进行定量估计,根据历史产品可靠性数据、系统和设备的构成和结构特点、系统和设备的工作环境等因素估计飞机、系统、设备的可靠性。系统的可靠性预计是基于组成系统的设备的可靠性开展的,是一种自下而上、从局部到整体的系统综合过程。

主要目的和用途在于下列方面。

(1)将预计结果与要求的可靠性指标相比较,评价设计要求提出的可靠性指标能否达到。

(2)在方案论证阶段,通过可靠性预计,比较不同方案的可靠性水平,为最优方案的选择及方案的优化提供依据。

(3)在设计中,通过可靠性预计,发现影响系统和设备可靠性的主要因素,找出薄弱环节,采取设计改进措施,提高可靠性水平。

(4)为可靠性增长试验、验证等提供依据。

(5)为安全性评估提供定量计算依据。

4.2 可靠性建模

可靠性模型是对系统及其组成单元之间的可靠性和故障逻辑关系的描述。

可靠性模型包括可靠性框图及其相应的数学模型。数学模型用于表达可靠性框图中各方框的可靠性与系统可靠性之间的函数关系。常用的系统可靠性框图模型可以划分为非储备模型、工作储备模型和非工作储备模型三类。非储备模型指的是串联模型,工作储备模型包括并联模型、$r/n(\mathrm{G})$表决模型和桥联模型,非工作储备模型指的是旁联模型。

4.2.1 串联模型

在组成产品的所有单元中,任一单元的故障均会导致产品故障的模型称为串联模型,其可靠性框图如图 4-1 所示。

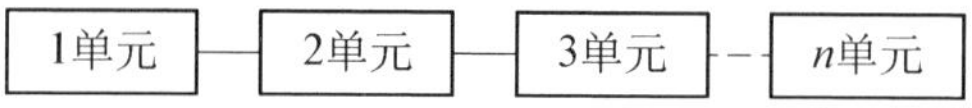

$$\boxed{1单元} - \boxed{2单元} - \boxed{3单元} - \cdots \boxed{n单元}$$

图 4-1 串联模型可靠性框图

数学模型为

$$R_\mathrm{s}(t) = \prod_{i=1}^{n} R_i(t) \qquad (4-2)$$

假设产品所包含的各单元的故障时间服从指数分布,则

$$R_\mathrm{s}(t) = \mathrm{e}^{-\lambda_\mathrm{s} t} \qquad (4-3)$$

$$R_i(t) = \mathrm{e}^{-\lambda_i t} \qquad (4-4)$$

$$\lambda_\mathrm{s} = \sum_{i=1}^{n} \lambda_i \qquad (4-5)$$

式中,$R_\mathrm{s}(t)$ 为产品的可靠度;$R_i(t)$ 为第 i 个单元的可靠度;λ_s 为产品的故障率 (1/h);λ_i 为第 i 个单元的故障率(1/h)。

4.2.2 并联模型

组成产品的所有单元都发生故障才会导致产品故障的模型称为并联模型,可靠性框图如图 4-2 所示。

数学模型为

图 4-2 并联模型可靠性框图

$$R_\mathrm{s}(t) = 1 - \prod_{i=1}^{n} \left[1 - R_i(t) \right] \qquad (4-6)$$

当产品各单元故障时间服从指数分布时,有

$$R_{\mathrm{s}}(t) = 1 - \prod_{i=1}^{n} (1 - \mathrm{e}^{-\lambda_i t}) \tag{4-7}$$

$$MTBF_{\mathrm{s}} = \int_0^{\infty} R_{\mathrm{s}}(t)\mathrm{d}t \tag{4-8}$$

对于最常用的二单元并联模型,产品可靠性指标为

$$R_{\mathrm{s}}(t) = \mathrm{e}^{-\lambda_1 t} + \mathrm{e}^{-\lambda_2 t} - \mathrm{e}^{-(\lambda_1 + \lambda_2)t} \tag{4-9}$$

$$\lambda_{\mathrm{s}}(t) = \frac{\lambda_1 \mathrm{e}^{-\lambda_1 t} + \lambda_2 \mathrm{e}^{-\lambda_2 t} - (\lambda_1 + \lambda_2)\mathrm{e}^{-(\lambda_1 + \lambda_2)t}}{\mathrm{e}^{-\lambda_1 t} + \mathrm{e}^{-\lambda_2 t} - \mathrm{e}^{-(\lambda_1 + \lambda_2)t}} \tag{4-10}$$

$$MTBF_{\mathrm{s}} = \frac{1}{\lambda_1} + \frac{1}{\lambda_2} - \frac{1}{\lambda_1 + \lambda_2} \tag{4-11}$$

对于 n 个相同单元的并联模型,产品可靠性指标为

$$R_{\mathrm{s}}(t) = 1 - (1 - \mathrm{e}^{-\lambda t})^n \tag{4-12}$$

$$MTBF_{\mathrm{s}} = \frac{1}{\lambda} + \frac{1}{2\lambda} + \cdots + \frac{1}{n\lambda} \tag{4-13}$$

式中,$R_{\mathrm{s}}(t)$ 为产品的可靠度;$R_i(t)$ 为第 i 个单元的可靠度;$MTBF_{\mathrm{s}}$ 为产品的平均失效间隔时间;λ_{s} 为产品的故障率(1/h);λ_i 为第 i 个单元的故障率(1/h);t 为产品的工作时间;n 为产品所包含的单元数。

在民用飞机可靠性指标分配和预计过程中,需要建立飞机与系统之间以及各系统与设备之间的故障逻辑关系模型,一般使用可靠性串联模型。

在可靠性串联模型中,产品的可靠度是由产品包含的各个单元的可靠度相乘得到的。本书在分配和预计民用飞机可靠性指标时采用的就是可靠性串联基本模型。

4.2.3 $r/n(G)$ 表决模型

$r/n(G)$ 表决模型属于工作储备模型,由 n 个单元和一个表决器组成。当表决器正常时,只要正常的单元数不小于 $r(1 \leqslant r \leqslant n)$ 系统就不会故障。$r/n(G)$ 表决模型用于任务可靠性建模,其可靠性框图如图 4-3 所示。该可靠性框图对应的数学模型为

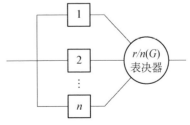

图 4-3 $r/n(G)$ 表决模型可靠性框图

$$R_s(t) = R_m \sum_{i=r}^{n} C_n^i R(t)^i \left[1 - R(t) \right]^{n-i} \qquad (4-14)$$

式中，$R_s(t)$ 为产品的可靠度；$R(t)$ 为系统组成单元（各单元相同）的可靠度；R_m 为表决器的可靠度。

4.2.4　桥联模型

桥联模型表示以桥式结构描述的可靠性逻辑关系模型，用于任务可靠性建模，其可靠性框图如图 4-4 所示。

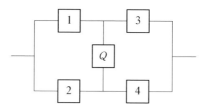

图 4-4　桥联模型可靠性框图

桥联模型的数学模型较为复杂，不能对桥联模型建立通用表达式。利用相容事件的概率公式建立数学模型为

$$R_s(t) = R_1(t)R_3(t) + R_2(t)R_4(t) + R_1(t)R_Q(t)R_4(t) + R_2(t)R_Q(t)R_3(t) - $$
$$R_1(t)R_3(t)R_2(t)R_4(t) - R_2(t)R_4(t)R_1(t)R_Q(t) - R_1(t)R_3(t)R_2(t)R_Q(t) + $$
$$2R_1(t)R_3(t)R_2(t)R_4(t)R_Q(t)$$

$$(4-15)$$

式中，$R_s(t)$ 为系统的可靠度；$R_1(t)$ 为单元 1 的可靠度；$R_2(t)$ 为单元 2 的可靠度；$R_3(t)$ 为单元 3 的可靠度；$R_4(t)$ 为单元 4 的可靠度；$R_Q(t)$ 为单元 Q 的可靠度。

4.2.5　旁联模型

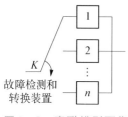

图 4-5　旁联模型可靠性框图

旁联模型属于非工作储备模型，组成系统的 n 个单元中只有一个单元处于工作状态。若当前工作单元发生故障，则通过监测与转换装置转接到另一个单元继续工作，直到所有单元都发生故障时系统才发生故障。旁联模型可用于任务可靠性模型，其可靠性框图如图 4-5 所示。

该可靠性框图对应的数学模型如下所示。

设转换装置具有的可靠度为 1，则系统 T_{BCF_s} 等于各单元 T_{BCF_i} 之和：

$$T_{BCF_s} = \sum_{i=1}^{n} T_{BCF_i} \tag{4-16}$$

式中，T_{BCF_s} 为系统的平均重要失效间隔（h）；T_{BCF_i} 为单元的平均重要失效间隔（h）；n 为组成系统的单元数。

假设监测与转换装置的可靠度为常数 R_D，两个单元相同且寿命服从任务故障率为 λ 的指数分布，则系统的可靠度为

$$R_s(t) = e^{-\lambda t}(1 + R_D \lambda t) \tag{4-17}$$

对于两个不相同的单元，其任务失效率分别为 λ_1 和 λ_2，则

$$R_s(t) = e^{-\lambda_1 t} + R_D \frac{\lambda_1}{\lambda_1 - \lambda_2}(e^{-\lambda_2 t} - e^{-\lambda_1 t}) \tag{4-18}$$

$$T_{BCF_s} = \frac{1}{\lambda_1} + R_D \frac{1}{\lambda_2} \tag{4-19}$$

4.3　可靠性指标分配

可靠性指标分配的目的是指导产品设计过程中产品组成单元的可靠性指标的定量要求，并保证整个实现过程的合理性。在可靠性指标分配的指导下，设计人员有了更加清晰、明确的选择目标。可靠性指标分配的实质是一个工程决策问题，通过综合权衡优化，做到技术可行、经济适用。

一般来说，系统中不同部件的实际可靠性水平不同，要提高其可靠性的技术难易程度、经济成本各不相同。可靠性指标分配理论的一般规律表现为系统薄弱环节的改善效果与技术难度及经济成本呈现正相关关系。在可靠性指标分配过程中需要解决的根本问题是要处理好可靠性指标、技术与成本之间的关系。

在产品的实际设计过程中，最终需要按照要求将产品的可靠性指标分配到各子系统的零部件或元器件上。进行产品的可靠性分配时，通常先将整机可靠性指标分配给各个子系统，再以相似的方法将分配给子系统的可靠性指标分配给零部件，乃至元器件。

4.3.1　可靠性指标分配目的及准则

在产品可靠性分配的过程中，需要按照一定的步骤，考虑一些需要遵循的原则。可靠性分配一般按照以下步骤进行：

（1）明确产品定义、可靠性指标要求、故障定义、产品的工作环境、工作时间以及其他一些约束条件等。

（2）根据产品可靠性分配的具体要求，正确选择可靠性模型、数据及分配方法，并进行可靠性分配。

（3）可靠性分配模型求解。对可靠性分配的结果进行反复迭代，得出准确、合理的可靠性分配值。

可靠性分配时一般遵循以下准则：

（1）子系统越复杂越应该分配较低的可靠性指标，这是因为系统复杂程度一般与可靠性水平成反比。

（2）对于技术要求越高的子系统，分配的可靠性指标应该越低，因为技术要求高的子系统技术往往不够成熟，技术投入成本高、周期长，在短时间内达到较高的可靠性指标比较困难。

（3）子系统的工作环境越恶劣越应该分配较低的可靠性指标。因为在恶劣的工作环境中，组成子系统的零部件更容易发生故障。

（4）对于需要长期工作且不易维修的子系统，应分配较高的可靠性指标，如机床的机身系统。

（5）对于故障危害严重的子系统，应分配较高的可靠性指标。因为这类子系统发生故障会影响重要任务的完成、危害人身安全或者带来巨大经济损失。

此外，分配时还要结合实际情况，适当考虑其他影响因素，确定合适的准则。例如，对于可维修性较低的产品，分配较高的可靠性指标有利于产品的综合效能和可用性等。对于已经形成标准的产品或较为成熟的产品，可以不再参与可靠性分配。显然，在待分配的总可靠性指标中，也不应该包含与这类单元有关的部分。

4.3.2　可靠性指标分配方法

可靠性指标分配方法有平均分配法、比例组合分配法、可靠性再分配法、AGREE 分配法、专家评分分配法等。无论哪一种分配方法，都从经济成本、可靠度、重要度与复杂度等方面考虑。具体选用何种分配方法，应根据设计者所掌握的数据、资料和信息状况，从技术水平、成本投入等方面综合考虑，确定最合理的可靠性分配方法。

1）平均分配法

将整机的可靠性指标均匀分配给各子系统的可靠性分配方法称为平均分配法。该方法是在设计初期产品定义尚不明确或各组成单元大体相似时所采用的最简单的分配方法。

假设系统由 n 个子系统串联组成，给定系统可靠性指标 $R_s(t)$，按平均分配法，取 $R_1(t) = \cdots = R_n(t)$，即各子系统的可靠性指标相等，于是分配给各子系统的可靠性指标为

$$R_i = \sqrt[n]{R_s(t)} \quad i = 1, 2, \cdots, n \qquad (4-20)$$

2) 比例组合分配法

对于相似产品种类和子系统选择方案都比较多的产品，可以通过组合不同可靠性水平的子系统满足产品可靠性设计指标的可靠性指标分配方法（如新、旧飞机都是由机体、动力装置、燃油、液压、导航等相似的分系统组成），这种可靠性分配方法称为比例组合分配法。以故障率为可靠性分配指标，比例组合分配法的数学表达式为

$$\lambda_{i,\text{new}} = \lambda_{s,\text{new}} \frac{\lambda_{i,\text{old}}}{\lambda_{s,\text{old}}} \qquad (4-21)$$

式中，$\lambda_{s,\text{new}}$ 为新系统的失效率；$\lambda_{i,\text{new}}$ 为分配给第 i 个子系统的失效率；$\lambda_{s,\text{old}}$ 为旧系统的失效率；$\lambda_{i,\text{old}}$ 为旧系统中第 i 个子系统的失效率。

这种方法只适用于新、旧系统设计相似，并且有旧系统相关统计数据，或者在已有各组成单元预计技术上进行分配的情况。同时，这种方法对各种子系统的兼容性要求较高，且适用于更新换代周期较快的产品。

3) 可靠性再分配法

对于串联系统，当通过预计得到各子系统的可靠度 $R_1, R_2, \cdots, R_i, \cdots, R_n$ 时，系统的可靠度为

$$R_s = \prod_{i=1}^{n} R_i \qquad (4-22)$$

式中，$i = 1, 2, \cdots, n$ 为子系统数。

如果 $R_s < R_s'$（规定的可靠性指标），则对于这种设计过程中未满足可靠性指标的情况，需要通过进一步改进设计来达到产品要求可靠性指标的可靠性分配方法称为可靠性再分配法。

4) AGREE 分配法

AGREE 分配法以子系统对整机系统的重要程度及子系统复杂程度为主要考虑因素进行可靠性分配。与平均分配法相比，显得更为合理。

子系统对整机系统可靠性的重要程度表示为

$$W_i = \frac{N_i}{r_i} \qquad (4-23)$$

式中,N_i 为第 i 个子系统引起的整机系统失效的次数;r_i 为第 i 个子系统的失效总次数。因此,对于串联子系统来说,$W_i = 1$;对于冗余子系统来说,$0 < W_i < 1$。当系统中某些单元失效时,不会引起系统失效,如电控装置中的信号指示单元,其 $W_i = 0$。显然,W_i 越大,应该分配的可靠性指标越高;反之,可低一些。

5) 专家评分分配法

这种方法不仅考虑各分系统的重要度和复杂度,而且考虑环境因素、维修性、技术改进潜力等。将第 i 个分系统的第 j 个评价系数表示为 $k_{ij}(i = 1, 2, \cdots, n; j = 1, 2, \cdots, m)$。设 $w_i = \prod_{i=1}^{m} k_{ij}$ 表示第 i 个系统的评价值等于 m 个评价系数的乘积,全系统的综合评定值为

$$W = \sum_{i=1}^{n} w_i = \sum_{i=1}^{n} \sum_{j=1}^{m} k_{ij} \qquad (4-24)$$

以故障率 λ_s 为分配指标,则子系统故障率 λ_i 为

$$\lambda_i = \frac{w}{W} \lambda_s \qquad (4-25)$$

评价系数 k_{ij} 根据以下原则确定,或请专家确定。

(1) 结构复杂度。按分系统的元器件数目和装配的复杂程度,先评出最简单的分系统,取其评价系数为 1;再评出最复杂的分系统,取其评价系数为 10;其余各分系统则与以上两者进行比较,在 1~10 之间合理取值。

(2) 环境条件。最优越的环境条件赋值为 1,最严苛的环境条件赋值为 10,其余赋给中间值。

(3) 重要程度。最重要的子系统赋值为 1,最不重要的子系统赋值为 10,其余子系统赋给中间值。

其他如技术水平、工作载荷、投入成本、维修性等因素,都可以参考以上评分方法进行赋值。

4.3.3 民用飞机可靠性指标分配

1) 概述

DR 和 SR 是民机可靠性设计中最核心的指标之一,DR 反映了飞机及其系

统功能的可使用性,直接影响航空公司的运营收入,是商用飞机运营的主要使用目标。与 DR 相比,运营可靠度的覆盖范围更广,也更能够直接反映飞机全航线的运营情况,进而影响飞机的经济性水平,在激烈的市场竞争中,也是航空公司最为关注的可靠性指标之一。MTBF 是衡量一个产品的基本可靠性指标,是产品设计时需要考虑的重要参数,因此也需要在飞机级进行指标分配。

DR 指没有延误(技术原因)或撤销航班(技术原因)而运营离站的百分比。在数值上,DR=1-签派中断率(dispatch interruption rate, DIR)。DIR 通过在规定的日历时间内(或规定的累计商务离站次数内),因技术原因的延误及航班撤销总次数除以商务离站总次数计算。

SR 指没有发生导致偏离飞行计划的故障而成功地完成飞行计划的概率。在数值上,SR=1-航班中断率(schedule interruption rate, SIR)。

MTBF 为可修复产品使用可靠性的一种基本参数,其度量方法为在规定的条件下和规定的时间内,产品累积的总飞行小时除以同一时间内的故障总数。

因此,通过可靠性分配将顶层目标(即整机级 DIR、整机级航班中断率和整机级 MTBF)分配到飞机系统与功能和设备,进而保证民用飞机的 DIR、SIR 和 MTBF 指标是非常必要的。

根据 DR 和 SR 的定义,DIR 和 SIR 可以通过指标论证阶段确定的整机级 DR 和 SR 直接计算得到。

$$DIR = 1 - DR \tag{4-26}$$

$$SIR = 1 - SR \tag{4-27}$$

如整机级 DR 设计目标为不小于 99.5%,则 DIR 设计目标为不大于 0.5%。

顶层可靠性目标包括定量和定性两部分。

(1)定性要求:例如"没有单点失效或者人为差错导致飞行取消",即为对探测和指示失效状态的要求。

(2)定量要求:事件发生的目标概率或目标失效率(每飞行小时、每起飞)。

SIR 分配基于与可靠性相关的 FRA,即根据 FRA 的分析结果将影响签派中断和航班中断的事件按照 ATA 章节号划分到各系统。

根据系统和组件失效对飞机 DR、SR、MTBF(空中中断率、地面中断率、无运营影响等)有关系的可靠性参数的贡献比,将可靠性要求分配到飞机系统和组件。

因此,DR、SR、MTBF 指标分配是一个自上而下的过程,主要分为三大步骤,分别为飞机级、系统级和功能级,如图 4-6 所示。

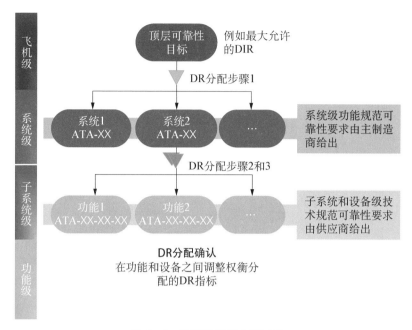

图 4-6　可靠性指标分配过程

DR、SR、MTBF 计算的基础是基于分配准则的分配模型。针对步骤 1、步骤 2 和步骤 3 的分配模型可能不同,但都是基于相同的逻辑严格建立的。

在步骤 2 和步骤 3 中要对系统与功能和设备的可靠性影响进行权衡以确定分配准则和整个分配模型。

(1) 运营:飞行循环影响、关于 DR 和 SR 事件的失效影响等级、ETOPS 等。

(2) 工程:技术复杂性、科技成熟度、环境条件等。

(3) 维修:最低设备清单(minimum equipment list,MEL)等。

(4) LRU:主要与 ETOPS、不利的环境、成本等相关。

2) 分配模型及准则定义

有 2 种分配模型可以实现 DIR、SIR、MTBF 目标的分配,如下所示。

等分配模型:根据飞机架构,在给定的 N-层级的每个系统、子系统、功能都会得到上一层级($N+1$ 层)的部分可靠性目标。数学分配仅基于 N-层级系统、子系统、功能的数量。分配给所有 N-层级的部件的可靠性目标都是相同的。

Leveled 模型:与等分配模型相反,Leveled 分配模型中会引入运营、技术、科技、环境等详细因素。例如：

(1) 飞行任务剖面。

(2) 技术复杂性（设计、工艺、其他系统的交互作用等）。

(3) 科技成熟度（现有的技术能力等）。

(4) 环境条件（可控或者不可控）。

(5) 运营的严苛程度（影响飞机飞行任务的失效，如 ETOPS）。

(6) 维修性特征（如预防性和计划维修）。

Leveled 方法考虑了这些影响可靠性的详细因素，有利于飞机系统和功能之间的可靠性影响权衡分析。通过此方法得到的 DR 更准确，可行性更高。每个分配准则都将影响可靠性要求的分配。

应根据如下原则将可靠性目标分配到系统或功能：一方面是运营影响等级；另一方面是技术、科技、维修性等因素。

针对典型的商业飞机研制项目，推荐的分配准则如图 4-7 所示，详细分配准则内容如表 4-1 所示。

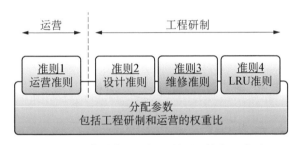

图 4-7　典型商业飞机研制项目的分配准则

表 4-1　详细分配准则内容

分配准则	备注、示例
分配准则 1: 运营准则 (1) 能够导致 DR 事件的系统和功能的权重比 (2) FRA 故障模式与 FMEA (3) FMEA 数据提取 (4) 假如 FRA 中没有可用数据，可基于机队数据评估（运营经验）	每个部件在中断飞起事件中的权重比能够导致中断起飞事件的功能失效和失效状态发生的概率或者数量，以% 表示 (1) 示例 1: 在 FMEA 中假定组件 A 为"6"，组件 B 为"2" (2) 通过反馈进行评估，结果为组件 A 有 15% 的概率导致中断起飞，B 有 3% 的概率导致中断起飞

（续表）

分配准则	备注、示例
	给定两个项目 A 和 B，假定 A 的运营影响比 B 严重，在计算时，A 被分配到的可靠性目标没有 B 严格，即 A 失效的可能性要比 B 大，或者造成更严重的影响。因此针对 A 的失效，应给定更大的概率
分配准则 2：设计准则 （1）每个项目（相对于其他项目）的相关技术和科技风险的确定方法。计算时考虑技术复杂性、科技成熟度、环境条件的严苛程度（如振动、高温、热循环、霜冻等）、详细的任务剖面 （2）基于机队数据评估或专家判断	将权重值"1"赋给较小设计要求等级的项目（如项目 A） 所有其他项目的权重值都为"1"的倍数。（如项目 B 的权重值为 15，意味着项目 B 的技术和科技风险是 A 的 15 倍） 给定两个项目 A 和 B，假设 A 相对于 B 来说，非常不成熟（A 使用的技术没有运营经验支持），因此 A 的技术风险大于 B，A 的失效也比 B 更频繁
分配准则 3：维修准则	暂缺
分配准则 4：LRU 准则	暂缺
分配参数：工程研制和运营权重比	以 T 表示，以％为单位 $T=0\%$ 表示在项目中"工程研制"准则不代入 DR 的设计与分析，仅仅考虑系统和功能的运营准则。不推荐用于有创新性或者成熟度低的研制项目 对于具有创新性（新产品、技术突破等）的项目，$T \geqslant 50\%$ 是比较好的选择 在航空业一般选取 $T=25\%$，该值比较平稳

上述准则并不适用于 DR 和 SR 计算中的每一个步骤。表 4-2、表 4-3 针对每一个步骤和事件将分配准则进行分解。

表 4-2 针对 DR、SR 计算步骤的准则分解表

DR、SR 计算步骤	准则 1：运营比（飞行/地面）	准则 2：设计技术比	准则 3：维修比	准则 4：每个系统/回路的 LRU 比
步骤 1，整机级	是	—	—	—
步骤 2，系统级	是	是	是	是
步骤 3，功能级	是	是	是	是

表 4 - 3　针对 DR、SR 事件的准则分解表

DR、SR 事件	准则 1：运营比（飞行/地面）	准则 2：设计技术比	准则 3：维修比	准则 4：每个系统/回路的 LRU 比
无技术延误	是	—	是	—
技术延误小于 15 min	是	—	是	是
技术延误大于 15 min	是	是	是	是
飞行中断	是	是	是	—
中断起飞	是	是	是	是

同样,不是所有的分配准则都适用于每个 DR、SR 事件的计算。

3) 可靠性指标分配详细工作

在计算 DR 时,有必要确保分配准则的正确性。DR 计算和数据收集在飞机研制项目(从立项论证阶段)开始前就要考虑。

(1) 详细工作。这部分工作的目的是将整机级目标分解到可执行层级,能够让设计团队管理。为实现此工作,针对分配准则要确定和分解合适的和典型的指标。步骤 1 包含两种互相补充的方法,它们分别在初期阶段和后期阶段进行。

a. 在初期阶段:相似飞机和设备的运营经验——机队数据评估。

b. 在后期阶段:FMES 数据——FRA。

机队数据评估有以下两种方法:

a. 设计相似性分析。在系统层级(ATA 章节),对几个相似机型的运营数据进行研究并分析差异。通过研究确定每个系统最优的运营可靠性值,并将该值作为新研飞机的设计目标,其分析结果应包括如下内容:

a) 系统级可靠性目标。

b) 整机级可靠性目标(系统级可靠性目标的合计)。

c) 开展和完成可靠性增长的指南、要求、概念等。

当使用此方法时,应考虑不同的方向:相似机型的选择应非常谨慎。远程飞机的可靠性目标应通过对市场上运营的远程飞机进行比较后再确定。例如,针对远程飞机,应选择 A340 和波音 747 - 400 作为相似机型;针对短程飞机,应选择 A319、波音 737 - 500 和 MD - 80 作为相似机型。

针对不同飞机制造商(甚至是相同飞机制造商)的机型,其飞机功能、系统或 ATA 章节子功能可能不同。因此需要仔细分析其与新研飞机相关的系统级可

靠性指标间的重大差异,通过为实现目标功能所需要的最少设备数量(组成单位的数量)、安全性要求、乘客数量、平均飞行时间等方面的区别,得到设计相似性因素(design comparative factor,DCF)。

设计相似性因素与系统架构、冗余设计、维修性(如可达性)等无关,因为这些因素从属于最优化方法以达到可靠性目标。

在所有情况下 DCF 都要经过判断,因此,要形成判断过程文件以保证追溯性,如表 4-4 所示。

表 4-4 设计相似性分析表

可靠性参数:机组报告率								度量单位:次/每1 000飞行小时		
ATA	相似机型 A			相似机型 B			新研飞机			
	现有可靠性值(AV)	设计相似性因素(DCF)	标准值 AV×DCF	现有可靠性值(AV)	设计相似性因素(DCF)	标准值 AV×DCF	最佳相似机型	备注	初始的目标	调整后的目标
21	12	0.8	9.6	13	1.5	19.5	A	A优是由于……	9.6	7.5
22	9	1	9.0	7	1	7.0	B	没有重要区别	7.0	5.5
23	16	0.5	8.0	11	2.0	22.0	A	A优是由于……	8.0	6.2
24	13	0.9	11.7	10	1.1	11.0	B	没有重要区别	11.0	8.6
⋮	⋮	⋮	⋮	⋮	⋮	⋮	⋮	合计 系数	154.5 0.78	120.0

注:一个系统的 DCF 值可通过下式得到。

$$DCF = \frac{新研飞机最小特征量}{相似机型最小特征量} \tag{4-28}$$

① 按照规定,上述最小特征量通过工程判断得到,且以真实的正数形式表示。例如,对于舱门系统(ATA52),最小特征量是满足应急离机需要的门的数量;对于旅客娱乐系统,最小特征量是座椅的数量;对于推进系统,最小特征量是发动机的数量;对于货舱装载系统,最小特征量是负载能力。

② 备注一栏必须包括选择最佳量值的判断原因,以及为了达到此值所需开展的工作。

b. 系统相似性分析。如果运营数据足够详细,则可用如下方法:

a) 计算相似机型的每个系统(ATA 章节)对整机级可靠性目标的贡献比。

b) 对相似机型的每个系统的贡献比求平均,计算得到的结果即为新研飞机的该系统的可靠性目标百分比。

c) 系统百分比与新研飞机给定的比例系数相乘，即得到系统级可靠性参数的绝对目标值。

例如，表 4-5 以整机级组件 LRU 非计划拆换率这一飞机级可靠性参数的分配为例，展示了系统相似性的指标分配过程。

表 4-5　整机级 LRU 非计划拆换率相似性分配表

可靠性参数	LRU 非计划拆换率			度量单位：　每 1 000 飞行小时	
	相似机型 A	相似机型 B	相似机型 C	新研飞机	
ATA	系统百分比/%	系统百分比/%	系统百分比/%	系统百分比/%	给定的整机级/% （目标：130%）
21	7.1	5.4	8.0	6.8	8.8
22	3.5	2.1	2.7	2.8	3.6
23	8.5	9.2	5.3	7.7	10.0
24	2.9	3.1	4.9	3.3	4.3
⋮	⋮	⋮	⋮	⋮	⋮
合计	100	100	100	100	130

（2）系统级详细工作。当要求的风险确定后，推荐使用 DCF 进行计算。对于任何衍生型飞机，假如系统的架构和技术没有很大改变，则可以使用相似机型的运营数据确定新研飞机的可靠性目标（如 DIR、SIR、设备 MTBUR 等）以及使用转化因子。

例如，某个系统的运营 DIR 是 2.5×10^{-4}/每起飞（相似机型数据）。针对新的系统（功能）设计，相同系统（功能）的设备数量增加了 50%。飞机制造商的目标是提将实际运营 DIR 提高 20%，因此，新研飞机的该系统的 DIR 确定为 $2.5 \times 10^{-4} \times 1.5 \times 0.80 = 3.0 \times 10^{-4}$/每起飞。

（3）组件和功能级。对于步骤（3）的 DR、SR、MTBF 分配，在概念和初步设计阶段，根据更高层级的设计目标确定子系统和组件层级的目标。与系统架构相关的详细数据（各系统的设备清单）一旦确定，应包括以下要求。

a. MTBUR 和 MTBF。

b. DIR 和 SIR 目标（仅针对有该要求的设备）。

c. 维修任务要求。

d. 维修性要求（如 MTTR、可达性等）。

e. MMEL 要求。

f. 失效探测要求(可测试率、LRU 的最大量等)。

g. 错误的失效率。

这些初步要求是主制造商内部控制的要求(不是提供给供应商的要求),并用来演示更高层级的目标(系统级)是可以达到或实现的。

对于衍生型飞机,假如系统的架构和技术没有很多改变,这样就可以通过使用运营数据完成系统 DIR 和 SIR 目标的分解。

对于新研飞机或使用新技术的系统,在概念和初步设计阶段应完成构架分析(如失效树或马尔科夫模型):

a. 为那些能够导致运营中断、非计划拆换或让机组有所行动的组件的失效模式分配失效率。

b. 确定与失效探测和可达性相关的要求。

4.3.4 某型飞机可靠性指标分配示例

1) MTBF 分配示例

假设某型飞机整机级的 MTBF 设计目标是 50 飞行小时,采用 Leveled 分配模型及分配准则 1,根据航空公司相似机型的运营数据确定各系统可靠性分配值占全机可靠性指标的比例,并对各系统进行可靠性指标初步分配,结合供应商数据以及某型号飞机的系统组成和特点对初步分配值进行修正,最终得到各系统的可靠性分配指标。

根据相似机型的运营数据确定某型号飞机各系统的可靠性分配比例,并假设飞机及各主要系统的失效率服从指数分布,最终得到如表 4-6 所示的各系统和子系统 MTBF 设计目标值分配表。

表 4-6　某型飞机各系统和子系统 MTBF 设计目标值分配表

ATA 章节	系 统 名 称	失效率所占比例/%	MTBF 分配值/飞行小时
21	空调系统	5	1 000
22	自动飞行系统	4	1 250
23	通信系统	3	1 666.7
24	电源系统	5.5	909.1
25	设备/装饰系统	3	1 666.7
26	防火系统	2	2 500

（续表）

ATA 章节	系统名称		失效率所占比例/%	MTBF 分配值/飞行小时
27	飞行控制系统		1	5 000
28	燃油系统		3	1 666.7
29	液压系统		6.5	769.2
30	防冰/除雨系统		3	1 666.7
31	指示/记录系统		0.5	10 000
32	起落架系统	机轮刹车系统	2.5	2 000
		起落架控制系统	1.5	3 333.3
33	照明系统(不包括内部照明)		3	1 666.7
34	导航系统		15	333.3
35	氧气系统		1	5 000
36	气源系统		8	625
38	水/废水系统		7	714.2
42	核心处理系统		10	500
44	客舱系统		1	5 000
45	机载维护系统		0.5	10 000
46	信息系统		2.5	2 000
49	辅助动力装置		5	1 000
52	舱门		2.5	2 000
54	短舱		2	2 500
71~80	动力装置		2	2 500
	整机级			50

2) DIR 分配示例

假设某型飞机整机级的 DR 设计目标是 99.7%，则整机级的 DIR 设计目标值为 0.3%，从 ATA21 章空调系统到 ATA80 章起动系统，在系统层级上，各个 ATA 章节中对签派有影响的失效状态数量相加共有 300 个，根据上节中有关 DIR 分配的介绍，采用 Leveled 分配模型及分配准则 1，即考虑每个系统和子系统对影响签派的失效状态总数量的贡献比，得到如表 4-7 所示的各系统和子系统 DIR 设计目标值分配表。

表 4 - 7　某型飞机各系统和子系统 DIR 设计目标值分配表

ATA 章节	系统名称	影响签派的失效状态数量	DIR 分配值/%
21	空调系统	13	0.013
22	自动飞行系统	8	0.008
23	通信系统	6	0.006
24	电源系统	10	0.01
25	设备/装饰系统	5	0.005
26	防火系统	5	0.005
27	飞行控制系统	19	0.019
28	燃油系统	9	0.009
29	液压系统	25	0.025
30	防冰/除雨系统	5	0.005
31	指示/记录系统	4	0.004
32	起落架系统　机轮刹车系统	15	0.015
	起落架控制系统	24	0.024
33	照明系统(不包括内部照明)	2	0.002
34	导航系统	24	0.024
35	氧气系统	2	0.002
36	气源系统	19	0.019
38	水/废水系统	3	0.003
42	核心处理系统	8	0.008
44	客舱系统	5	0.005
45	机载维护系统	5	0.005
46	信息系统	9	0.009
49	辅助动力装置	1	0.001
52	舱门	6	0.006
54	短舱	1	0.001
71	动力装置	2	0.002
72	发动机系统	2	0.002
73	发动机燃油及控制系统	7	0.007
74	点火系统	20	0.02
75	引气系统	1	0.001
76	发动机操纵系统	10	0.01
77	发动机指示系统	1	0.001
78	排气系统	6	0.006
79	滑油系统	8	0.008
80	起动系统	10	0.01
	总和	300	0.3

由上表可知,由于空调系统、飞行控制系统、液压系统、起落架系统、导航系统、气源系统、点火系统等系统中影响签派的失效状态数量较多,因此在系统设计中应重点关注。

3) SIR 分配示例

假设某型飞机整机级的 SR 设计目标是 99.7%,则整机级的 SIR 设计目标值为 0.3%,从 ATA21 章空调系统到 ATA80 章起动系统,在系统层级上,各个 ATA 章节中对航班中断有影响的失效状态数量相加共有 300 个,根据上节中有关 SIR 分配的介绍,采用 Leveled 分配模型及分配准则 1,即考虑每个系统和子系统对影响签派的失效状态总数量的贡献,得到如表 4-8 所示的各系统和子系统 SIR 设计目标值分配表。

表 4-8 某型飞机各系统和子系统 SIR 设计目标值分配表

ATA 章节	系统名称		影响航班中断的失效状态数量	SIR 分配值/%
21	空调系统		20	0.02
22	自动飞行系统		0	0
23	通信系统		10	0.01
24	电源系统		11	0.011
25	设备/装饰系统		18	0.018
26	防火系统		8	0.008
27	飞行控制系统		29	0.029
28	燃油系统		17	0.017
29	液压系统		15	0.015
30	防冰/除雨系统		7	0.007
31	指示/记录系统		9	0.009
32	起落架系统	机轮刹车系统	12	0.012
		起落架控制系统	9	0.009
33	照明系统(不包括内部照明)		9	0.009
34	导航系统		15	0.015
35	氧气系统		2	0.002
36	气源系统		16	0.016
38	水/废水系统		9	0.009
42	核心处理系统		23	0.023
44	客舱系统		3	0.003
45	机载维护系统		0	0
46	信息系统		3	0.003

（续表）

ATA 章节	系统名称	影响航班中断的失效状态数量	SIR 分配值/%
49	辅助动力装置	6	0.006
52	舱门	15	0.015
54	短舱	1	0.001
71～80	动力装置	33	0.033
	总和	300	0.3

由上表可知，由于空调系统、飞行控制系统、核心处理系统、设备/装饰系统等影响航班中断的失效状态数量较多，因此在系统设计中应重点关注。

4.4 可靠性预计

4.4.1 可靠性预计方法

根据预计对象的不同可将可靠性预计方法分为单元可靠性预计与系统可靠性预计两类。单元（零部件、元器件、子系统）可靠性预计是系统可靠性预计的基础。可靠性预计构成了对可靠性有影响的活动方针的决策准则。它在产品最初设计阶段、改进设计阶段、采购阶段以及制造和试验之前的阶段最为有效。

1) 单元可靠性预计

元器件、零部件、子系统等单元是系统的基本组成部分，因此单元的可靠性预计是系统可靠性预计的基础。对于这两类对象分别有不同的可靠性预计方法。

在产品设计过程中，常见电子元器件可借助相关手册、数据库、资料查阅得到其可靠性参数。而对于大部分非标准的机械零部件，无法借助查阅相关资料得到其可靠性的详细数据。

机械产品的基本组成单元多为元器件、零部件，都需要经过一段时间的磨合才能正常工作，在偶然失效期阶段，其失效率基本恒定，常采用指数分布描述其可靠度，即

$$R_t = e^{-\lambda t} \tag{4-29}$$

元器件、零部件、子系统等单元的可靠性预计结果可以作为整机系统可靠性预计的基础依据。目前，常见的单元可靠性预计方法包括相似单元法、评分预计

法、应力分析法、故障率预计法等。

（1）相似单元法。相似单元法通常用于研究比较成熟的产品的可靠性预计，它通过参考相似单元的可靠性水平预计新产品子系统或单元的可靠性水平。该方法中参考单元的可靠性信息一般根据可靠性试验数据评估得到，所参考单元可靠性信息的准确性及单元之间的相似程度决定了预计结果的准确性。通常相似单元法根据以下方面分析单元相似性。

a. 设备性能与结构的相似性。

b. 设计水平的相似性。

c. 材料与制造工艺的相似性。

d. 工作条件的相似性，例如工作载荷大小、工作环境等。

相似单元法的一般步骤如下所示。

a. 确定相似单元，尽量选择与可靠性预计单元在结构、设计水平、制造工艺、工作条件及可靠性特征方面最相似的单元，并且拥有该单元可用于统计分析的大量可靠性历史数据设备性能与结构的相似性。

b. 分析设备的可靠性影响因素对新设备与老设备的影响程度，分析新、老设备的差异对其可靠性的影响。

c. 利用专家评定的方法对不同可靠性影响因素下的相似设备做出评估，确定不同影响因素的权重，对不同因素的评估结果做加权处理，预计新设备的可靠性。

（2）评分预计法。产品的复杂程度、技术水平、工作载荷、环境条件、维护保养等都是影响其可靠性的重要因素。在工程实际中，各种条件的限制使得新产品的开发往往没有或只有很少与产品相关的可靠性数据，设计人员只能借助工程经验，通过综合评估产品各种可靠性影响因素尽可能地预计产品的可靠性指标，这种方法称为评分预计法。评分预计法中的评分方式与相似单元法中的评分方式存在根本性的不同，评分预计法采用绝对评分的方式，相似单元法采用相对评分的方式。评分预计法的一般步骤如下所示。

a. 确定评分因素。评分预计法的评分因素有单元的结构或功能复杂程度、加工装配的工艺水平、工作状态下的载荷条件、运行环境条件及维护保养等。在工程实际中可以根据具体产品的特点适当增加或减少评分因素。

b. 制订评分原则。以产品的故障率作为可靠性指标说明评分原则。设定各种可靠性影响因素的评分范围为 $1\sim10$，评分高低反映了对产品可靠性影响程度的大小，评分与产品故障率呈正相关关系。

c. 计算可靠性预计值。假设某类产品的平均故障率为 λ^* ,则预计产品的故障率为

$$\lambda = C\lambda^* \tag{4-30}$$

式中,C 为预计产品的评分系数, $C = \dfrac{w}{w^*}$;w 为预计产品的综合评分,$w = \prod\limits_{i=1}^{4} r_i$, w^* 为平均综合评分,r_i 为第 i 项因素的评分数。

（3）应力分析法。在可靠性工程中,应力指产品在工作状态下外界向产品施加的各种载荷条件,通常包括机械应力、载荷、变形、磨损、温度、电压、电流等。应力分析法需要详细的元器件信息和应力数据,涉及大量的公式和图表,一般在产品研制阶段,在其结构、电路及其元器件的环境应力、工作应力都明确的条件下完成。该方法主要适用于电子元器件产品设计后期,以元器件的基本失效率为基础,根据产品的使用环境、工作方式、生产制造工艺、质量等级及工作应力的不同,做出适当的修正以预计产品的失效率。应力分析法的详细预计步骤可以参考《电子设备可靠性预计手册》,大量国产元器件及部分进口元器件的可靠性预计也可以参考该手册。

（4）故障率预计法。故障率预计法依据产品的工作应力和环境条件对故障率进行适当修正来实现可靠性指标的预计,与应力分析法不同的是该方法常用于非电子产品的可靠性预计。在产品研制的详细设计阶段,产品的详细设计图已确定,选定了零件,并且已知其确切类型、数量、环境条件及工作应力,通过可靠性试验测试产品的基本故障率、特定条件下的应力参数及环境条件参数就可以对产品进行可靠性预计。

2) 系统可靠性预计

系统的可靠性预计以组成系统各单元的预计为基础。在进行系统可靠性预计之前,首先进行单元可靠性的预计,然后根据单元可靠性预计结果及系统的可靠性功能逻辑框图得到系统的可靠性预计值。常用的系统可靠性预计方法包括数学模型法、元器件计数法、蒙特卡罗法等。

（1）数学模型法。数学模型法主要根据组成系统单元的串、并联关系,按照相应的计算表达式进行系统的可靠性预计。根据单元之间的串、并联关系可以将系统划分为不同类型,包括串联系统、并联系统、串并联系统、表决系统等,每种系统的可靠性预计方法分析如下所示。

a. 串联系统。如果任意一个组成单元的失效都会造成系统失效,那么这种

系统为串联系统。对于机械产品来说,串联系统最为常见。假设系统在一段工作时间 T 内,各单元失效相互独立,则系统的可靠度为

$$R_s = \prod_{i=1}^{n} R_i \tag{4-31}$$

式中,R_i 为第 i 个串联单元的可靠度。

　　b. 并联系统。全部单元都失效时系统才会失效的系统为并联系统。并联系统常用于单元成本和可靠性较低的电子设备中。若每个单元失效都是独立事件,则系统的可靠度为

$$R_s = 1 - \prod_{i=1}^{n} (1 - R_i) \tag{4-32}$$

　　c. 串、并联系统。串、并联系统又称为混联系统,是指既有串联单元又有并联单元存在的系统。将整个系统划分为若干子系统,只包括串联子系统和并联子系统,然后根据串联系统和并联系统的数学模型推导计算串、并联系统的可靠性。

　　d. 表决系统。若 n 个单元并联,有 k 个单元不失效,则系统不失效,这种系统称为表决系统,也可以称为 k/n 系统。机械系统中最常见的类似系统主要为 $2/3$ 表决系统。与并联系统相比,表决系统要求能够正常工作的单元数量更多,将正常工作单元数量低于 k 的情况视为系统失效。

　　(2) 元器件计数法。在工作应力及环境不确定的条件下,根据元器件的数量和种类近似计算产品可靠性的方法称为元器件计数法,其基本思想是修正元器件基本失效率。该方法的通用模型为

$$\lambda_s = \sum_{i=1}^{n} N_i \lambda_i \pi_i \tag{4-33}$$

式中,λ_s 为系统的总失效率;λ_i 为第 i 种元器件的基本失效率;π_i 为第 i 种元器件的质量等级系数;N_i 为第 i 种元器件的数量;n 为系统中元器件的种类数目。

　　元器件计数法主要适用于电子产品的可靠性预计。从该方法的通用模型来看,预计系统可靠性需要的元器件数据信息主要包含两种:一种是系统所用元器件的种类及其数量,可查阅《电子设备可靠性预计手册》;另一种是各种元器件的质量等级,可查阅《电子设备可靠性预计》。

　　(3) 蒙特卡罗法。蒙特卡罗法是可靠性领域中的一种常用方法,是以概率和数理统计为基础,用概率模型做近似计算的数学模拟方法。它以随机抽样方

法为手段,根据系统的可靠性逻辑框图进行可靠性预计。在整机系统可靠性模型比较复杂的情况下,如果系统组成单元的可靠性特征量明确,则可以采用蒙特卡罗法。此外,该方法具有一定的随机性。

为了降低模拟结果的随机性,这种方法一般依靠计算机多次模拟,进行模拟的次数越多,预计值的精确度越高。

4.4.2 可靠性预计流程、假设和要求

可靠性预计流程包括确定产品的定义;规定失效定义;建立产品所包括的单元目录;绘制产品可靠性框图;建立计算产品可靠性的数学模型;确定零部件、组件失效率;计算系统可靠性;预计结果分析。

可靠性框图一般有下列假设:

(1) 在评定产品可靠性时,必须考虑的单元用方框表示,对应每个方框的单元具有可靠性数据,而所有连接方框的线则没有可靠性数值,导线和连接器作为另外一个功能或者单元。

(2) 功能或单元只有正常和失效两种状态。

(3) 不同方框表示的不同功能或单元的失效概率是相互独立的。

(4) 产品的所有输入均在规定极限之内,即不考虑由于输入错误所引起的系统失效的情况。

(5) 除了产品寿命分布有可靠性数据表明服从特定分布外,一般假设服从指数分布。

在开展可靠性预计时,有如下注意事项:

(1) 在产品设计初期就要开展可靠性预计工作,并在初步设计阶段前完成预计报告,以便若任何级别的可靠性预计值未达到可靠性分配值,可以尽早地在技术和管理方面采取措施。

(2) 在初步设计阶段和详细设计阶段,根据系统设计的深入和更改,对可靠性预计工作进行完善。

4.4.3 民用飞机可靠性指标预计

1) MTBF 预计

MTBF 模型采用全串联模型,包括那些冗余的单元都按串联处理,用以估计产品基本可靠性及其组成单元引起的维修及产品支援要求。模型的详细程度应该达到规定的分析层次,以获得可利用的信息,而且失效率数据对该层次产品设计来说,应能够作为考虑维修和产品支援要求的依据。

设备级 MTBF 按 MIL－HDBK－217F/RIAC－HDBK－217PLUS 提供的数据和方法进行预计。

根据之前的假设,所有的设备都按照指数分布的类型考虑。设备的失效率用 λ_i 表示,设备的 MTBF 用 $MTBF_i$ 表示,则

$$\lambda_i = \frac{1}{MTBF_i} \qquad (4-34)$$

系统的失效率用 λ_s 表示,设备的 MTBF 用 $MTBF_s$ 表示,用 n_i 表示设备的数量,则

$$\lambda_s = \sum_{i=1}^{n} n_i \lambda_i \qquad (4-35)$$

$$MTBF_s = \frac{1}{\lambda_s} \qquad (4-36)$$

2) DR 预计

DR 反映了飞机在航线中完成签派的能力,预定用于冗余或代替工作模式的单元,应该在模型中反映为并联或旁联结构,因此 DR 模型是复杂的串-并-旁联结构,推荐采用基于系统构型的签派分析法。

根据供应商可以给出的飞机构型清单和初始主最低设备清单(preliminary master minimum equipment list,PMMEL),或是类似系统构型的 MMEL,以及供应商所提供的单元 MTBF、MTTR 清单进行相应的预计工作。

3) 模型计算的相关假设

(1) 飞机的实际运营情况假设。飞机实际运营时计算 DIR 需假设以下前提。

a. 不考虑在相同机场交换飞机时的签派情况。例如,两架飞机从同一个机场签派,第一架飞机上午 7:00 签派,第二架飞机上午 9:00 签派。如果第一架计划签派的飞机失效,则它可以与第二架飞机交换,由此给第一架飞机额外的 2 h 时间维修失效。本模型为保守计算,是不考虑这种情况的。

b. 计划维修不会导致签派中断,即飞机的正点航班飞行总是在计划维修完成以后。本条也相当于假设了计划维修的人力、备件、消耗品、地面时间总是足够充裕的。

c. 用来修复失效的机件和备件完全可用,不会因为机件、备件不可用而导致签派中断。

（2）MMEL 假设。在计算 DIR 时，对于 MMEL 有如下假设。

a. 在大多数情况下，当飞机遵循相应的 MMEL 要求签派时，对于不需要维修程序的失效件失灵的情况，是不需要维修人员的。

b. MMEL 放行的任何失效都不能导致签派中断。

c. 任何有 MMEL 放行的失效组件，都会在其 MMEL"维修间隔分类"内得到修复，因此在"维修间隔分类"结束时，不会产生签派中断（也就是说，在MMEL"维修间隔分类"结束时，都会收到备件）。

d. 某一个组件的失效不能影响任何其他组件的"MMEL 签派"。

（3）失效相关假设。在计算 DIR 时，对于失效的情况有如下假设。

a. 在地面检查时或者通过发动机指示和机组告警系统（engine indicating and crew alerting system，EICAS）指示等手段，不能被机组轻易发现的任何失效都不允许导致签派中断。

b. 在发动机起动时发现的失效和在飞行期间发生的失效对签派中断的影响是一样的。但实际上，在发动机起动（通常在航班签派前 $10\sim15$ min）时发现的失效更可能导致延误，因为这时已经没有足够的时间去修复失效了，而发生在飞行期间的失效可利用整个过站时间修复失效。

（4）模型计算公式中的相关假设。在飞机滑出阶段，导致签派中断的某组件 Z 的失效率与飞机在飞行或滑进阶段，导致签派中断的 Z 组件的失效率是一样的，因而可以使用相同的计算公式。

$$\lambda_{\text{CompZ Active\_DI}} = \lambda_{\text{CompZ}} \times F_{\text{Detect\_DI}} \qquad (4-37)$$

式中，$F_{\text{Detect\_DI}}$ 指 Z 组件的失效模式是由机组人员通过 EICAS 指示信息得到或者是通过地面检查等手段发现的，而在地面检查时发现的失效模式不适用于滑出阶段。因此，在滑出和飞行、滑进中的 $\lambda_{\text{CompZ Active\_DI}}$ 在计算时应该是不同的。但考虑到计算结果影响很小，且为了简化计算模型，因此假设这两个计算中的 $\lambda_{\text{CompZ Active\_DI}}$ 是完全一样的。

4）DR 和 DIR 的计算模型

DIR 计算如下：

$$DIR_{\text{Aircraft}} = \frac{N_{\text{Aircraft Interruptions(within assessed period)}}}{N_{\text{Aircraft Scheduled Flights(within assessed period)}}} \qquad (4-38)$$

式中，$N_{\text{Aircraft Scheduled Flights}}$ 为飞机计划飞行次数；$N_{\text{Aircraft Interruptions}}$ 为飞机签派中断次数。

同时，签派中断次数可按下式计算：

$$N_{\text{Aircraft Interruptions}} = N_{\text{Aircraft Delays}} + N_{\text{Aircraft Cancels}} \tag{4-39}$$

式中，$N_{\text{Aircraft Delays}}$ 为飞机延误（超过××分钟）次数；$N_{\text{Aircraft Cancels}}$ 为飞机取消航班次数。

由于飞机的 DR 和 DIR 取决于飞机各系统的 DR 和 DIR，因此计算如下：

$$DIR_{\text{Aircraft}} = \sum_{i=1}^{Z} DIR_{\text{System } i} \tag{4-40}$$

飞机各系统的 DR 和 DIR 又取决于各系统组件的 DR 和 DIR，计算如下：

$$DIR_{\text{System } Z} = \sum_{i=1}^{N} DIR_{\text{Comp } i} \tag{4-41}$$

式中，$DIR_{\text{System } Z}$ 为系统 Z 失效导致签派中断的概率；$DIR_{\text{Comp } i}$ 为部件 i 失效导致签派中断的概率。

对于由组件导致的 DR 和 DIR 也可以表述如下：

$$DR_{\text{CompZ}} = 1 - \frac{N_{\text{CompZ Interruptions}}}{N_{\text{CompZ Scheduled Flights}}} \tag{4-42}$$

$$DIR_{\text{CompZ}} = \frac{N_{\text{CompZ Interruptions}}}{N_{\text{CompZ Scheduled Flights}}} \tag{4-43}$$

式中，$N_{\text{CompZ Interruptions}}$ 为由于组件 Z 失效导致的签派中断的次数；$N_{\text{CompZ Scheduled Flights}}$ 为计划飞行的总次数。

在计算飞机 DIR 之前，可先通过如图 4-8 所示的流程进行判断，如设备失效影响飞机签派，则依据后续公式进行计算。

经过判断流程确定设备失效影响飞机签派后，飞机签派中断的次数可以按照下式计算：

$$N_{\text{CompZ Interruptions}} = (N_{\text{CompZ Scheduled Flights}} \times P_{\text{CompZ Interruptions in Flight \& Taxi-in}}) + $$
$$(N_{\text{CompZ Scheduled Flights}} \times P_{\text{CompZ Interruptions at Taxi-out}})$$

$$\tag{4-44}$$

式中，$P_{\text{CompZ Interruptions in Flight \& Taxi-in}}$ 为在飞行和滑进阶段，由组件 Z 导致的签派中断的概率；$P_{\text{CompZ Interruptions at Taxi-out}}$ 为在滑出阶段，由组件 Z 导致的签派中断的概率。

在飞行和滑进阶段，由组件 Z 导致的签派中断的概率 $P_{\text{CompZ Interrupt in Flight \& Taxi-in}}$

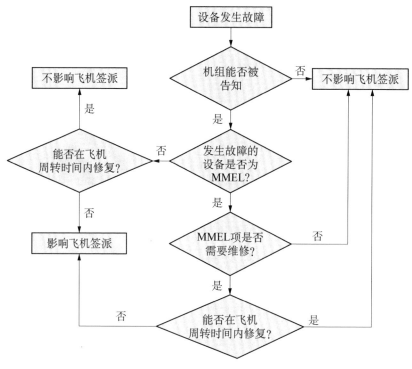

图 4 - 8　DR 预计流程

可计算如下。

$$P_{\text{CompZ Interruptions in Flight \& Taxi-in}} = QTY_{\text{CompZ}} \times \lambda_{\text{CompZ Active\_DI}} \times T_{\text{Aircraft in Flight \& Taxi-in}} \times$$
$$DIF_{\text{Flight \& Taxi-in}}$$

$$(4 - 45)$$

式中，QTY_{CompZ} 为组件 Z 的数量，此值可直接给定；$\lambda_{\text{CompZ Active\_DI}}$ 为组件 Z 导致签派中断的失效率，即指在组件 Z 所有可能的失效中，能导致签派中断的失效率，此值通过计算获得；$T_{\text{Aircraft in Flight \& Taxi-in}}$ 为飞行和滑进阶段（包括爬升、巡航、下降、着陆和滑进阶段）的平均时间；$DIF_{\text{Flight \& Taxi-in}}$ 为飞行和滑进阶段的签派中断因子，即表示在所有失效情况中，可以通过使用 MMEL 和修复失效（大多数修复失效的方式都是更换失效件）的方式来避免签派中断的情况所占的比例。此值在 0～1 之间，需通过计算获得。$DIF_{\text{Flight \& Taxi-in}} = 0$ 表示没有失效模式会导致签派中断；$DIF_{\text{Flight \& Taxi-in}} = 1$，表示所有的失效模式都会导致签派中断。

在式（4 - 45）中，组件 Z 导致签派中断的失效率 $\lambda_{\text{CompZ Active\_DI}}$ 可通过式（4 -

37)计算。式(4-37)中,λ_{CompZ}为组件 Z 的失效率;$F_{\text{Detect\_DI}}$为失效探测因子,表示在组件 Z 的所有失效情况中,由机组人员通过 EICAS 信息获得的或者是在地面检查中发现的失效情况占所有失效情况的比例。$F_{\text{Detect\_DI}}$值越大,表示 LRU 的失效被飞行机组发现的比例越大。$F_{\text{Detect\_DI}} = 1$表示所有的 LRU 失效情况都在飞机签派之前被飞机机组检测到;$F_{\text{Detect\_DI}} = 0.5$表示50%的 LRU 失效情况在飞机签派之前被飞机机组检测到;$F_{\text{Detect\_DI}} = 0$表示没有失效情况被检测到。

在式(4-45)中,飞行和滑进阶段的签派中断因子 $DIF_{\text{Flight \& Taxi-in}}$ 可计算如下:

$$DIF_{\text{Flight \& Taxi-in}} = (1 - MMEL_{\text{CompZ MMEL Disp FLT \& Taxi-in}}) \times \qquad (4-46)$$
$$(1 - CFF)$$

式中,$CFF(chance\ to\ fix\ failure)$为修复失效的机会因子,表示能探测到的 LRU 失效(不论此失效是否满足 MMEL 派遣要求)能在过场时间内修复的情况所占的比例,此值是直接给定的。此值越大,表示可探测到的 LRU 失效在过场时间加允许延误时间内修复的比例越高。$CFF = 1$,表示所有可探测到的 LRU 失效都能在过场时间加允许延误时间内修复;$CFF = 0.5$,表示只有50%的能探测到的 LRU 失效能在过场时间加允许延误时间内修复;$CFF = 0$,表示没有任何失效得到修复。

$MMEL_{\text{CompZ MMEL Disp FLT \& Taxi-in}}$为在飞行和滑进阶段,组件 Z 的 MMEL 签派因子,表示当组件 Z 出现某失效模式时,飞机仍能依据 MMEL 要求继续盈利运营,而不会导致签派中断,此时这种失效模式所占的比例。此值通过计算获得。此值越大,表示探测到了但仍能按照 MMEL 要求进行签派的 LRU 失效的比例越大。$MMEL_{\text{CompZ MMEL Disp FLT \& Taxi-in}} = 1$,表示所有的可探测到的 LRU 的失效情况都满足 MMEL 签派要求;$MMEL_{\text{CompZ MMEL Disp FLT \& Taxi-in}} = 0.5$,表示可探测到的 LRU 失效情况只有50%满足 MMEL 签派要求;$MMEL_{\text{CompZ MMEL Disp FLT \& Taxi-in}} = 0$,表示所有的 LRU 失效情况都不满足 MMEL 签派要求。

在式(4-46)中,在飞行和滑进阶段,根据组件 Z 的 MMEL 的签派因子 $MMEL_{\text{CompZ MMEL Disp FLT \& Taxi-in}}$ 可计算如下:

$$MMEL_{\text{CompZ MMEL Disp FLT \& Taxi-in}} = MMEL_{\text{CompZ Failure Modes MMEL Disp}} \times$$
$$(1 - MMEL_{\text{CompZ MMEL Maint Involvm Flight \& Taxi-in}}) \times (1 - MMEL_{\text{CompZ MMEL Ops Lim}})$$
$$(4-47)$$

式中,$MMEL_{\text{CompZ Failure Modes MMEL Disp}}$ 为按照 MMEL 的组件 Z 的失效模式的签派因子。此值是直接给定的,此值越大,表示组件 Z 中可探测到的不影响飞机派遣的 LRU 失效模式所占比例越大。$MMEL_{\text{CompZ Failure Modes MMEL Disp}} = 1$,表示按照 MMEL 要求,所有的可探测到的 LRU 失效模式都能签派;$MMEL_{\text{CompZ Failure Modes MMEL Disp}} = 0.5$,表示按照 MMEL 要求,可探测到的 LRU 失效模式中只有 50% 能签派;$MMEL_{\text{CompZ Failure Modes MMEL Disp}} = 0$,表示按照 MMEL 要求,所有的失效模式都不能签派。

$MMEL_{\text{CompZ MMEL Maint Involvm Flight \& Taxi-in}}$ 为在飞行和滑进阶段组件 Z 的 MMEL 维修因子。此值通过计算获得,其表示按照 MMEL 要求,组件 Z 的某些失效模式经过维修人员进行相关维护后可以签派的情况所占的比例。此值越大,表示按照 MMEL 可签派的失效模式需维修人员进行维护的情况所占比例越大。此值为 1,表示所有的按照 MMEL 要求可签派的失效模式都需要维修人员进行相关的维护或维修;此值为 0,表示所有按照 MMEL 要求可签派的失效模式都不需要维修和维护。

$MMEL_{\text{CompZ MMEL Ops Lim}}$ 为组件 Z 的 MMEL 操作限制因子,此值需通过计算获得。其表示在下列 MMEL 放行限制条件下,按照 MMEL 要求可派遣的组件 Z 的失效模式占组件 Z 的所有失效模式的比例。MMEL 放行限制条件如下:

(1) 禁止在结冰条件下操作(因为当航班准备飞行时,正处于或即将处于结冰条件下,可能导致飞机签派中断)。

(2) 要求使用飞机飞行手册操作飞机(因为当航班准备飞行时,机场净空或跑道长度出现问题可能导致签派中断)。

(3) 限制了只能在白天进行飞行操作(如果航班不在白天飞行,则可能导致签派中断)。

对于此值,其值越大,表示需在 MMEL 限制条件下,按照 MMEL 要求可签派的组件失效模式占全部失效模式的比例越大。$MMEL_{\text{CompZ MMEL Ops Lim}} = 1$,表示所有按照 MMEL 要求可派遣的失效模式都受到上述 MMEL 放行的条件限制;$MMEL_{\text{CompZ MMEL Ops Lim}} = 0$,表示没有失效模式受到上述 MMEL 放行的条件限制。

在式(4-47)中,组件 Z 的 MMEL 维修因子 $MMEL_{\text{CompZ MMEL Maint Involvm Flight \& Taxi-in}}$ 可计算如下:

$$MMEL_{\text{CompZ MMEL Maint Involvm Flight \& Taxi-in}} = MMEL_{\text{MMEL with(M)}} \times$$
$$\left[1 - MMEL_{\text{MMEL with(M)C/B only}}\right] \times \left[1 - MMEL_{\text{MMEL with(M)less 30 min}}\right] \quad (4-48)$$

式中，$MMEL_{\text{MMEL with(M)}}$ 为 MMEL 维修程序因子，此值是直接给定的。其表示能够按照 MMEL 要求进行签派的 LRU 的失效模式所占的比例，但是签派的前提是按照 MMEL 相关限制条件进行相应的维修程序。此值越大，表示能按照 MMEL 要求进行签派的 LRU 的失效模式所占的比例越大，当然，此 MMEL 需要维修人员执行相应的维修程序。$MMEL_{\text{MMEL with(M)}} = 1$，表示所有能按照 MMEL 要求进行签派的 LRU 的失效模式都需要执行相应的维修程序；$MMEL_{\text{MMEL with(M)}} = 0.5$ 表示 50% 能按照 MMEL 要求进行签派的 LRU 的失效模式需要执行相应的维修程序；$MMEL_{\text{MMEL with(M)}} = 0$ 表示所有能按照 MMEL 要求进行签派的 LRU 的失效模式都不需要执行任何的维修程序。

$MMEL_{\text{MMEL with(M)C/B only}}$ 为 MMEL(M) 程序的 C/B 打开因子，此值是直接给定的。其表示相应的 MMEL 子项目所占比例，这些子项目维修程序只包括打开 LRU 相应的电路断路器(circuit breaker, C/B)，而没有其他的维修活动。此值越大，表示相应子项目(为了停用失效件只要求打开 C/B)所占比例越大。$MMEL_{\text{MMEL with(M)C/B only}} = 1$，表示所有 LRU 相关的 MMEL 子项目的维修程序都只包括打开 C/B；$MMEL_{\text{MMEL with(M)C/B only}} = 0.5$，表示 50% 的 LRU 相关的 MMEL 子项目的维修程序只包括打开 C/B；$MMEL_{\text{MMEL with(M)C/B only}} = 0$，表示没有 LRU 相关的 MMEL 子项目的维修程序只包括打开 C/B。

$MMEL_{\text{MMEL with(M)less 30 min}}$ 为 MMEL(M) 程序少于 30 min 因子，此值是直接给定的。其表示某些相应的 MMEL 子项目的比例，这些子项目是指其 MMEL 维修程序花费时间少于周转时间(周转时间在前面假设部分已定义)。此值为 1，表示所有的 MMEL 子项目的维修程序花费的时间都少于周转时间；此值为 0.5，表示 50% 的 MMEL 子项目的维修程序花费的时间少于周转时间；此值为 0，表示所有的 MMEL 子项目的维修程序花费的时间都不少于周转时间。

在式(4-47)中，组件 Z 的 MMEL 操作限制因子 $MMEL_{\text{CompZ MMEL Ops Lim}}$ 可计算如下：

$$MMEL_{\text{CompZ MMEL Ops Lim}} = (FL_1 + FL_2 + FL_3) - (FL_1 \times FL_2) - (FL_1 \times FL_3) -$$
$$(FL_2 \times FL_3) + (FL_1 \times FL_2 \times FL_3)$$

$$(4-49)$$

式中，FL_1 为 MMEL 结冰条件限制因子，此值是直接给定的。其表示某些相应的 LRU 的失效模式所占的比例，这些 LRU 的失效模式根据 MMEL 要求是可以签派的，但是 MMEL 项目限制了其不能在结冰和降雨条件下飞行。此值越大，则在非结冰或降雨条件下，MMEL 可签派的失效模式的 LRU 所占比例越高。此值为 1，表示所有的 MMEL 子项目都禁止在结冰或降雨条件下运营；此值为 0.5 表示 50% 的 MMEL 子项目禁止在结冰或降雨条件下运营；此值为 0，表示没有 MMEL 子项目禁止在结冰或降雨条件下运营。

FL_2 为 MMEL 的 AFM 操作限制因子，此值是直接给定的。其表示某些相应的 LRU 的失效模式所占的比例，这些 LRU 的失效模式根据 MMEL 要求是可以签派的，但是 MMEL 项目限制了其必须根据 AFM 要求采取相应的操作限制（如增加跑道长度、净空等），因为在某些机场，当这些 AFM 限制情况不满足时可能会导致签派中断。此值越大，在采取相应的 AFM 操作限制的情况下，MMEL 可签派的失效模式的 LRU 所占比例越高。此值为 1，表示所有的 MMEL 子项目都需采取 AFM 操作限制；此值为 0.5，表示 50% 的 MMEL 子项目需采取 AFM 操作限制；此值为 0，表示没有 MMEL 子项目需采取 AFM 操作限制。

FL_3 为 MMEL 操作的白天限制因子，此值为给定值。其表示某些相应的 LRU 的失效模式所占的比例，这些 LRU 的失效模式根据 MMEL 要求是可以签派的，但是 MMEL 项目限制了其必须在白天才能运营。此值越大，则在白天 MMEL 可签派的失效模式的 LRU 所占比例越高。此值为 1，表示所有的 MMEL 子项目都应在白天运营；此值为 0.5，表示 50% 的 MMEL 子项目应在白天运营；此值为 0，表示没有 MMEL 子项目有白天运营的限制。

在式（4 - 44）中，在滑出阶段，由组件 Z 导致的签派中断的概率 $P_{\text{CompZ Interruptions at Taxi-out}}$ 可计算如下：

$$P_{\text{CompZ Interruptions at Taxi-out}} = QTY_{\text{CompZ}} \times \lambda_{\text{CompZ Active\_DI}} \times T_{\text{Aircraft at Taxi-out}} \times DIF_{\text{Taxi-out}}$$

$$(4 - 50)$$

式中，QTY_{CompZ} 在式（4 - 45）中已定义过，即组件 Z 的数量，此值可直接给定；$\lambda_{\text{CompZ Active\_DI}}$ 在式（4 - 45）中已定义过，即组件 Z 导致签派中断的失效率，指在组件 Z 所有可能的失效中，能导致签派中断的失效率，此值通过计算获得；$T_{\text{Aircraft at Taxi-out}}$ 为滑出阶段的平均时间；$DIF_{\text{Taxi-out}}$ 为滑出阶段的签派中断因子，此值在 0~1 之间，需通过计算获得。此值表示在所有失效情况中，可以通过使

用 MMEL 来避免签派中断的情况所占的比例。此值为 0，表示没有失效模式
将导致签派中断；此值为 1，表示所有的已产生的失效模式都会导致签派
中断。

在式(4-50)中，滑出阶段的签派中断因子 $DIF_{\text{Taxi-out}}$ 可计算如下：

$$DIF_{\text{Taxi-out}} = 1 - MMEL_{\text{CompZ MMEL Disp Taxi-out}} \qquad (4-51)$$

注：此处没有像式(4-46)中那样使用 CFF (修复失效的机会因子)，是因为即使失效能在短时间内修复，在滑出阶段的失效还是会导致签派中断(除非发生此失效时 MMEL 是豁免的)。

式中，$MMEL_{\text{CompZ MMEL Disp Taxi-out}}$ 为在滑出阶段，根据组件 Z 的 MMEL 的签派
因子，此值通过计算获得。其表示当组件 Z 出现某失效模式时，飞机仍能满足
MMEL 要求进行签派的情况所占的比例。此值为 1，表示所有的组件 Z 的失效
模式都满足 MMEL 签派要求；此值为 0，表示所有的失效模式都不满足 MMEL
签派要求。

在滑出阶段［见式(4-51)］，根据组件 Z 的 MMEL 的签派因子
$MMEL_{\text{CompZ MMEL Disp Taxi-out}}$ 可计算如下。

$$MMEL_{\text{CompZ MMEL Disp Taxi-out}} = MMEL_{\text{CompZ Failure Modes MMEL Disp}} \times$$
$$(1 - MMEL_{\text{CompZ MMEL Maint Involvm Taxi-out}}) \times (1 - MMEL_{\text{CompZ MMEL Ops Lim}})$$
$$(4-52)$$

式中，$MMEL_{\text{CompZ Failure Modes MMEL Disp}}$ 与 $MMEL_{\text{CompZ MMEL Ops Lim}}$ 因子已经在式(4-47)中定义过了；$MMEL_{\text{CompZ MMEL Maint Involvm Taxi-out}}$ 为在滑出阶段，组件 Z 的 MMEL
维修因子，此值需通过计算获得。其表示按照 MMEL 要求，组件 Z 的某些失效
模式经过维修人员进行相关维护后可以签派的情况所占的比例。此值越大，表
示按照 MMEL 可签派的失效模式需维修人员进行维护的情况所占比例越大。
此值为 1，表示所有的按照 MMEL 要求可签派的失效模式都需要维修人员进行
相关的维护或维修；此值为 0，表示所有的按照 MMEL 要求可签派的失效模式
都不需要维修和维护。

在滑出阶段［见式(4-52)］，组件 Z 的 MMEL 维修因子
$MMEL_{\text{CompZ MMEL Maint Involvm Taxi-out}}$ 可计算如下：

$$MMEL_{\text{CompZ MMEL Maint Involvm Taxi-out}} = MMEL_{\text{MMEL with(M)}} \times [1 - MMEL_{\text{MMEL with(M)C/B only}}]$$
$$(4-53)$$

注：在式(4-53)中，没有像式(4-48)中那样使用 $[1 - MMEL_{\text{MMEL with(M)less 30 min}}]$，是因为即使 MMEL 维修程序能在短时间内完成，但在滑出阶段，维修仍是不适用的，因此还是会导致签派中断。上式

中,其他参数都已经在式(4-48)中定义过了。

　　参数间的关系梳理如表 4-9 所示,其中参数的上标为 * 号代表该参数由计算得到;参数的上标为 ♯ 号代表该参数直接指定。

表 4-9　签派中断率计算参数梳理

参数名称	与其有关的参数
组件 Z 失效导致的签派中断率 DIR^{*}_{CompZ}	$P^{*}_{\text{CompZ Interruptions in Flight & Taxi-in}}$ 、 $P_{\text{CompZ Interruptions at Taxi-out}}{}^{*}$
在飞行和滑进阶段,由组件 Z 导致的签派中断的概率 $P_{\text{CompZ Interruptions in Flight & Taxi-in}}{}^{*}$	$QTY^{\sharp}_{\text{CompZ}}$ 、 $\lambda^{*}_{\text{CompZ Active\_DI}}$ 、 $T^{\sharp}_{\text{Aircraft Flight & Taxi-in}}$ 、 $DIF^{*}_{\text{Flight & Taxi-in}}$
组件 Z 导致签派中断的失效率 $\lambda_{\text{CompZ Active\_DI}}$	$\lambda^{\sharp}_{\text{CompZ}}$ 、 $F^{\sharp}_{\text{Detect\_DI}}$
飞行和滑进阶段的签派中断因子 $DIF_{\text{Flight & Taxi-in}}$	$MMEL_{\text{CompZ MMEL Disp FLT & Taxi-in}}{}^{*}$ 、 $CFF^{\sharp}$
在飞行和滑进阶段,组件 Z 的 MMEL 的签派因子 $MMEL_{\text{CompZ MMEL Disp FLT & Taxi-in}}$	$MMEL_{\text{CompZ Failure Modes MMEL Disp}}{}^{\sharp}$ 、 $MMEL_{\text{CompZ MMEL Maint Involvm Flight & Taxi-in}}{}^{*}$ 、 $MMEL_{\text{CompZ MMEL Ops Lim}}{}^{*}$
在飞行和滑进阶段,组件 Z 的 MMEL 维修因子 $MMEL_{\text{CompZ MMEL Maint Involvm Flight & Taxi-in}}$	$MMEL^{\sharp}_{\text{MMEL with(M)}}$ 、 $MMEL^{\sharp}_{\text{MMEL with(M)C/B only}}$ 、 $MMEL^{\sharp}_{\text{MMEL with(M)less 30 min}}$
组件 Z 的 MMEL 操作限制因子 $MMEL_{\text{CompZ MMEL Ops Lim}}$	FL_{1} 、 FL_{2} 、 FL_{3}
在滑出阶段,由组件 Z 导致的签派中断的概率 $P_{\text{CompZ Interruptions at Taxi-out}}$	$QTY^{\sharp}_{\text{CompZ}}$ 、 $\lambda^{*}_{\text{CompZ Active\_DI}}$ 、 $T^{\sharp}_{\text{Aircraft at Taxi-out}}$ 、 $DIF^{*}_{\text{Taxi-out}}$
滑出阶段的签派中断因子 $DIF_{\text{Taxi-out}}$	$MMEL^{*}_{\text{CompZ MMEL Disp Taxi-out}}$
滑出阶段,根据组件 Z 的 MMEL 的签派因子 $MMEL_{\text{CompZ MMEL Disp Taxi-out}}$	$MMEL^{\sharp}_{\text{CompZ Failure Modes MMEL Disp}}$ 、 $MMEL^{*}_{\text{CompZ MMEL Ops Lim}}$ 、 $MMEL^{*}_{\text{CompZ MMEL Maint Involvm Taxi-out}}$
在滑出阶段,组件 Z 的 MMEL 维修因子 $MMEL_{\text{CompZ MMEL Maint Involvm Taxi-out}}$	$MMEL_{\text{MMEL with(M)}}{}^{\sharp}$ 、 $MMEL_{\text{MMEL with(M)C/B only}}{}^{\sharp}$

　　整合上述所有公式,得到组件 Z 导出的 DIR 计算公式:

$$DIR_{CompZ} = QTY_{CompZ} \times \lambda_{CompZ} \times F_{Detect\_DI} \times T_{Aircraft\ in\ Flight\ \&\ Taxi\text{-}in} \times$$

$$\left\{ 1 - MMEL_{CompZ\ Failure\ Modes\ MMEL\ Disp} \times \left[1 - MMEL_{MMEL\ with(M)} \times \right.\right.$$

$$(1 - MMEL_{MMEL\ with(M)C/B\ only}) \times (1 - MMEL_{MMEL\ with(M)less\ 30\ min}) \Big] \times$$

$$\Big[1 - (FL_1 + FL_2 + FL_3) + (FL_1 \times FL_2) + (FL_1 \times FL_3) +$$

$$\left. (FL_2 \times FL_3) - (FL_1 \times FL_2 \times FL_3) \Big] \right\} \times$$

$$(1 - CFF) + QTY_{CompZ} \times \lambda_{CompZ} \times F_{Detect\_DI} \times$$

$$T_{Aircraft\ at\ Taxi\text{-}out} \times \left\{ 1 - MMEL_{CompZ\ Failure\ Modes\ MMEL\ Disp} \times \Big[1 - MMEL_{MMEL\ with(M)} \times \right.$$

$$(1 - MMEL_{MMEL\ with(M)C/B\ only}) \Big] \times \Big[1 - (FL_1 + FL_2 + FL_3) +$$

$$\left. (FL_1 \times FL_2) + (FL_1 \times FL_3) + (FL_2 \times FL_3) - (FL_1 \times FL_2 \times FL_3) \Big] \right\}$$

$$(4-54)$$

组件的 DIR 预计表如表 4-10 所示。

表 4-10　DIR 预计表

1	2	3	4	5	6	7	8	9	10	11	12	13	14
N	LRU	数量	$\lambda_{CompZ}/$ (/h)	失效探测因子	MMEL (M)	MMEL (M) C/B	MMEL (M) <30 min	MMEL I. & P. Limit	MMEL AFM Limit	MMEL D. L. Limit	MMEL <30 min	SFP	DIR/%

第一列:"N"为 LRU 顺序编号。

第二列:"LRU"为 LRU 的名称。

第三列:"数量"为飞机上安装该 LRU 的数量。

第四列:"λ_{CompZ}"为第二列中 LRU 的失效率,且以(/h)为单位。

第五列:失效探测因子,此值可以为 0(表示 0%)、0.2(表示 20%)、0.85(表示 85%)、1(表示 100%)等。其表示在组件 Z 的所有失效情况中,由机组人员通过 EICAS 信息获得的或者是在飞行前的地面检查中发现的失效模式所占的比例。如果这些失效模式没有 MMEL 豁免或者不能在周转时间内修复,那么这些失效模式将导致签派中断。只有被飞行机组监测到的失效才考虑可能导致签派中断(此值一般来说大于 0),如果失效是在操作和功能检查时监测到的,则此时只认为其是计划维修的一部分,而不是飞行前检查的一部分,即认为此失效是"不可探测的"(此时该值可认为是 0)。此值越大,表示由飞行机组发现的 LRU 失效模式所占比例越大。此值为 1,表示在飞机签派之前,所有的 LRU 失效模式都被飞行机组探测到;此值为 0.5,表示在飞机签派之前,50% 的 LRU 失效模式被飞行机组探测到;此值为 0,表示没有失效模式被飞行机组探测到。

第六列:"MMEL"为主最低设备清单项因子。该值可以为 0(表示 0%)、0.2(表示 20%)、0.85(表示 85%)、1(表示 100%)等,该项的值一般为"0"或"1"。该项的值表示根据 MMEL 要求,飞机可以继续盈利运营时可探测的 LRU 失效模式所占的比例。此值为 1,表示所有的可探测到的 LRU 失效模式都能签派;此值为 0.5,表示 50% 的可探测到的 LRU 失效模式都能签派;此值为 0,表示所有的失效模式都不能签派。此值越大,表示在 LRU 可检测到的失效模式中符合 MMEL 签派要求而不会引起签派中断的失效模式比例越高。

第七列:"MMEL(M)"为 MMEL 项维修程序因子。该值可以为 0(表示 0%)、0.2(表示 20%)、0.85(表示 85%)、1(表示 100%)等。该项的值一般为"0"或"1",该项的详细解释见 $MMEL_{\text{MMEL with(M)}}$ 的说明。

第八列:"MMEL(M)C/B"为"MMEL 项维修程序要求通过打开相应的 C/B 来停用失效的 LRU 组件"因子。该值可以为 0(表示 0%)、0.2(表示 20%)、0.85(表示 85%)、1(表示 100%)等。该项的值一般为"0"或"1",该项的详细解释见参数 $MMEL_{\text{MMEL with(M)C/B only}}$ 的说明。有些航空公司政策规定,飞行机组人员可以自己通过打开相应的 C/B 来停用失效的 LRU 组件,如果是这样的情况,则不会发生签派中断。

第九列:"MMEL(M)<30 min"为"MMEL 维修程序少于 30 min"因子。该值可以为 0(表示 0%)、0.2(表示 20%)、0.85(表示 85%)、1(表示 100%)等。该项的值一般为"0"或"1",该项的详细解释见参数 $MMEL_{\text{MMEL with(M)less30 min}}$ 的说明。

第十列:"MMEL I. & P. limit"为"MMEL 项结冰降雨条件限制"因子。该值可以为 0(表示 0%)、0.2(表示 20%)、0.85(表示 85%)、1(表示 100%)等。该项因子通常适用于防冰系统和风挡雨刷系统的组件,对于其他系统,一般都为 0。该项的详细解释见参数 FL_1 的说明。

第十一列:"MMEL AFM limit"为"MMEL 的 AFM 操作限制"因子。该值可以为 0(表示 0%)、0.2(表示 20%)、0.85(表示 85%)、1(表示 100%)等。该项

因子通常适用于飞机减速的系统,如刹车、扰流板等,对于其他系统,一般都为 0。该项的详细解释见参数 FL_2 的说明。

　　第十二列:"MMEL D. L. limit"为"MMEL 白天操作限制"因子。该值可以为 0(表示 0%)、0.2(表示 20%)、0.85(表示 85%)、1(表示 100%)等。该项因子通常适用于飞机外部应急照明系统,对于其他系统,一般都为 0。该项的详细解释见参数 FL_3 的说明。

　　第十三列:"SFP<30 min"为"短期修复时间少于 30 min"因子。该值可以为 0(表示 0%)、0.2(表示 20%)、0.85(表示 85%)、1(表示 100%)等。

　　第十四列:通过最终计算得到的 DIR,即可计算得到 DR。

5) SR 和 SIR 的预计

假设备系统间是串联模型,则飞机级的 SIR 和 SR 计算如下:

$$SIR_{\text{Aircraft}} = \sum SIR_{\text{System}} \tag{4-55}$$

$$SR_{\text{Aircraft}} = 1 - SIR_{\text{Aircraft}} \tag{4-56}$$

假设系统的设备间也是串联模型,则系统级的 SIR 和 SR 计算如下:

$$SIR_{\text{System}} = \sum SIR_{\text{Equipment}} \tag{4-57}$$

$$SR_{\text{System}} = 1 - SIR_{\text{System}} \tag{4-58}$$

　　由于指数分布应用广泛且使用方便,因此在开展设备可靠性预计时采用指数分布,即失效率 λ 是常数。对于电子设备而言,在介于早期失效和耗损失效之间的特定时间段,失效率是常数。对于机械和机电设备而言,通过不断磨合消除早期失效,通过预防性的维修措施消除耗损失效。所有的这些措施都是为了确保在服役期内设备的失效率为常数。同时,对于一组设备而言,不管其失效率分布是什么形式,都可以认为在一个稳定期内,这些设备的失效率接近常数。因此,可以认为在设备的寿命周期内失效率呈指数分布是合适且合理的。

　　在预计飞机的 SR 和 SIR 时,采用自下而上的预计方法,即首先开展设备级的航班中断率预计,涉及的可靠性参数包括 MTBUR、平均恢复功能时间(mean time to restore function,MTTRF)、NFF、MTBF、每架机的设备数量(quantity per aircraft,QPA)。

　　由于 NFF 的存在,并且 NFF 对飞机电子和航电系统、设备及线路的可用性、可靠性、维修性、测试性有重要影响,因此,为了提高预计的准确度,在计算时采用 MTBUR 而不是 MTBF。在大部分情况下,除非飞机没有非计划维修,此时 MTBUR 与 MTBF 相等,否则 MTBUR 的值均比 MTBF 小。也就是说,MTBUR 与 MTBF 越接近,飞机的 SR 越好;MTTRF 值越大,飞机的可用性越差,SR 越差。因此,在开展设备级 SR 预计时,必须考虑 MTBUR、MTTRF 的影响。根据运营经验,得到设备级 SIR 和 SR 预计公式:

$$SIR(t)_{\text{Equipment}} = 1 - \left[\frac{\lambda_1}{\lambda_1 + \lambda_2} + \frac{\lambda_2}{\lambda_1 + \lambda_2} e^{-(\lambda_1 + \lambda_2)t} \right]^{QPA} \qquad (4-59)$$

$$SR_{\text{Equipment}} = 1 - SIR_{\text{Equipment}} \qquad (4-60)$$

式中,$\lambda_1 = \dfrac{1}{MTTRF}$;$\lambda_2 = \dfrac{1}{MTBUR}$;$MTBUR = (1-NFF) \times MTBF$;MTTRF 表征可修设备的维修性能,它代表维修一个失效设备所需的平均时间;t 为飞机暴露时间(FH),假设设备、系统、飞机开始工作时,$t = 0$(初始状态)。

如果所有的拆换都由于部件实际发生了失效,则 MTBUR 与 MTBF 相等,然而实际情况并非完全如此,因此,通常 MTBUR 小于 MTBF,NFF 以百分比的形式表示。

由于产品类型、设计和年限、制造商和服务提供商不同,因此 NFF 数值的变化范围也很大,带有失效记录功能(如记录飞行状态)的单元更容易被检测出来。工业数据显示 NFF 最优可达 15% 左右,最差可超过 60%,不同类型设备的 NFF 值如表 4-11 所示。

表 4-11 不同类型设备的 NFF 值

NFF/%	设 备 类 型
10	机械设备
20	电子、液压设备
35	复杂电子设备
>60	旧设计

当设备的 MMEL 状态和 MTTRF 的值发生改变时,设备的 SR 也会发生改变,不同情况组合如表 4-12 所示。

表 4 - 12　影响 SR 的情况组合

MMEL 状态	MTTRF 值	SR 预计结果是否受影响
"空白"也认为是 GO	$MTTRF \leqslant$ 最大修复时间目标值	否
	$MTTRF >$ 最大修复时间目标值	否
GO	$MTTRF \leqslant$ 最大修复时间目标值	否
	$MTTRF >$ 最大修复时间目标值	否
GO IF	$MTTRF \leqslant$ 最大修复时间目标值	否
	$MTTRF >$ 最大修复时间目标值	是
NO GO	$MTTRF \leqslant$ 最大修复时间目标值	否
	$MTTRF >$ 最大修复时间目标值	是

表 4 - 12 中 MMEL 状态"GO"指设备发生失效时，对签派和运营没有任何影响。MMEL 状态"GO IF"指设备发生失效时，可能可以保持失效状态而不影响飞机签派，也可能需要移除或者切断连接，但肯定需要采取一定的运营限制或者维修程序，在某些情况下，必须采取运营操作程序使飞机的状态发生改变，例如低于某个高度飞行或者保持起落架打开状态飞行。MMEL 状态"NO GO"指设备发生失效时，必须采取纠正措施，否则飞机无法签派和运营。

设备级的 SIR 预计流程如图 4 - 9 所示。

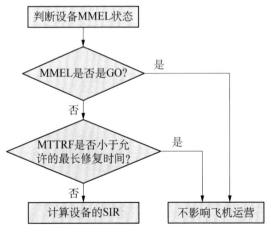

图 4 - 9　设备级 SIR 预计流程

设备级 SIR 预计表如表 4 - 13 所示。

表 4-13　设备级 SIR 预计表

1	2	3	4	5	6	7	8	9
N	LRU	数量	MMEL 状态	NFF	MTBF/FH	MTTRF/FH	MTBUR/FH	SIR/%

第一列："N"为 LRU 顺序编号。

第二列："LRU"为 LRU 的名称。

第三列："数量"为飞机上安装该 LRU 的数量。

第四列："MMEL 状态"为 LRU 的 MMEL 状态是 GO、GO IF、还是 NO GO。

第五列："NFF"为 LRU 的失效未发现因子。

第六列："MTBF"为 LRU 的平均失效间隔时间。

第七列："MTTRF"为 LRU 的平均恢复功能时间。

第八列："MTBUR"为 LRU 的平均非计划拆卸间隔时间。

第九列：通过最终计算得到的 SIR 即可计算得到 SR。

4.4.4　某型飞机可靠性指标预计示例

1) MTBF 预计示例

（1）基于不同环境（区域）的给定温度的 MTBF 预计算例。以飞机电子、电气舱为例，已知组成电子、电气舱内某个子系统的四个组件的失效率，则可计算得到给定温度时各组件及子系统的 MTBF，如表 4-14 所示。

表 4-14　某子系统和组件的失效率及 MTBF

	失效率/每百万小时	MTBF/FH
组件 1	95.13	10 512
组件 2	57.22	17 476
组件 3	32.86	30 432
组件 4	46.49	21 510
子系统	231.7	4 316

（2）基于不同环境（区域）的环境温度包线的 MTBF 预计算例。仍以飞机电子、电气舱为例，不同阶段的环境温度以及环境温度对应的时间比例如

表 4 - 15 所示。

表 4 - 15　不同阶段的环境温度以及环境温度对应的时间比例

设备区域	阶段 1 环境温度	阶段 2 环境温度	阶段 3 环境温度	阶段 4 环境温度
电子、电气舱/℃	15	25	30	50
时间比例/%	15	4	80	1

注：阶段 1：地面；阶段 2：滑行；阶段 3：爬升、巡航和下降；阶段 4：降落。

不同环境（区域）的温度包线失效率可通过下式进行计算。

$$\lambda_p = (\lambda_{阶段1} \times 阶段\ 1\ 时间比例) + (\lambda_{阶段2} \times 阶段\ 2\ 时间比例) +$$
$$\cdots + (\lambda_{阶段n} \times 阶段\ n\ 时间比例)$$

MTBF 为失效率 $\lambda_{阶段}$ 的倒数，可计算基于不同环境（区域）的环境温度包线 MTBF，如表 4 - 16 所示。

表 4 - 16　基于不同环境（区域）的温度包线计算的失效率和 MTBF

	阶段 1 失效率	阶段 2 失效率	阶段 3 失效率	阶段 4 失效率	包线 失效率	包线 MTBF/ FH
组件 1	24.02	118.17	95.13	169.88	86.13	11 610
组件 2	14.45	71.08	57.22	102.18	51.81	19 302
组件 3	8.30	40.82	32.86	56.687	29.75	33 611
组件 4	11.74	57.75	46.49	83.02	42.09	23 757
子系统	58.51	287.83	231.70	413.75	209.79	4 767

2) DIR 预计示例

以电源系统为例，在如表 4 - 17 所示的电源系统设备清单中，提供了电源系统所有设备的可靠性数据，作为后续系统 DR 预计的基础。

表 4 - 17　电源系统设备清单

序号	子系统名称	部件名称	失效率 （每件） /(1×10^{-6}/ FH)	MTBF （每件） /FH	数量	是否为 MMEL 项	产品类型	验证方法
1	主交流供电系统	变频发电机	25	40 000	5	是	改型较大	试验验证
2	主交流供电系统	快卸装置	0.667	1 500 000	10	是	改型较小	试验验证

（续表）

序号	子系统名称	部件名称	失效率（每件）/(1×10⁻⁶/FH)	MTBF（每件）/FH	数量	是否为MMEL项	产品类型	验证方法
3	交流、直流配电系统	左配电盘箱	100	10 000	4	否	改型较大	试验验证
4	交流、直流配电系统	右配电盘箱	66.67	15 000	5	否	改型较大	试验验证
5	蓄电池供电系统	主蓄电池和APU蓄电池	25	40 000	2	否	改型较大	试验验证
6	应急交流供电系统	自动释放控制器	2	500 000	5	否	改型较小	分析验证
7	APU起动发电系统	APU起动发电机	10	100 000	10	是	改型较小	分析验证

根据电源系统设备的失效率、维修时间等参数计算得出每个设备的 DIR，进而计算得出电源系统的 DR。根据上节的计算方法以及相关数据，可以计算得出电源系统每个设备的 DIR，如表 4-18 所示。

表 4-18　电源系统 DR 预计表格

序号	LRU	数量	MTBF/FH	失效探测因子	MMEL	MMEL(M)	MMEL(M) C/B	MMEL(M)<30 min	MMEL I. & P Limit	MMEL AFM Limit	MMEL D. L. Limit	SFP<30 min	DIR/%
1	变频发电机	5	40 000	1	1	1	1	0	0	0	0	1	0
2	快卸装置	10	1 500 000	1	1	1	1	1	0	0	0	1	0
3	左配电盘箱	4	10 000	1	0	0	0	0	0	0	0	1	0.006
4	右配电盘箱	5	15 000	1	0	0	0	0	0	0	0	1	0.005
5	主蓄电池和APU蓄电池	2	100 000	1	0	0	0	1	0	0	0	1	0.000 3
6	自动释放控制器	5	500 000	1	0	0	0	1	0	0	0	1	0.000 15
7	APU起动发电机	10	100 000	1	1	1	1	1	0	0	0	1	0

根据电源系统设备的 DIR，可以计算得出电源系统的 DR，如下式所示。

$$DR_{\text{EPS}} = 1 - \sum_{i=1}^{7} DIR_i = 99.989\% \qquad (4-61)$$

进而得到某型飞机各系统 DIR 预计表，如表 4-19 所示。

表 4-19　某型飞机各系统 DIR 预计表

ATA 章节	系统名称		DIR 分配值/%	DIR 预计值/%	DR 预计值/%
21	空调系统		0.013	0.015	99.985
22	自动飞行系统		0.008	0.008	99.992
23	通信系统		0.006	0.007	99.993
24	电源系统		0.01	0.011	99.989
25	设备/装饰系统		0.005	0.005	99.995
26	防火系统		0.005	0.001	99.999
27	飞行控制系统		0.019	0.027	99.977
28	燃油系统		0.009	0.008	99.992
29	液压系统		0.025	0.027	99.973
30	防冰/除雨系统		0.005	0.005	99.995
31	指示/记录系统		0.004	0.003	99.997
32	起落架系统	机轮刹车系统	0.015	0.01	99.986
		起落架控制系统	0.024	0.023	99.977
33	照明系统(不包括内部照明)		0.002	0.002	99.998
34	导航系统		0.024	0.028	99.972
35	氧气系统		0.002	0.003	99.997
36	气源系统		0.019	0.015	99.985
38	水/废水系统		0.003	0.004	99.996
42	核心处理系统		0.008	0.007	99.993
44	客舱系统		0.005	0.005	99.995
45	机载维护系统		0.005	0.006	99.994
46	信息系统		0.009	0.008	99.992
49	辅助动力装置		0.001	0.001	99.999
52	舱门		0.006	0.007	99.993
54	短舱		0.001	0.001	99.999
71	动力装置		0.002	0.001	99.999
72	发动机系统		0.002	0.001	99.999
73	发动机燃油及控制系统		0.007	0.005	99.995
74	点火系统		0.02	0.02	99.98
75	引气系统		0.001	0.001	99.999
76	发动机操纵系统		0.01	0.01	99.99
77	发动机指示系统		0.001	0.001	99.999

（续表）

ATA 章节	系统名称	DIR 分配值/%	DIR 预计值/%	DR 预计值/%
78	排气系统	0.006	0.007	99.993
79	滑油系统	0.008	0.007	99.993
80	起动系统	0.01	0.007	99.993
	总和	0.3	0.297	99.703

由表中各系统 DIR 预计结果可知，空调系统、电源系统、飞行控制系统等部分系统 DIR 预计值高于分配值，在实际工程中，应根据实际系统预计结果对分配值进行调整，以保证关键系统和子系统及整机级的 DIR 预计值满足目标值。

3) SIR 预计示例

以某型号飞机的空调系统为例，详细说明 SR 的计算方法。假设该型号飞机的暴露时间为 1 FH，延误时间为 0.25 FH，MTTRF 为 0.5 FH，则允许的最长修复时间的目标值为 0.75 FH，飞机级运营中断率的目标值为 0.3%，飞机级运营可靠度的目标值为 99.7%。假设空调系统由空气调节阀、流量控制阀、流量传感器、通风发动机、空气换热器组成，各个设备的数量、MMEL 状态等参数如表 4‑20 所示。其中，MTBUR 列由 NFF 列及 MTBF 列计算得到。

表 4‑20　某型飞机空调系统设备参数列表

空调系统						
部件名称	数量	MMEL 状态	NFF	MTBF/FH	MTTRF/FH	MTBUR/FH
空气调节阀	3	GO	0.25	52 000	0.4	39 000
流量控制阀	5	GO IF	0.15	30 500	0.5	25 925
流量传感器	15	GO IF	0.4	75 000	0.8	45 000
通风发动机	4	NO GO	0	100 000	0.25	100 000
空气换热器	2	NO GO	0.3	82 000	1	57 400

由 4.3.3 节可知，由于空气调节阀 MMEL 的状态是"GO"，因此该设备的 SIR 为 0。根据表 4‑20 可知，对于 MMEL 状态是"GO IF"的流量控制阀和 MMEL 状态是"NO GO"的通风发动机，由于两者的 MTTRF 均小于允许的最长修复时间的目标值（0.75 FH），因此均不会对航班中断产生影响，即这两个设备的 SIR 为 0。对于 MMEL 状态是"GO IF"的流量传感器和 MMEL 状态是"NO GO"的空气换热器，由于两者的 MTTRF 均大于允许的最长修复时间的目

标值(0.75 FH),因此均会对航班中断产生影响,需要详细计算这两个设备的 SIR。计算得到流量传感器和空气热换器的 SIR 和 SR,进而计算得到空调系统的 SIR 和 SR,如表 4 - 21 所示。

表 4 - 21 空调系统 SR 预计表

部件名称	数量	MMEL 状态	NFF	MTBF/FH	MTTRF/FH	MTBUR/FH	SIR 贡献因子/%	SIR 贡献因子	SR 贡献因子
				空调系统					
空气调节阀	3	GO	0.25	52 000	0.4	39 000	0	0	1
流量控制阀	5	GO IF	0.15	30 500	0.5	25 925	0	0	1
流量传感器	15	GO IF	0.4	75 000	0.8	45 000	89.62	$1.902\,47\times10^{-4}$	0.999 809 8
通风发动机	4	NO GO	0	100 000	0.25	100 000	0	0	1
空气换热器	2	NO GO	0.3	82 000	1	57 400	10.38	$2.202\,48\times10^{-5}$	0.999 978 0
		空调系统						$2.122\,72\times10^{-4}$	0.999 978 0

其中,SIR 贡献因子/% $=\dfrac{该设备的 SIR 预计值}{该系统的 SIR 预计值}\times100$,根据 SIR 贡献因子数值的大小即可直观判断该设备失效对系统航班中断的影响程度,后续也可通过柏列特图分析确定对于系统正常运营而言的重要设备,当系统的 SR 不符合指标要求时,即可重点关注这些重要设备并进行适当更改。

其他系统也可参照空调系统开展 SIR 和 SR 预计,在各系统的预计工作均完成后,即可计算得到飞机级的 SIR 和 SR,进而可判断是否满足飞机级的可靠性指标要求,若不满足,则应开展相应的设计改进并进行迭代,直至满足设计指标要求。

由表 4 - 22 中各系统 SIR 预计结果可知,自动飞行系统、电源系统、机载维护系统等部分系统 SIR 预计值高于分配值,在实际工程中,应根据实际系统预计结果对分配值进行调整,以保证关键系统和子系统及整机级的 SIR 预计值满足目标值。

表 4 - 22 某型飞机各系统 SIR 预计表

ATA章节	系统名称	SIR 分配值/%	SIR 预计值/%	SR 预计值/%
21	空调系统	0.02	0.002	99.998
22	自动飞行系统	0	0.003	99.997
23	通信系统	0.01	0.007	99.993

（续表）

ATA 章节	系 统 名 称	SIR 分配值/%	SIR 预计值/%	SR 预计值/%
24	电源系统	0.011	0.015	99.985
25	设备/装饰系统	0.018	0.007	99.993
26	防火系统	0.008	0.001	99.999
27	飞行控制系统	0.029	0.027	99.977
28	燃油系统	0.017	0.015	99.985
29	液压系统	0.015	0.012	99.988
30	防冰/除雨系统	0.007	0.001	99.999
31	指示/记录系统	0.009	0.003	99.997
32	起落架系统 机轮刹车系统	0.012	0.01	99.986
	起落架控制系统	0.009	0.006	99.994
33	照明系统（不包括内部照明）	0.009	0.002	99.998
34	导航系统	0.015	0.009	99.991
35	氧气系统	0.002	0.001	99.999
36	气源系统	0.016	0.015	99.985
38	水/废水系统	0.009	0.004	99.996
42	核心处理系统	0.023	0.007	99.993
44	客舱系统	0.003	0.002	99.998
45	机载维护系统	0	0.006	99.994
46	信息系统	0.003	0.002	99.998
49	辅助动力装置	0.006	0.001	99.999
52	舱门	0.015	0.007	99.993
54	短舱	0.001	0.001	99.999
71~80	动力装置	0.033	0.001	99.999
	总和	0.3	0.167	99.833

5 基于功能的运营可靠性分析

5.1 引言

民用飞机具有周期长、复杂度高、市场竞争激烈、重视成本及运营经济性等特点,因此民用飞机的运营可靠性是最受业界和航空公司关注的指标之一,也是民机可靠性设计中最核心的指标之一。运营可靠性是指航班按照原定计划起飞、到达而不引起运营中断的能力,能够直接反映飞机全航线的运营情况,进而影响飞机的经济性水平。运营可靠度是与运营可靠性有直接关联的可靠性指标,现阶段国内设计工作中对该指标的设计实现方式是从确定整机运营可靠度开始,然后依据工程经验向系统、设备进行分解、分配,之后再反向预计、迭代、修改分配结果。在这个过程中,指标的分配受工程经验的主观性影响较大,对飞机的设计不是一种正向指导性设计,而是一种飞机、系统设计成熟之后的反向确认工作,不能很好地指导飞机、系统设计。而且通过型号设计工作发现,该方法在设计阶段对提出的运营可靠性指标进行控制和验证时比较困难,在设计阶段对指标实现工作的管控力度欠缺且方法单一,导致在飞机投入运营后才暴露出运营可靠度低的问题,使运营成本增加,直接影响了飞机的市场竞争力和品牌信誉。

因此参考 SAE ARP 4754A 和国际先进主制造商的做法,严格遵循民用飞机双"V"设计理念,从失效状态入手,在全寿命周期内开展运营可靠性的需求捕获、确认、验证工作,借鉴 FHA 工作理念,在设计阶段提出明确的可靠性定量要求,通过 FTA 和 FMEA 等手段,对影响运营可靠性的设备失效率进行直接控制,提高飞机的运营可靠度。

5.2 基于功能的运营可靠性分析过程

基于功能的运营可靠性分析过程与安全性的分析过程相似,且应同步开展,具体如图 5-1 所示。

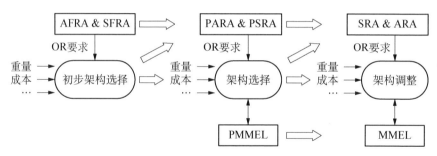

图 5-1　基于功能的运营可靠性分析过程

1) 功能可靠性评估

FRA 是基于 FHA 开展的运营可靠性分析方法。FHA 是综合检查产品的各种功能，识别功能的各种失效状态，并根据失效状态的严重程度对其进行分类的一种分析方法。FHA 单纯从安全性影响的角度考虑，使本来应该作为最低设计目标（满足适航要求）的安全性设计目标成为我们的一般设计要求。有些失效状态虽然对安全性影响不大，但会导致飞机不能签派或在空中备降，这会大大增加航空公司的运营成本，因此需要严格控制这类失效状态的发生率。因此，庞巴迪、空客等公司在对功能失效状态进行分析时，除了考虑安全性影响给出安全性影响等级和要求之外，还会综合考虑可靠性、维修性等因素，给出一个更加严苛的设计目标，以增强飞机投入运营之后的市场竞争力，树立良好的市场口碑。

FRA 分为两个层级：

（1）AFRA：AFRA 在飞机研制的设计阶段对飞机的基本功能在飞机层级进行定性分析，识别和分配飞机级功能相关的失效状态，形成飞机需要满足的可靠性目标。

（2）SFRA：SFRA 在系统研制的设计阶段，对系统基本功能在系统层级进行定性分析。SFRA 的顶层需求来自系统架构、AFRA 及其衍生的可靠性需求。

2) 初始主最低设备清单

PMMEL 是由制造商或运营人起草的 MMEL 的草稿，提交给飞行运行评审委员会作为决定 MMEL 的基础。

3) 初步飞机可靠性评估

PARA 是一种自上而下的可靠性评估方法，通过对建议的飞机架构进行系统性的检查，以确定飞机级的运营可靠性需求（如可靠性影响等级），并将失效状态的概率要求关联或分解到相应系统。PARA 在整个研制周期内是迭代的，随着飞机架构的成熟,需要定期更新 PARA,以便于评估系统对运营可靠性的符合性。

4) 初步系统可靠性评估

PSRA 将 SFRA 分析中发现的会导致签派中断或者飞行中断的失效状态进行初步系统可靠性评估,将失效状态在 SFHA 和 SFRA 中的较严苛失效概率的设计要求分配至子系统和设备,并开展系统设计权衡和故障树分解的工作。PSRA 过程与设计过程相互作用、紧密关联,在整个设计周期内连续迭代进行。其通过对推荐的系统架构进行系统检查,确定故障如何导致 SFRA 中所确定的失效状态,以及如何能够满足 SFRA 中所确定的定量与定性的运营可靠性目标与要求;同时将 SFRA 中产生的系统运营可靠性要求(概率等)分配给子系统和设备,将设备级运营可靠性要求分配到软件和硬件,从而确定系统各层级设计的运营可靠性要求和目标,为系统设计与研制活动、SRA 等活动提供必要的输入。

5) 系统可靠性评估

SRA 对所实现的系统进行系统性的全面评估,用来证明相关的可靠性需求被满足。SRA 过程与 PSRA 的活动相似但是范围有所不同,PSRA 是评价所提议的架构并导出系统和组件可靠性需求的方法;而 SRA 是综合各种分析结果,以验证所实现的系统满足 PARA、SFRA 和 PSRA 中所定义的定性和定量可靠性需求的方法。

6) 飞机可靠性评估

ARA 的主要工作内容可以概述为通过收集、分析及用文件证明的方式验证所研制的飞机是否满足由 AFRA 和 PARA 确立的可靠性需求。ARA 分析的可靠性需求始于 AFRA 的失效状态,这些失效状态可以分为两大类:一类失效状态可通过一个单独的系统 SRA 进行分析;另一类失效状态涉及多个系统的SRA,在 ARA 中综合分析。

5.3 功能可靠性评估

FRA 是一个自上而下的分析方法,主要用于确定功能和失效状态并评估其影响。由于 FHA 已经确定了飞机和系统功能相关的失效状态,因此,AFRA 和 SFRA 以 FHA 为基础,确定各失效状态对运营的影响,主要包括下列内容:

(1) 识别需要分析的失效状态。

（2）分析失效状态对飞机运营的影响。

（3）确定失效状态的可靠性影响等级，根据失效状态对运营的影响对其进行分类。

（4）确定每一个可靠性影响等级对应的概率要求。

（5）提出用于验证失效状态要求的符合性方法。

（6）输出 FRA 结果。

5.3.1　识别需要分析的失效状态

基于 FHA 建立飞机和系统失效状态清单，识别需要进行 FRA 的失效状态。可根据失效状态的安全性和可靠性影响等级对应的概率要求来筛选，例如，假设安全性为 HAZ[①] 类的概率要求比可靠性最高等级的要求还要严格，那么可以只筛选出安全性影响等级为 MAJ、MIN、NSE 类的失效状态进行 FRA。识别后的失效状态列表如表 5 - 1 所示。

表 5 - 1　识别后的失效状态列表

功能	飞行阶段	失效状态
提供厨房	所有阶段	飞行中餐食饮料冷却功能丧失
防火	所有阶段	任一发动机火警误告警

由于处于不同飞行阶段的失效状态对飞机运营的影响可能不同，因此应考虑失效状态在不同飞行阶段的影响。飞行阶段的划分如表 5 - 2 所示。

表 5 - 2　飞行阶段的划分

序号	飞行阶段		描　　述
1	地面	停机	停止在地面上
		地面滑行	包括飞机起飞前从接通电源开始到从停机坪滑出至停在起飞跑道端头的过程和着陆后从滑跑结束开始滑进停机坪至切断电源的过程
		滑出	从接通电源开始到从停机坪滑出至停在起飞跑道端头的过程
		滑入	着陆后从滑跑结束开始滑进停机坪至切断电源的过程

---

① HAZ 指"危险的"，下文的"MAJ"指"较大的"类，"MIN"指"较小的"类，"NSE"指"无安全影响"类。

序号	飞行阶段	描　　述
2	起飞	从松开刹车滑跑开始至达到起飞安全高度的过程
3	爬升	从达到起飞安全高度开始至达到巡航高度的过程
4	巡航	从爬升至巡航高度到开始下降的过程，包括加速至巡航马赫数、巡航和下降前的减速
5	下降	从巡航高度下降到进近高度的过程
6	进近	从达到进近高度至下滑到着陆安全高度的过程
7	着陆	从下滑到着陆安全高度至接地、滑跑的过程
8	所有阶段	包括停机、滑行、起飞、爬升、巡航、下降、进近以及着陆所有阶段

5.3.2　分析失效状态对飞机运营的影响

进行 FRA 应确定各失效状态对飞机运营的影响，可以从失效状态对飞机、机组和乘客的影响，机组发觉方式，机组维修措施和采取措施后的飞机状态等几个方面进行分析判断，如失效状态是否会导致飞机不能准时签派，是否会导致飞机飞行状态发生改变，是否对机组成员身体造成伤害，是否对乘客身体造成伤害，以及是否降低乘客的舒适度等。失效状态的影响分析也应包括驾驶员发现失效状态的方式以及驾驶员针对失效状态可采取的应急措施，分析示例如表 5-3 所示。

表 5-3　失效状态对飞机运营影响分析示例

失效状态	飞行阶段	运行环境	失效状态可靠性影响
飞行中餐食饮料冷却功能丧失	所有阶段	正常	对飞机、机组和乘客的影响：乘客不适，部分餐食饮料可能变质 机组发觉方式：目视 机组维修措施：如处于地面阶段则在起飞之前进行维修，其他阶段在降落后进行维修 采取措施后的飞机状态：可能造成本次或下次航班延误
任一发动机火警误告警	所有阶段	正常	对飞机、机组和乘客的影响：机组可能根据误告警启动发动机灭火，导致丧失一台发动机 机组发觉方式：相应告警信息 机组维修措施：如在空中发生，则需执行灭火应急程序 采取措施后的飞机状态：飞机就近着陆

5.3.3 确定失效状态的可靠性影响等级

应根据失效状态对飞机运营的影响程度,确定失效状态的可靠性影响等级。根据对失效状态可靠性影响的分析,可以得出失效状态对应的可靠性影响等级判断结果,如表5-4所示。

表 5-4 失效状态对应的可靠性影响等级判断结果

失效状态	飞行阶段	运行环境	失效状态可靠性影响	可靠性影响等级
飞行中餐食饮料冷却功能丧失	所有阶段	正常	对飞机、机组和乘客的影响:乘客不适,部分餐食饮料可能变质 机组发觉方式:目视 机组维修措施:如处于地面阶段则在起飞之前进行维修,其他阶段在降落后进行维修 采取措施后的飞机状态:可能造成本次或下次航班延误	签派中断
任一发动机火警误告警	所有阶段	正常	对飞机、机组和乘客的影响:机组可能根据误告警启动发动机灭火,导致丧失一台发动机 机组发觉方式:相应报警信息 机组维修措施:如在空中发生,则需执行灭火应急程序 采取措施后的飞机状态:飞机就近着陆	飞行中断

在对每一条失效状态进行分析时,可参考以下原则:

(1)飞行安全。再发生一个相关联的失效状态是否会导致灾难性事件发生? 如果是,则机组需要执行紧急降落或返场等操作,该航班无法完成本次飞行任务。

(2)乘客舒适度。发生该失效状态后,考虑最严苛的情况是否会超出乘客的生理承受极限? 如果是,则签派员会做出不准许放行的指令,或者机组需要执行紧急降落或返场等操作,该航班无法完成本次飞行任务。

(3)MMEL。发生故障后飞机放行操作流程如图5-2所示。对于MMEL清单里确定为"GO"和"GO IF"的失效状态,在满足条件要求的情况下可以带故障飞行而不会影响本次飞行任务,但如果是"NO GO"项或者不满足限制条件,那么飞机不会被放行。

(4)修复时间。如果某失效状态发生后不能签派,则需要进行维修。如果

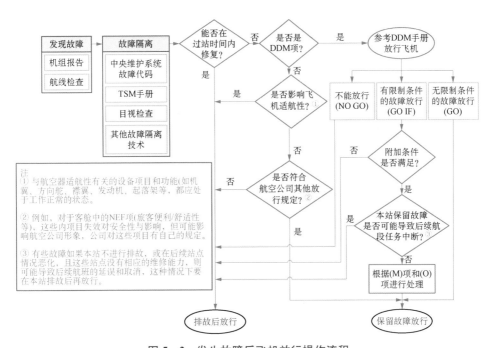

图 5 - 2 发生故障后飞机放行操作流程

维修时间超过过站时间 15 min，则可能导致航班延误甚至取消。

5.3.4 确定可靠性影响等级对应的概率要求

失效状态的可靠性影响等级对应的概率要求由可靠性顶层设计要求决定，不同机型会有所不同。假设在空中飞机级可靠性设计目标是 99.98%，那么飞行中断这一失效发生的飞机级设计目标为 2×10^{-4}/起落，假设全机有 100 条导致飞行中断的失效状态，则有

$$P_{fc} = \frac{P_{ac}}{100} \tag{5-1}$$

式中，P_{ac} 为飞机级目标；P_{fc} 为失效状态层级概率要求。

计算可得，飞行中断在失效状态层级的概率要求为 2×10^{-6}/起落，再假设平均航段时间为 10 h，则飞行中断在失效状态层级的概率要求为 2×10^{-7}/FH。同样可得到签派中断这一影响等级的失效状态层级概率要求。表 5 - 5 给出了某型民用飞机失效状态的可靠性影响等级和概率要求的对应关系。

表 5 - 5　某型民用飞机失效状态的可靠性影响等级和概率要求的对应关系

失效状态可靠性影响等级	影响描述	失效状态的概率要求	飞机级目标
飞行中断	影响可能导致空中返场或改航	$\leqslant 2\times 10^{-6}$/起落 $\leqslant 2\times 10^{-7}$/FH	$\leqslant 2\times 10^{-4}$/起落
签派中断	影响可能导致长时间延误、地面返场、起飞中断或飞行取消	$\leqslant 5\times 10^{-5}$/起落 $\leqslant 5\times 10^{-6}$/FH	$\leqslant 5\times 10^{-3}$/起落
无运营影响	对运营无影响，但可能会导致驾驶员报告、非计划拆卸或者延时的维修行为	无目标	无目标

5.3.5　提出符合性验证方法

FRA 确定的可靠性要求（各失效状态的影响等级、概率要求）能否满足，应通过进一步的评估方法进行验证，验证方法的流程如图 5 - 3 所示。

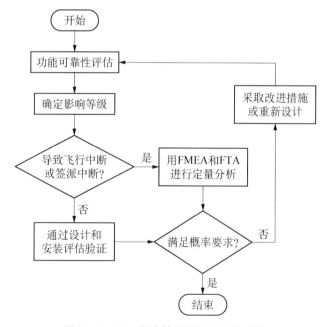

图 5 - 3　FRA 影响等级验证方法的流程

5.3.6　输出 FRA 结果

在完成了所有失效状态的 FRA 分析后，需要编制如表 5 - 6 所示的 FRA

表,具体分析结果如表5-7所示。

表5-6　FRA表模板

功能		失效状态		飞行阶段	运行环境	应急构型	失效状态可靠性影响	可靠性影响等级	验证方法
编号	功能描述	编号	失效状态描述						
(1)	(2)	(3)	(4)	(5)	(6)	(7)	(8)	(9)	(10)

填写说明:

(1) 按照规则对功能进行编号。

(2) 对实现的功能进行简要描述。

(3) 失效状态编号,一般为功能编号+序号。

(4) 对失效状态进行简要描述。

(5) 功能失效时所处的飞行阶段,飞行阶段划分参见表5-2。

(6) 功能失效时所处的运行环境。

(7) 应急构型。

(8) 指对飞机运营状态的影响,根据5.3.2的影响描述填写。

(9) 根据表5-4的影响等级分类填写。

(10) 根据图5-3确定验证可靠性要求是否能满足的方法。

表5-7　FRA分析结果示例

功能		失效状态		飞行阶段	运行环境	应急构型	失效状态可靠性影响	可靠性影响等级	验证方法
编号	功能描述	编号	失效状态描述						
××	提供厨房	××	飞行中餐食饮料冷却功能丧失	所有阶段	正常	标准	对飞机、机组和乘客的影响:乘客不适,部分餐食饮料可能变质 机组发觉方式:目视 机组维修措施:如处于地面阶段则在起飞之前进行维修,其他阶段在降落后进行维修 采取措施后的飞机状态:可能造成本次或下次航班延误	签派中断	FTA FMEA
××	防火	××	任一发动机火警误告警	所有阶段	正常	标准	对飞机、机组和乘客的影响:机组可能根据误告警启动发动机灭火,导致丧失一台发动机 机组发觉方式:相	飞行中断	FTA FMEA

功能		失效状态		飞行阶段	运行环境	应急构型	失效状态可靠性影响	可靠性影响等级	验证方法
编号	功能描述	编号	失效状态描述						
							应报警信息 机组维修措施：如在空中发生，则需执行灭火应急程序 采取措施后的飞机状态：飞机就近着陆		

5.4　初始主最低设备清单

民机由许多系统和零部件组成，内部或外部的原因难免会导致发生故障或失效。由于系统和相关设备故障后的维修需要一定的时间，因此有些故障难以在定期航班飞行前修复，有些故障只能在维修设施更齐全的主基地进行维修。如果飞机发生任何故障都必须立即进行维修，则航班延误或取消将导致运行成本很高。为提高飞机的 DR，在保证飞行安全的前提下，部分设备或功能可以暂时不工作，飞机可以带故障运行。但是，型号合格审定所确定的飞机所能达到的安全水平是根据所有设备都工作而确定的。当一个与安全相关的系统或设备不工作时，该设计的安全水平就会降低，随之而来的问题就是如何保证在这种情况下，飞机可以继续安全运行。

解决方案是由飞机制造商定义 PMMEL，它是适航当局制定 MMEL 的基础。该清单最主要的目的是在飞机某些设备不工作的情况下，将飞机的安全水平维持在可接受的范围内。在该清单中应明确允许不工作的设备、允许的暴露时间以及适当的限制和程序。PMMEL 作为 MMEL 的基础，可用于防止非计划维修、航班延误或取消，优化初始配置，降低备件储备费用，在保证可接受的安全水平的前提下，极大地增强营运人在实际服务过程中的灵活性，提高航空运输效率。

5.4.1　PMMEL 项目选择方法

1）PMMEL 的立项原则

（1）PMMEL 不应包括任何失效时会严重影响飞机起飞、着陆或爬升性能的设备。

（2）PMMEL 不应包括任何与飞机飞行手册的限制、构型偏离清单或者适航指令发生冲突的设备。

（3）对飞行安全性影响较大，但由于飞机的冗余设计，在一定的限制条件下或通过调整操作程序或维修程序仍可达到适航安全要求的设备，应编入 PMMEL。

（4）对飞行安全性影响较小或无影响的设备，如旅客娱乐系统，一般不应编入 PMMEL。

2）PMMEL 候选项目来源

PMMEL 的候选项目主要通过如下三个途径获取。

（1）用户需求。通过调研，了解对用户航线签派效率影响较大的系统、部件和功能，视情况将其作为候选的 PMMEL 项目。

（2）经验数据。对于出现在其他机型 MMEL 中的相同项目，需要具体分析其运行环境、系统构型等方面的相似性来判断其是否能列入 PMMEL。此外，美国联邦航空管理局（Federal Aviation Administration，FAA）发布的政策信函也可以作为经验数据参考使用。

（3）工程分析。工程分析包括系统冗余分析，定量和定性安全性分析、其他支持安全性的技术分析等。

a. 系统冗余分析。如果被选部件或系统的用途或功能能够被其他设备项目所代替，并能确定该设备项目的替代设备正常工作，那么可以认为该部件或系统是冗余项目。如果航空器型号审定基础要求具有两项（或多于两项）功能或信息来源，那么冗余就不能视为将该设备项目归于 PMMEL 的充分理由。对于这种情况，必须采用另一种验证方法，例如安全性分析。

b. 定量安全性分析。现代航空器越来越依赖其复杂系统的安全运行，这导致系统综合技术得到不断发展，以保证到达必要的安全水平。这一安全水平的基本原则是事件导致的危险程度越高，要求该事件发生的概率应当越低。通常通过进行系统安全评估判定是否符合标准。

安全评估确定了系统可能产生的较大危险或灾难性情况，或者系统故障条件以及这些情况允许发生的概率。对于出现故障后可能会导致危险或灾难性情况发生的重要系统，通常需要进行一系列概率分析，以证明是否满足允许发生的概率范围。对于非重要的部件或系统，安全评估可以进行一定的简化。任何特定故障状况所产生的风险均取决于故障率、该系统的数量以及在这种风险下运行的时间。

当执行重要功能的系统的设备项目包括在 PMMEL 中时,在安全评估过程中就要考虑其故障特性。对于临时带有这种不工作设备项目而对飞行产生的额外风险应予以评估,并且这种风险应符合在型号审定过程中确定的可接受的发生概率。

如果不能通过上述方法或标准对设备项目进行验证,那么就要进行安全性分析,包括在特定设备项目不工作期间由于另外的故障、问题或环境条件所导致的最严重情况的风险定量分析。当使用 PMMEL 运行时要记住减少不工作设备项目的运行时间,并且发生特殊危险的可能性不应超过针对航空器型号设计和运行所制定的最低标准规定的安全水平。

c. 定性安全性分析。如果将一个设备项目列入 PMMEL 中,那么必须要对其进行定性分析从而确定不工作设备项目对航空器运行的所有其他方面产生的影响。定性分析必须要考虑对机组工作量的影响、PMMEL 多个设备项目的影响以及维修和操作程序的复杂性。此外,定性分析还可以反映先前使用 PMMEL 运行的相关经历。

5.4.2 PMMEL 项目的分析

PMMEL 项目分析的内容至少应当包括下述几个方面。

(1)系统说明:应当包括所考虑的系统或设备的说明,包括其功能和有助于评估建议项目的其他详情,可应用原理图或者其他系统图来辅助说明。如可能,则机队中的各种构型也应当详细说明(如飞机上安装数量的不同等)。

(2)审定基础:此部分可以用于解释型号合格审定的要求,或者与建议项目没有联系。

(3)故障影响:故障对飞机和系统的影响应当明确说明。必须考虑不工作系统或设备与其他系统可能的交互作用。

(4)航路并发故障的影响:除评估带有不工作项目运行的潜在后果外,文件中还应当考虑下一个关键部件的并发故障、不工作项目之间的干扰、对 AFM 程序的影响和飞行机组负荷的增加等因素。

(5)机组工作负荷的影响:应提供机组工作负荷的影响评估。这部分应尽可能考虑故障及下一个关键失效对机组成员产生的影响、机组工作负荷的增加或者机组工作效率的下降以及机组人员在不良环境中处理能力的下降等。

（6）评估：根据"故障影响"和"航路并发故障的影响"评估提供结论性声明。

（7）飞行和地面试验：提供能支持 PMMEL 项目的仿真试验、地面试验、飞行试验以及试验分析。试验包括研发试验和验证试验两种。验证试验可能要求有局方成员参与或者观察。

对于建议放行状态下要求的所有运行程序（O）和维修程序（M），都应当予以说明。在分析航路并发故障时，不考虑下一个关键部件并发故障发生的概率，仅考虑其影响。采用对比设计分析的情况，应当可提供对比分析说明和对比机型的上述分析数据。

5.4.3　PMMEL 项目的维修间隔

满足下述情况的项目可以建议采用 D 类维修间隔：

（1）缺少项目不会增加机组工作负荷。

（2）机组在正常运行时不依赖这些项目的功能。

（3）机组训练及养成的习惯方式和程序不依靠使用这些项目。

对于超出正常运行要求的部件或系统（如要求一套高度警告系统，但安装了双套系统），可以建议采用 C 类维修间隔。

对于正常运行要求的部件或系统，如果可以通过有效的替代方法或程序实现其功能，并且不是型号合格审定要求必须具备的部件或系统，则可以建议采用 B 类维修间隔。

对于型号合格审定要求必须具备的部件或系统，如果可以通过必要的限制达到规定的安全水平，则可以建议采用 A 类维修间隔。

5.4.4　PMMEL 项目的限制

完成应急程序要求的仪表、设备、系统或者部件不能列为 PMMEL 项目。对于 PMMEL 中备注栏为"按规章要求"的条款必须包括确保"完成应急程序要求的仪表、设备、系统或者部件不能列为 PMMEL 项目"的补充说明。

如果涉及 ETOPS 运行，则应当在 PMMEL 中特别注明对飞行安全有影响的系统：电源，包括蓄电池；液压；气动；飞行仪表；燃油；飞行控制；防冰；发动机起动和点火；动力系统仪表；导航和通信；APU；空调和增压；货舱灭火；应急设备；其他 ETOPS 运行的必要设备。

5.4.5　PMMEL 示例

PMMEL 示例如表 5 - 8 所示。

表 5 - 8　PMMEL 示例

机型 ××××	版本：× 修订日期：××××		页码 ××××
（1）系统和序号	（2）修复期限类别		
设备项目	（3）安装数量		
		（4）签派或放行所需数量	
			（5）备注和例外
时钟	C	2	1　只要工作时钟侧的 GPS 工作正常，则一个可以不工作

1) 系统说明

　　飞机时钟系统包含两个数字式时钟。两个时钟分别安装在驾驶舱内仪表板上主飞行显示器的外侧，供正、副驾驶员使用。时钟提供以下功能：

（1）显示 24 小时制的世界协调时。

（2）显示当地时间和日期。

（3）已飞时间。

（4）计时功能。

　　时钟利用 ARINC - 429 接口从 GPS 接收时间和日期，同时将时间和日期通过 ARINC - 429 发送到航电系统供其他系统使用。时钟可以与 GPS 同步，也可以人工设置时间。

2) 故障影响

　　如果一个时钟失效，失去一侧时间显示和计时功能，则可以使用另一个时钟。根据 FMEA，一个时钟失效导致的最严重危害等级为无安全性影响。在满足限制的条件下，不影响飞行安全，不增加机组工作负荷。

3) 航路并发故障的影响

　　当一个时钟失效后，如果另一个时钟也失效，则飞机上失去已飞时间功能和计时功能。驾驶员还可以在中央操纵台上的中央显示装置上获得 GPS 世界协调时，在主仪表板上显示屏的上部可获得到达设定航路点的时间，不影响飞行安全，不增加机组工作负荷。

4) 运行程序（O）和维修程序（M）

5.5　初步飞机可靠性评估

　　PARA 主要包括以下内容：

（1）分析完成同一个飞机级功能的系统间接口和相互关系。

（2）确定 AFRA 中所有功能的失效状态及相关运营可靠性要求。

（3）通过 FTA 对运营可靠性要求进行分析。

（4）确定更低层次的可靠性要求，包括定量概率要求等。

（5）PARA 评估的结果。

5.5.1　PARA 流程

PARA 按以下步骤执行（见图 5－4）：

（1）收集输入数据。

（2）进行相互关联性分析。

（3）进行失效状态评估，并提出运营可靠性需求。

（4）归档评估结果。

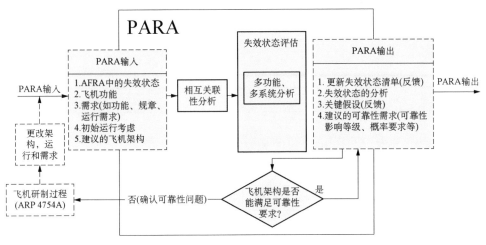

图 5－4　PARA 流程

5.5.2　PARA 输入

输入给 PARA 用以开展评估工作的信息包括：

（1）AFRA 中的失效状态和相关功能。

（2）飞机顶层需求。

（3）初始运行考虑。

（4）飞机架构的描述。

5.5.3　相互关联性分析

根据 AFRA 文件建立失效状态清单，AFRA 中的失效状态应在 PARA 中进行评估，而 PARA 过程从确定和评估导致每个飞机级失效状态的系统功能的相互关联性开始。

在执行相互关联性分析时，必须了解哪个系统影响飞机级功能，哪些运行和环境因素影响该功能。相互关联性分析也可用来确认功能独立性和隔离需求是否被确定。通过相互关联性分析可以确保系统级和飞机级 FRA 结果的一致性。相互关联性分析按以下步骤执行:

(1) 选择一个飞机功能和相关 AFRA 失效状态进行分析。

(2) 列出飞机架构的所有系统。

(3) 确定可能导致同一个飞机级失效状态的系统。

相互关联性分析可通过相互关联图和相互关联表完成,表 5 - 9 给出了相互关联表的示例。

表 5 - 9　相互关联表示例

功能	失效状态编号	失效状态描述	飞行阶段	安全性影响等级	可靠性影响等级	ATA

5.5.4　评估 AFRA 中确定的失效状态

通过考虑确定相互关联性分析中识别的系统功能失效贡献评估飞机级失效状态,该过程有助于衍生各系统的可靠性和设计需求,以验证飞机架构能按预期较好地满足飞机级可靠性目标。

失效状态评估主要为多功能、多系统分析,包括传统的自上而下的可靠性分析,即失效概率分配到系统、独立性需求等方面的考虑。

多功能、多系统分析工作基于建议的飞机架构开展,目的为理解导致飞机级失效状态的系统要求,可通过 FTA 实现。

飞机级失效状态可分为两种情况,一种是该飞机级功能由多个系统级功能共同实现,另一种是该飞机级功能由单个系统级功能实现。对于仅分配到一个系统的飞机级失效状态,其可靠性要求直接分配到该系统;对于由多系统实现的飞机级失效状态,应基于初步飞机架构做多功能、多系统分析,主要完成以下工作:

(1) 根据初步飞机架构,建立每个重要失效状态的故障树。

(2) 评估预期飞机设计和架构的符合性和可靠性要求。

(3) 进行系统概率分配。

(4) 确认系统功能的独立性和物理隔离、分离要求。

对 AFRA 中的失效状态进行概率分配时,存在不同失效状态的故障树中含有相同事件的情况,若该事件所分配的初步可靠性定量要求不一致,则采用最严苛的可靠性定量要求作为该事件的最终可靠性要求传递给系统。

5.6 初步系统可靠性评估

PSRA 是一个自上而下的分析方法,其关键是确定失效如何导致由 SFRA 识别的功能失效状态的。PSRA 主要包括以下内容:

(1)识别 SFRA 或较高层次 PSRA 所产生的一组初始运营可靠性要求。

(2)提出满足初始运营可靠性要求的设计决策。

(3)结合初始运营可靠性要求和设计、架构决策,产生一组完整的系统运营可靠性要求。

(4)通过 FTA、FMEA 等分析方法对运营可靠性要求进行分析。

(5)确立更低层次的运营可靠性要求清单,包括组件级要求、软件和硬件要求、对其他系统的要求、安装要求和运营可靠性维修要求。

(6)PSRA 分析及评估结果。

5.6.1 PSRA 过程

图 5-5 给出了 PSRA 实施过程及各过程需要完成的工作和目标。

5.6.2 PSRA 输入

1)初始运营可靠性要求

进行 PSRA 首先需要确定由 SFRA 或较高层次的 PSRA 所确定的运营可靠性要求清单,包括系统功能架构说明及系统设备清单、本系统与其他系统的接口和关联、飞机设计目标及用户要求、飞机级和系统级 FRA 结果、较高层次 PSRA 结果(适用于系统级以下的较低层次 PSRA)。

2)设计和架构决策

对应于每一条运营可靠性要求都要有相应的设计和架构决策与之对应,该设计和架构决策应该是明确的和清晰的,且能够满足相应的运营可靠性要求。

3)衍生的运营可靠性要求与设计和架构决策

为满足运营可靠性要求而产生的设计和架构决策会衍生出新的运营可靠性要求。对此应有对应的设计和架构决策来满足这些由为满足运营可靠性要求而衍生的新要求。

5.6.3 失效状态评估

PSRA 中关键的一步是进行设计和架构决策对运营可靠性要求的符合性验

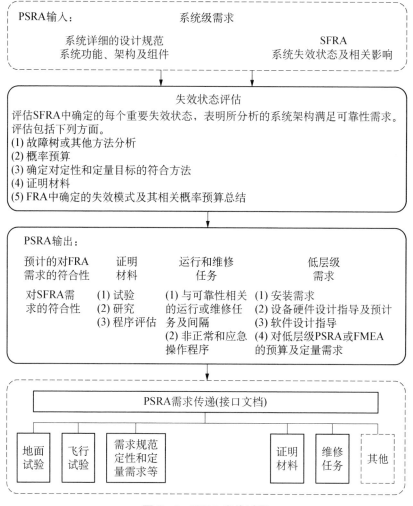

图 5 - 5　PSRA 实施过程

证,即表明设计和架构决策是满足运营可靠性要求的。PSRA 必须对所有识别出来的重要失效状态进行分析,并自上而下地分配系统的运营可靠性要求到组件或者其他系统。

要对分析验证过程进行必要的系统说明和相关考虑说明。通过分析要能够确立更低层次的要求,如安装要求、组件级要求、对其他系统的要求、维修要求等。

5.6.4　PSRA 的输出

在系统中获得的每个运营可靠性要求都必须分配到组成系统的单元,这些系统运营可靠性要求包括：

（1）分配到单元(包括软、硬件)的运营可靠性要求(定性和定量)。

（2）对其他系统的要求。

（3）安装(隔离、分离、保护等)设计的要求。

（4）非正常和应急操作程序。

5.7　系统可靠性评估

SRA 过程是验证 PARA、PSRA、SFRA 中定义的可靠性需求已被满足的一种方法,图 5 - 6 所示为 SRA 实施过程。

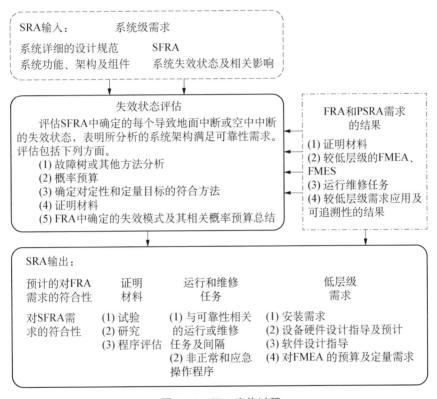

图 5 - 6　SRA 实施过程

5.7.1　SRA 输入

系统可靠性评估具体输入如下：

（1）系统架构说明及相关的设计原理。

（2）与其相邻系统的单元之间的接口和界面。

（3）在 PARA、SFRA、PSRA 中识别的需求和失效状态。

（4）系统功能清单与 SFRA 中给出的相关依据。

（5）FRA、PSRA 中所要求的所有支持材料和较低层次研究的结果（来自设备供应商的 FMEA 和 FMES、飞行测试结果、研究分析等）。

5.7.2　失效状态评估

对 SFRA 分析中发现的会导致签派中断或者飞行中断的失效状态进行 SRA，并通过 FMEA、定量 FTA 等方法验证。选用以下方法开展评估。

（1）通过 FTA，表明组件失效如何组合而引发上一层级的失效状态。

（2）通过 FTA，表明与失效状态相关的定性和定量的需求被满足。

（3）对于隐蔽失效，检查并验证维修文件中对应的维修检查间隔不大于 FTA 中的计算值。

（4）在给定的失效状态下，证明飞机状态与预期一致。

1) 失效状态影响等级的确认

PARA、SFRA、PSRA 中建立的需求与详细说明这些需求的文档之间应该具有可追溯性，这些文档包括下列条目。

（1）飞机设计要求和目标文档。

（2）系统需求文档。

（3）维护手册。

完成这一任务可以通过建立表格显示具体需求和相应的确认方法。

2) 验证 PARA、PSRA 中识别的可靠性需求被满足

PARA、PSRA 中包含了飞机与系统的可靠性需求。这些需求的验证可由四种标准方法（即试验、分析、演示证明和检查）中的一个或多个完成。

5.7.3　SRA 输出

SRA 过程的输出结果应该文档化，以便使 SRA 报告中的步骤具有可追溯性。该文档应包括下列信息：

（1）失效状态清单或 FRA，它包括用来表明符合可靠性需求（定性和定量）的证据。

（2）用来说明系统部件安装（隔离、保护等）的设计需求怎样组合起来的文档。

（3）用来确认失效状态影响等级的材料。

（4）与可靠性相关的维修任务和与之相关的维修时间间隔。

5.8　飞机可靠性评估

ARA 主要包括如下两大方面。

（1）通过评估飞机研制进程与可靠性工作的相关资料，确定可靠性需求的有效性，主要工作包括确定满足可靠性工作计划的工作要求、确定 AFRA 和 PARA 过程已经完成、确定可靠性相关验证工作已经完成、确定是否存在可靠性相关的问题开口项等。

（2）对于飞机最终架构的可靠性评估，确保飞机级失效状态的相关可靠性概率要求被满足，尤其对于 PARA 中分解到多个系统的失效状态开展综合评估。

6 可靠性验证

6.1 引言

可靠性验证是为判断飞机、系统或设备的过程实现是否满足可靠性设计要求而进行的可靠性评估活动。若验证结果不能满足可靠性定量设计要求,则需反馈至设计人员并再次进行可靠性的确认和验证工作,直至满足可靠性设计要求。根据民用飞机设备的设计状态,验证方法主要分为分析验证和试验验证。当采用单一的验证方法难以验证可靠性要求时,也可综合应用多种验证方法,考虑多种综合因素进行验证和评估。在确定可靠性验证方法时,应充分考虑其适用性、有效性和经济性,主要包括以下几方面内容:产品层次(如系统、组件等)、产品类别(如机械、电子、机电等)、验证的可靠性要求类别与验证时机、验证的环境与条件、验证的评估方法、验证的试验时间及经费等约束条件、验证试验的场所和保障条件等。

6.2 验证项目

根据验证方法和阶段的不同,可以将验证项目分为以下三种。

(1)可靠性指标。可靠性指标又可分为基本可靠性指标和基于实际运营数据的统计型指标。基本可靠性指标主要指 MTBF 或失效率,在设计阶段和运营阶段可以使用实际运营数据进行分析或开展可靠性验证试验。统计型指标包括DIR、发动机 IFSDR 等,只能在飞机投入运营一段时间之后,通过实际运营数据,采用统计学的方法进行分析验证。

(2)功能可靠性评估指标。可靠性评估指标可以在设计阶段通过 SRA—ARA 进行验证。

(3)定性可靠性设计要求。可靠性定性设计要求可以通过对设备和系统架构设计开展符合性分析来验证。

根据指标层级的不同，可以将验证项目分为以下三种。

（1）飞机级可靠性验证项目包括 SR、DR、MTBF 和 FRA 结果。

（2）系统级可靠性验证项目包括 SR、DR、MTBF、FRA 结果和定性可靠性设计要求。

（3）设备级可靠性验证项目包括 MTBF 和定性可靠性设计要求。

6.3 可靠性指标验证方法

验证工作的目的是为了验证所实现的飞机、功能、系统、项目等满足了在预定运行环境下的需求。适用于飞机、系统和设备的验证方法主要有以下四类：检查或评审、分析验证、试验验证、服役运营验证。

其中检查或评审是指检查过程文件、图纸、硬件或软件，以验证需求已得到满足，通常使用检查单或类似的支持工作进行。分析验证是指通过对系统进行详细检查以提供符合性的证据。试验验证是指可靠性试验验证主要是鉴定验收试验，以验证设备可靠性是否达到既定要求，其中试验场所、试验大纲和试验报告均需要得到飞机主制造商的认可。服役运营验证是指通过积累飞机的实际服役运营数据，对飞机、系统和设备可靠性进行验证。

可靠性验证方法的判断流程如图 6-1 所示。

对于成熟的货架产品，可通过产品的实际运营数据进行分析验证，但供应商需提供该产品的试验报告以及实际运营的统计数据。

对于在货架产品的基础上进行改型且改型程度很低的产品，可以根据原货架产品的实际运营数据以及改型程度进行相似性分析。通过相似性分析后得到的结果作为该类改型产品的验证数据，直接用于验证工作。供应商需提供该类货架产品的试验报告、实际运营的统计数据以及改型产品的相似性对比分析报告。改型程度较低指的是产品仅外观、尺寸等非重要条件和功能增减或者改变。

对于安全性影响等级较高（Ⅰ、Ⅱ、Ⅲ类）或影响飞机签派、运行等，并且属于新研或改型程度比较大的产品需进行可靠性试验验证，并提交可靠性试验报告。设备的安全性影响等级应该依据相应的系统 FMEA 确定。改型程度较大指的是产品的重要条件和功能增减或者改变。

6.3.1 分析验证

分析验证通过分析计算外场数据进行。通过外场数据可以对设备、系统以

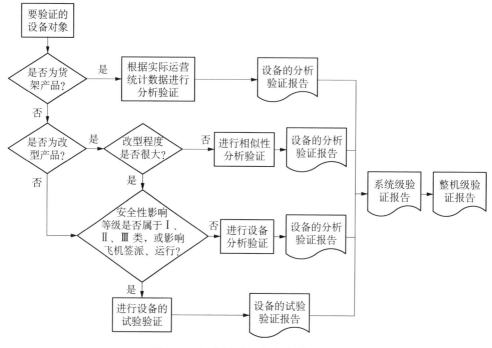

图 6 - 1 可靠性验证方法的判断流程

及整机的可靠性进行验证。外场数据包括试飞数据以及运营数据。考虑到试飞阶段的飞机状态以及使用条件,在使用外场数据进行分析验证时,应使用飞机投入运营 2 年之后,即飞机达到成熟期的实际运营数据进行分析验证。

为保证分析验证结果的准确性和有效性,必须有健全的可靠性信息系统,以保证所收集数据的真实性、准确性和完整性。

对于选择用分析方法验证其可靠性的设备,供应商应提供可靠性分析和此类设备在以前的民用飞机项目中获得的数据,并提交民机制造商进行审核和批准。可靠性数据应是此类数据和在系统与目前设备在技术要求文件中规定的相同的使用条件和环境条件下获得的。

1) 分析数据

分析验证中使用的数据应包括以下内容:数据来源(统计数据应包括产品投入使用日期,并标注数据的统计区间——起始年和结束年)、其他应用机型、总的工作时间、总的故障次数、计算方法、工作循环、相似性分析。

相似性分析应包括如下内容:获得数据的硬件和要提供的硬件之间的设计

差异分析、环境条件分析（如温度、振动、湿度）、工作条件分析（如电压、压力）。

2) MTBF 分析验证

基于外场数据可以对 MTBF 进行分析，MTBF 计算方法如下式所示。

$$MTBF = 运营飞行小时 / 故障次数 \tag{6-1}$$

MTBF 可靠性分析验证内容如表 6-1 所示。

表 6-1　MTBF 可靠性分析验证内容

设备名称	其他机型应用	总飞行时间	总故障次数	实际外场MTBF	分析使用的MTBF	相似性描述
1	2	3	4	5	6	7

第一栏：需进行分析验证的设备名称。

第二栏：填写分析验证的设备在其他机型中的应用情况。

第三栏：填写该设备的实际运营飞行小时数，即样本量。

第四栏：填写总共发生的故障次数。

第五栏："实际外场 MTBF"为根据实际统计的飞行小时和故障次数计算得到的实际运营的 MTBF 值。

第六栏："分析使用的 MTBF"为在可靠性预计和分析报告中使用的 MTBF 值，即验证对象。

第七栏："相似性描述"为该设备在该飞机和其他应用机型上的差异，包括设计方法、工作和使用条件的差异。

根据得到的设备 MTBF 验证值，通过下式计算得到系统的 MTBF 验证值。

$$\lambda_s = \sum_1^n n_e \lambda_e \tag{6-2}$$

$$MTBF_s = \frac{1}{\lambda_s} \tag{6-3}$$

根据得到的系统 MTBF 验证值，通过下式计算得到飞机的 MTBF 验证值。

$$\lambda_A = \sum_1^n n_s \lambda_s \tag{6-4}$$

$$MTBF_A = \frac{1}{\lambda_A} \qquad (6-5)$$

3) DR 和 SR 分析验证

对于 DR 和 SR 的分析验证,主要通过对飞机运营的外场数据进行分析计算获得,通过外场数据可以对系统、整机的 DR 和 SR 进行验证。外场数据包括试飞数据以及运营数据。考虑到试飞阶段的飞机状态以及使用条件,在使用外场数据进行分析验证时,同样应使用飞机投入运营 2 年之后,即飞机达到成熟期的实际运营数据进行分析验证。系统 DR 和 SR 的分析验证内容如表 6-2、表 6-3 所示。

表 6-2　系统 DR 分析验证内容

系统名称	DR 要求值	总计划飞行架次	签派取消架次数	签派延误架次数	实际运营 DR

表 6-3　系统 SR 分析验证内容

系统名称	DR 要求值	总计划飞行架次	签派取消架次数	签派延误架次数	空中返场架次数	改航备降架次数	实际运营 DR

通过下式可以计算得到系统的 DR 和 SR 验证值。

$$DR_s = \left(1 - \frac{\text{该系统故障导致发生签派中断航班次数}}{\text{总航班次数}}\right) \times 100\% \qquad (6-6)$$

$$SR_s = \left(1 - \frac{\text{该系统故障导致发生航班中断航班次数}}{\text{总航班次数}}\right) \times 100\% \qquad (6-7)$$

根据得到的系统 DR 和 SR 验证值,通过下式可以计算得到飞机的 DR 和 SR 验证值。

$$DR_A = \left[1 - \sum_1^n (1 - DR_s)\right] \times 100\% \qquad (6-8)$$

$$SR_A = \left[1 - \sum_1^n (1 - SR_s)\right] \times 100\% \qquad (6-9)$$

6.3.2 试验验证

试验验证的目的是验证研制产品是否达到设计规定的可靠性定量要求。试验验证又可分为实验室试验验证、现场试验验证和演示试验验证。

（1）实验室试验验证。针对产品的可靠性定量要求专门进行的实验室验证，如可靠性鉴定试验等。

（2）现场试验验证。在接近实际使用环境条件下进行的试验验证，如装备的实航试验验证等，目的是在装备定型或初始使用阶段，结合定型试验和适用性试验，进行可靠性定量要求考核，以确定是否达到规定的要求。

（3）演示试验验证。指在实体模型、样机或产品上进行的演示使用或维修操作，主要适用于定性要求的验证。

1）传统的实验室验证试验

在产品研制与生产阶段，产品的可靠性设计和生产水平是否达到产品研制的可靠性要求，主要通过可靠性验证试验进行检验。定型阶段采用可靠性鉴定试验方法；生产阶段采用可靠性验收试验方法。

（1）验证方案选择。可靠性验证试验可采用 9.7.3 节所述的三种试验方案，各方案的优缺点如表 6-4 所示。

表 6-4 三种可靠性试验方案的优缺点

验证方案	优点	缺点
定时截尾试验方案	验证方案利于供需双方理解；验证时间、费用在验证前已能确定，便于管理	对于可靠性特别好或特别差的产品，验证时间比其他方案长
定数截尾试验方案	统计结果精确	试验时间不可控，不利于试验的管理
序贯截尾试验方案	对于高可靠性产品，可缩减验证时间，提高验证效率	验证方案较复杂，故障数量及验证时间在验证前难以确定，不便管理

为具体产品的可靠性验证试验选择统计方案时，应综合考虑以下因素。

a. 产品的成熟程度及预期的寿命。

b. 经费。

c. 产品的进度要求及可进行试验的时间。

d. 决策风险。

e. 类似产品的验证值。

f. 费用和时间的权衡。

（2）验证参数选择。对于可靠性验收试验,样本量建议为批产品的 10%,最多不超过 20 台,至少 2 台。试验时间一般选择在浴盆曲线的偶然失效区进行。应对试验进行监测,以便能准确地记录故障前的试验时间。每台产品的试验时间至少应为所有受试产品平均试验时间的一半。

（3）故障处理。在试验过程中,出现下列任何一种状态时,应判定受试产品出现故障:受试产品不能工作或部分功能丧失;受试产品参数检测结果超出规范允许范围;产品的机械、结构部件或元器件松动、破裂、断裂或损坏。

可靠性验证试验期间出现的所有故障可按 GJB 451A—2005 分为关联故障和非关联故障。关联故障可进一步分为责任故障和非责任故障,故障分类示例如图 6 - 2 所示。只有责任故障才是用于可靠性验证试验统计的故障。

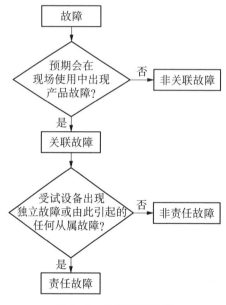

图 6 - 2   故障分类示例

在试验过程中,下列情况可判为非责任故障。

a. 误操作引起的受试产品故障。

b. 试验设施及测试仪表故障引起的受试产品故障。

c. 超出设备工作极限的环境条件和工作条件引起的受试产品故障。

d. 修复过程中引入的故障。

e. 有寿器件超期使用,使得该器件产生故障及其引发的从属故障。

除可判定为非责任的故障外,其他所有故障均判定为责任故障,如下所示。

a. 由于设计缺陷或制造工艺不良而造成的故障。

b. 由于元器件潜在缺陷致使元器件失效而造成的故障。

c. 由于软件引起的故障。

d. 间歇故障。

e. 超出规范正常范围的调整。

f. 试验期间所有非从属故障原因引起的故障征兆(未超出性能极限)而引起的更换。

g. 无法证实原因的异常。

2) 高加速寿命试验验证

国内外军机产品和早期的民机产品均采用传统的可靠性鉴定和验收试验验证产品的可靠性水平。但随着科学技术的发展,这些试验费用昂贵,试验时间过长,导致产品价格和研制周期不能满足当今市场激烈的竞争。此外,即使产品已顺利通过了设计阶段的鉴定试验和生产阶段的验收试验,使用时所暴露出残留的潜在缺陷仍然使外场返修频繁、担保费用和维修费用居高不下,导致顾客不满意,严重影响了研制部门和制造厂商的信誉。因此国外很多有经验的公司都废除了既耗时又费钱的验证试验,只开展快速、经济、有效的 HALT。

由于 HALT 过程已施加了远远超过规范规定的所有最高应力,因此一般可以认为在较低的应力等级上,不会再发现什么缺陷,没有必要使用规范规定的应力进行设计验证或设计定型鉴定试验。

如果一定要进行鉴定试验,则建议可靠性鉴定试验采用高风险的试验方案,以缩短时间。由于设计定型环境鉴定试验涉及的环境因素较多,因此必须分析 HALT 中施加的应力类型能否激发环境鉴定试验所有试验项目对应的环境因素引起的故障,否则至少使用对应于这些因素的环境试验项目进行相应的环境鉴定试验。从这一意义上来说,进行过 HALT 的产品,至少可以删除设计定型环境和可靠性鉴定试验中的主要部分。

3) 试验验证表格

试验验证与分析验证一样,需要通过试验验证信息表记录试验过程和结果,试验验证信息表示例如表 6-5 所示,可供参考。

表 6 - 5　MTBF 可靠性试验验证信息表示例

设备名称	分析使用的 MTBF	试验对象的数量	工作条件	试验方法	试验条件	试验时间	试验期间发生的故障数量	试验结果	验证符合性结果
1	2	3	4	5	6	7	8	9	10

　　第一栏：需进行试验验证的设备名称。

　　第二栏："分析使用的 MTBF"为在可靠性预计和分析报告中使用的 MTBF值，即验证对象。

　　第三栏：填写试验对象的数量。

　　第四栏：在可靠性预计和分析报告中使用的 MTBF 值的工作应力和条件。

　　第五栏：采用的试验方法，如 HALT 等。

　　第六栏：在设备试验过程中所加载的试验应力和条件。

　　第七栏：填写试验总时间。

　　第八栏：填写试验期间发生的故障数量。

　　第九栏：通过试验得到的 MTBF 值。

　　第十栏：设备的 MTBF 值是否得到验证并满足要求。

6.4　功能可靠性评估指标验证方法

　　FRA 指标的验证方法如下：基于影响飞机运营的失效状态展开评估工作，按照 SRA—ARA 的流程进行验证，以 FTA 为分析手段，进行最小割集分析，并将最小割集中的设备作为影响飞机运营的薄弱环节项目清单。

6.4.1　失效状态评估

　　在 FRA 中识别的每种失效状态都必须按照下列方法进行评估工作。

　　(1) 使用 FTA，确定单元失效如何组合而引发上一层级的失效状态。

　　(2) 使用 FTA，确定与失效状态相关的定性和定量的需求和目标被满足。

　　(3) 对于隐蔽故障，检查并确认维修文件中对应的维修检查间隔小于 FTA中的计算值。

　　(4) 检验失效状态，以确保与要求的相一致。

　　(5) 证明飞机在给定的失效状态下可以完成预期功能。

6.4.2　功能可靠性评估指标验证流程

　　验证过程是一种自下而上的过程。在验证的各环节中，FRA 是一种自上而下,主要从功能入手评价故障严重程度的方法,该方法提供了准则,确定了其他分析方法的深度和范围;FMEA是一种自下而上,主要从部件入手的验证方法,其主要功能是对单一失效进行验证,并能对失效细节进行分析,具体分析方法见8.2节;FTA是一种定量和定性的分析方法,其主要作用是对组合失效进行验证,具体分析方法见8.3节。

开展FRA,列出功能清单,分析每一功能可能对运营产生的影响,根据失效状态影响等级确定可靠性设计目标及失效分析的深度和分析方法:针对影响等级为飞行中断和签派中断的失效状态,应该采用FTA及FMEA进行定量分析;针对影响等级为无运营影响的失效状态,可以通过设计和安装评估进行验证。最后给出验证结论,针对不满足可靠性要求的情况采取改进措施或重新设计,FRA指标验证流程如图6-3所示。

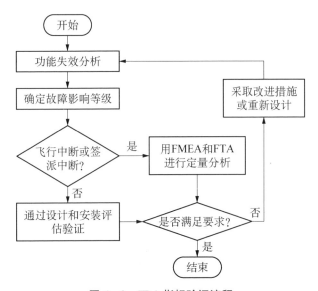

图6-3 FRA指标验证流程

6.5 定性可靠性设计要求验证方法

定性可靠性设计要求与定量指标不同,无法通过公式计算和试验进行验证,只能开展符合性分析,通过对设计依据、设计构思、设计方法和设计结果的分析、审查和评定,及时发现潜在的设计缺陷和设计薄弱环节,采取有效的纠正措施,加以解决。

可靠性设计符合性检查应以可靠性设计准则为依据,按照如表 6-6 所示的检查表开展检查工作,要及时发现、分析、处理偏离可靠性设计准则的可靠性设计工作。

表 6-6   可靠性设计符合性检查表

系统			
子系统			
供应商			
日期			
序号	可靠性设计准则详细要求	所采取的设计措施	备注
签审			

7　可靠性增长

7.1　引言

7.1.1　可靠性增长技术的意义与作用

任何产品在研制初期,其可靠性和性能参数都不可能立即达到规定的要求,必须反复地试验—改进—再试验,使其可靠性与性能逐步提高,直到满足要求为止。在这个过程中,由于设计、工艺、操作维护不断暴露问题,因此经分析与改进后,产品的可靠性和性能参数往往会随着时间不断提高,这就是可靠性增长过程。事实上,可靠性增长并不仅仅发生在产品研制的特定阶段,只要产品尚未进入稳定使用阶段,产品的工程活动就会暴露产品的缺陷,设计师就需要采取措施进行修正,以提高其可靠性与性能。可靠性增长是产品可靠性水平不断提高的一种现象或状态,产生这种现象的根源是可靠性增长试验等一系列活动。这种活动造成的可靠性增长现象是有规律可循的,即可以用可靠性增长模型这种数学形式描述。有了增长模型,研制活动的规划者和管理者就可以利用较为准确的定量方法计算和评估研制对象的可靠性状态,并且在一定范围内预测未来的可靠性状态,以便就拥有的各项资源做出系统的安排。具体地说,可靠性增长的分析、管理技术可用于下述各项活动中。

（1）对研制阶段的样机进行可靠性增长管理与分析。

（2）对因生产设施及其运行情况的改善所引起的产品可靠性增长进行分析。

（3）对因老炼或筛选所引起的产品可靠性增长进行分析与评定。

（4）对因生产人员的技术水平与工艺水平的提高而引起的产品可靠性增长进行分析。

（5）对因使用人员的操作、维护技术水平的提高所引起的产品可靠性增长进行分析与评定。

目前,可靠性增长技术已成为可靠性工程的一个重要组成部分,在产品的开发、研制和生产等决定性的寿命阶段,只有对采用可靠性增长的各项技术进行分析与管理和实现各种工程改进,才能将各项可靠性工作联为一体,贯穿于产品的整个寿命周期。实践证明,在工程中,通过可靠性增长试验、分析与管理提高产品的可靠性可有效节省试验时间、减少试验次数、降低研制经费。此外,对于需要进行可靠性鉴定或验收的产品,如果在研制或生产过程中就成功应用可靠性增长技术,则由此得出的完整失效数据可用来判定产品的可靠性,从而作为鉴定或验收的依据。也就是说,成功的可靠性增长试验可以免去产品的鉴定试验,成功的筛选试验可以免去产品的验收试验,由此可为工程节约鉴定或验收的试验费用,而且能加快工程进度。

7.1.2　可靠性增长过程与方法

1) 可靠性增长原因

可靠性增长过程就是产品中隐藏的各种缺陷暴露、分析和消除或削弱的过程,因此产品可靠性增长取决于以下原因。

(1) 纠正缺陷。

a. 缺陷暴露用于检测。为激发产品缺陷的暴露,需对产品施加不同的工作应力与环境应力,这就是产品在可靠性增长试验、筛选试验或现场试用中所经受的工作条件与环境条件,缺陷的激发时间与暴露程度取决于这些应力条件的严苛程度。当产品的缺陷通过激发而变成故障暴露出来时,须采用检测与监控手段,准确地确定受试产品发生故障及有关情况的时间。

b. 故障分析。故障分析包括工程分析、失效物理分析、失效统计分析三部分。

工程分析根据试验时暴露缺陷过程的各种应力、产品状态变化等情况,寻找产品故障定位并查明故障的起因。此时可使用 FTA 或 FMEA 等技术。

失效物理分析利用显微镜 X 射线摄影仪、电子探针显微分析仪等物理或化学分析手段,对失效的元器件、零件或材料进行观测、解剖、分析,以确定其失效机理及引起失效的原因。

失效统计是指统计失效发生的部位。在模式和相应的应力条件下,根据故障发生的重复性与规律判断它属于系统性失效还是残余失效,并配合工程分析寻找失效发生的原因,确定相应的改进措施。

c. 采取修正措施。

及时修正：对于系统性缺陷及残余缺陷中某些容易纠正的缺陷和软件缺陷，在试验过程中可及时采取措施予以纠正，及时修正使产品可靠性在试验过程中逐渐增长。

延缓修正：对于某些硬件的设计和工艺缺陷，其修正不可能在试验过程中及时进行，要等一个阶段的试验结束后，将试验中所暴露的这一类缺陷做统一考虑，重新设计并制作新的样机，再进行试验，这种延缓修正使产品的可靠性呈阶跃式增长。

当关于缺陷的暴露、诊断与修正证明为正确有效，并在产品的正规生产中得以实现时，才能真正成为该产品的可靠性增长原因。对于有些缺陷，由于受到经费、时间、技术或其他原因的限制，难以进行修正。这些缺陷的暴露、诊断、分析等工作只能为下一代产品的设计提供信息。

（2）操作技术的提高与产品的老炼。产品在试验或试用的过程中，随着操作人员的操作维护技术逐渐提高，产品的可靠性也会逐渐提高。

组成产品的元器件、零件、材料在适当的工作应力与环境应力的作用下，原先在制作、装运等过程中受外界冲击所累积形成的内应力会逐渐缓解、消除。例如，材料经适当加温获得退火的效果，元器件加电工作后性能系数会有所改善，机械动作部件经运转磨合后，工作会更加稳定、顺利等。

因此，在新产品的试验或试用中，即使没有采取明显的改进措施，类似于上述原因，其可靠性也会不断增长，许多新产品甚至直到做鉴定试验时，其失效数据还是聚集于实验的前半段时间，明显表现出产品存在着可靠性增长的趋势，对于这样的产品，只需继续老炼，就可以使产品的可靠性获得显著增长。

2）基本过程

可靠性增长是反复设计过程的结果。当周密的设计完成后，应对它进行故障源检测，以确定现实的或潜在的故障源，进一步的设计工作应集中在这些故障源上。设计工作可以是产品设计也可以是生产过程设计。可靠性增长的基本过程如图 7-1 所示。

图 7-1　可靠性增长的基本过程

在重新设计之后，故障源检测除完成新故障源的检测外，还用于验证再设计的有效性。在可靠性增长基本过程中故障源检测占有重要地位，它指出再设计的方向，可有效促进可靠性的增长。用于故障源检测的信息源非常广泛，在产品寿命周期的各个不同阶段都有信息源，信息源可以分为以下 5 类。

（1）外部经验。这种信息源来自本产品研制过程之外，但适用于本产品，包括历史数据、科技文献、技术经验和当前正在使用的同类产品的信息等。

（2）分析。这种信息源来自本产品的研制过程，但不包括硬件试验。这种信息源有可行性研究、可靠性设计、FMEA 以及可靠性设计评审等。

（3）试验。由于试验能对受试硬件的可靠性水平做出客观度量，因此它是可靠性增长的最重要的信息源。在产品研制过程的各种试验中，受试硬件的性质和试验条件是多样的。从初样到最终产品，其结构成熟程度是不同的；从元件到产品级，受试硬件的装配等级也是不同的；试验的环境条件有可能是室内环境、模拟使用环境以及过应力加速环境。所以，在可靠性增长利用信息源时，应特别注意这些差别，通常要先对这些试验提供的信息进行必要的处理。

（4）生产经验。在生产过程中可以发现设计中的薄弱环节。

（5）使用经验。在外场使用中可以发现设计中的薄弱环节。

在产品寿命周期内，不同阶段的信息源对可靠性增长费效比的影响是不同的。对于同一个故障，如果从产品寿命周期的初期，譬如产品设计阶段的信息源中检出，则可经济地实现设计更改和可靠性增长；如果从产品寿命周期的后期，如使用阶段的信息源中检出，则可靠性增长费效比要低得多，这个特性称为信息源的及时性。但早期进行设计更改所依据的信息往往会包括许多未知因素，如工作条件、元器件之间的相互影响等，而在后期，由于硬件趋于成熟，未知因素越来越少，设计更改往往具有准确的指向，可靠性增长更有把握，这个特性称为信息源的确实性。高水平的可靠性增长管理应重视各种信息源的组合，兼顾信息源的及时性与确实性，经济地实现可靠性增长。

3) 工作内容与程序

可靠性增长存在于许多场合之中，因此，可靠性增长技术具有广泛的适用性，但是对于工程规划的一个特定项目来说，可靠性增长专指在系统硬件与软件研制过程中的可靠性改进，并且在可靠性增长的原因中，不计人员素质的提高以及各种残余缺陷的削弱与消除，只考虑系统性缺陷的消除与削弱。

（1）可靠性预计。为了解产品能否达到可靠性指标，必须对其进行可靠性预计。当可靠性的预计值高于规定值（一般不小于 1.25 倍）时，说明设计是合理的,可以开始试验。

（2）进行 FMEA。凡是在可靠性预计中被确定为产品薄弱环节的部分,都必须进行 FMEA,据此对试验中可能出现的故障进行预测和分析,预先做出决策,为制订系统的失效修正策略(即将系统性失效划分为 A 型失效与 B 型失效,并决定是否对它们进行修正等)做好准备,以保证可靠性增长规划与试验的顺利进行。

（3）制订试验方案。针对不同产品的特点,制订不同的试验方案。

（4）制订可靠性增长试验规划。制订此规划在于绘制理想增长曲线和计划增长曲线。绘制理想增长曲线主要用于确定全盘管理的关键事件点,即确定先行评审或鉴定的时间及相应的可靠性目标值。本部分内容关于如何估计起始点、增长率及绘制理想增长曲线等工作。绘制计划增长曲线用于确定阶段管理的小阶段起点与终点;确定试验、分析与修正(test, analyse and fix, TAAF)规划的方式;对日历时间、有效工作时间、试验时间、分析与修正时间、评审与鉴定时间等进行安排与分配;分配资金和人力资源。

（5）可靠性增长试验的管理。进行数据的记录、分析与反馈;然后利用所获得的数据,绘制、跟踪与预测可靠性增长曲线,以便于比较计划增长曲线,及时做出管理决策。

（6）可靠性增长的分析与评定。对试验中发生的问题与获得的失效数据进行工程分析与统计分析,在每个试验阶段的转接点都对产品进行评审与鉴定。

（7）可靠性增长的终止。当通过鉴定,确认产品已符合预定的初始运转能力(initial operational capability, IOC)时,产品可转入定型阶段,并宣告可靠性增长过程结束。

4）基本方法

由于试验能充分暴露产品的薄弱环节,有效地验证设计更改,对产品的可靠性水平做出客观评估,因此可靠性增长最主要的手段就是各种试验。可靠性增长的基本方法是通过试验诱发产品的故障,对故障进行分析并找出故障原因,针对故障原因进行设计更改以消除薄弱环节,然后再试验,一方面验证设计更改的有效性,另一方面诱发新的故障,这种基本方法概括为 TAAF。作为可靠性工作项目的可靠性增长试验是一种十分典型的贯穿 TAAF 方法的过程。

7.2　可靠性增长模型

MIL‐HDBK‐189 将可靠性增长模型按失效数据的统计性质分为两大

类——连续型及离散型。本书将采取一种更实用的分类方法,即根据可靠性计划曲线中 TAAF 规划方式的不同类型对可靠性增长模型进行分类。

关于 TAAF 规划方式的三种基本类型具体如下所示。

(1) 试验—修正—试验类型。

(2) 采取延缓修正的类型。

(3) 含有延缓改进的试验—修正—试验类型。

对于第(1)种类型的可靠性增长曲线和第(3)种类型的每一阶段的可靠性增长曲线,可用一个时间函数描述。基于此提出了时间函数可靠性增长模型,其中最著名的有杜安模型、AMSSAA 模型以及贝叶斯模型。

7.2.1　杜安模型

杜安模型最初是飞机发动机和液压机械装置等复杂可修产品可靠性改进过程的经验总结,模型不涉及随机现象,所以杜安模型是确定性模型,它是一种工程模型,不是数理模型。杜安模型是应用最早、最广泛,发展也最成熟的可靠性增长模型。杜安模型指出:在产品的试制试验中,如果不断地修正故障,则产品的累积故障率 $n(T)/T$ 对累积试验时间 T 在对数坐标中很接近一条直线,即

$$\ln [n(T)/T] = a + b\ln T \qquad (7-1)$$

式中,T 为在所有原型机上积累的总试验时间;$n(T)$ 为试验时间 T 的累积故障数;$n(T)/T$ 为累积故障率;$T/n(T)$ 为累积平均故障前时间。

可以求得累积的平均故障前时间为

$$MTTF = T/n(T) = \mathrm{e}^{a+b\ln T} = kT^b \qquad (7-2)$$

式中,a 为纵截距;b 为增长率。

根据上式,可以推导出在时间 T 内的累积故障数为

$$n(T) = \frac{1}{k}T^{1-b} \qquad (7-3)$$

瞬时故障率为

$$\mathrm{d}n(T)/\mathrm{d}T = \lambda(T) = \frac{1-b}{k}T^{-b} \qquad (7-4)$$

若故障率为常数,则可靠性增长试验在 T 时刻停止,其倒数就是瞬时 MTTF,即

$$MTTF_i = kT^b/1-b = \frac{MTTF}{1-b} \qquad (7-5)$$

为了进一步使用该模型,必须计算 a 和 b 的值,因此,采用最小二乘法将点 $(\ln T, \ln[T/n(T)])$ 求出。若给定 $MTTF_i$ 目标值为 M,则可以推算出完成可靠性增长试验所需要的时间的估算值。

杜安模型使用方便,应用面很广,但由于没有将 $n(T)$ 作为随机过程处理,因此其模型参数及 MTTF 的点估计精度不高,不易给出当前 MTTF 的区间估计。

7.2.2　AMSAA 模型

Crow 在杜安模型的基础上,提出了 AMSAA 模型,克服了杜安模型的缺点。其数学描述如下:可修系统在开发期 $(0, t]$ 内的失效次数 $N(t)$ 是均值函数 $EN(t) = \nu(t) = at^b$ 及瞬时失效强度 $\lambda(t) = \mathrm{d}EN(t)/\mathrm{d}t = abt^{b-1}$ 的非齐次泊松过程。

$$P\{N(t) = n\} = \frac{[\nu(t)]^n}{n!} \mathrm{e}^{-\nu(t)} \quad n = 0, 1, \cdots \qquad (7-6)$$

可修系统开发到时刻 T 定型后,其失效时间服从指数分布,设可修系统在开发期内相继失效时间为

$$0 < t_0 < t_1 < t_2 < \cdots < t_n \qquad (7-7)$$

对于 AMSAA 模型,b 是增长参数,当 $0 < b < 1$ 时,失效时间间隔随机增加,系统处于可靠性增长过程中;当 $b > 1$ 时,失效时间间隔随机减少,系统处于可靠性下降过程中;当 $b = 1$ 时,非齐次泊松过程退化为泊松过程,失效时间间隔服从指数分布,系统可靠性没有增长趋势,也没有下降趋势。

7.2.3　贝叶斯模型

与经典的方法相比,贝叶斯模型的特点是可以充分利用先验信息,尤其是昂贵小子样产品能够充分利用工程经验、专家意见和历史经验信息,其流程如图7-2所示。

在贝叶斯可靠性增长模型中,其研究的关键是先验信息的获取、相容性检验、信息融合、先验分布的表示等。新产品可靠性分析的特点是数据量相对较少,对于新研发产品,试验费用大,样本少甚至只有一两次的试验结果,在这种情况下分析设备的可靠性指标必须尽可能搜集综合各种先验经验,整理推导出参数的先验分布。先验信息是贝叶斯模型的前提,大量可信的先验信息是贝叶斯

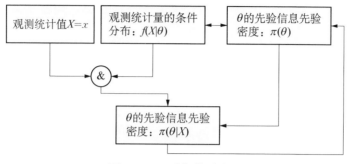

图 7 - 2　贝叶斯模型流程

模型统计推断优良性的保证,先验信息的来源一般可分为以下几类。

（1）从产品设计以及定型前历次试验累积下来的历史资料。

（2）工程专家现场工作实践积累的经验知识。

（3）仿真分析与理论分析获得的先验信息。

贝叶斯模型能充分将先验信息用于产品可靠性评估,提高可靠性评估的精度。

7.3　民机研制过程中的可靠性增长

7.3.1　民机可靠性增长理论及流程

可靠性增长应贯穿民机的整个研制周期。在民机研制过程中,可靠性增长的基本过程为通过分析和试验暴露缺陷,并将发现的问题进行反馈,根据需要进行再设计,然后再次进行分析和试验,以验证可靠性增长效果,如此反复迭代,直到产品满足其可靠性要求,最终输出可靠性增长报告,民机可靠性增长过程如图 7 - 3所示。

可靠性增长的详细步骤如下。

（1）制订可靠性增长计划。可靠性相关部门制订可靠性增长计划,将可靠性增长工作写入飞机可靠性工作计划文件中,作为可靠性增长工作的依据。

（2）确定可靠性增长目标。评估目前可靠性水平,确定可靠性增长目标。可靠性专业确定的可靠性增长目标一般包括可靠性指标 MTBF 和 DR。

（3）制订可靠性增长方案。可靠性专业制订可靠性增长方案,确定各个阶段的可靠性目标要求和采取的方法。在完成可靠性增长方案的制订后输出飞机级可靠性增长方案。

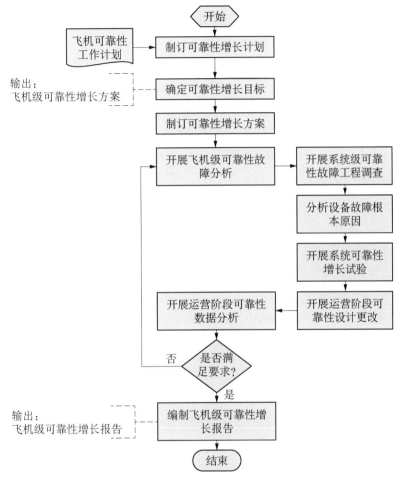

图 7 - 3 民机可靠性增长过程

（4）开展飞机级可靠性故障分析。在运营阶段,可靠性专业开展飞机级可靠性故障分析,采用 FTA 和 FMEA 等方法,分析经常发生的故障和原因,开展可靠性工程调查。

（5）开展系统级可靠性故障工程调查。在运营阶段,各系统专业开展设备可靠性故障工程调查。

（6）分析设备故障根本原因。在运营阶段,各系统专业开展设备可靠性故障工程调查,采用 FTA 和 FMEA 等方法,分析设备的故障原因。

（7）开展系统可靠性增长试验。各系统根据需要,对难以确定故障原因的设备、关键设备和可靠性薄弱环节,开展可靠性增长试验。增长试验也可以由供应商完成。

（8）开展运营阶段可靠性设计更改。在运营阶段，系统专业对故障进行分析，查找故障根本原因，并开展设计更改。

（9）开展运营阶段可靠性数据分析。可靠性专业分析运营阶段的可靠性数据，计算飞机级、系统级和设备级的可靠性指标情况，检验可靠性增长情况。

（10）评审飞机级、系统级和设备是否满足预期的可靠性目标要求。如果达到预期目标要求，则评审通过；如果不满足预期的可靠性目标要求，则返回飞机级可靠性分析，继续开展可靠性增长工作。

（11）编制飞机级可靠性增长报告。由可靠性专业编制飞机级可靠性增长报告。

7.3.2　案例

事件背景：某飞机在地面发动机起动完成后出现气源系统和短舱防冰系统的故障告警，具体故障描述为双发起动完成，关闭 APU 引气，打开双发引气，出现"L ENG BLEED FAIL"琥珀色信息，L ENG 开关"FAIL"灯亮，机组重置无效；随后出现"L ENG NAI FAIL OPEN"青色信息，左发动机防冰开关处于按出位。机组重置左发防冰开关，青色信息消失，再重置左发引气开关，左发引气正常。之后落地均正常，无告警信息。

本书依据某型飞机可靠性增长方案中工程调查的要求，对于飞机压力调节与关断活门多发性故障按照流程图进行可靠性增长分析，分析故障产生原因，并提出了纠正措施建议。

1）制订可靠性增长计划

根据上文给出的可靠性增长计划的定义，由可靠性部门制订可靠性增长计划，将可靠性增长工作写入飞机可靠性工作计划文件中，作为可靠性增长工作的依据。为了达到要求的可靠性指标，通过开展设计和实际运营数据分析工作，制订初步的可靠性薄弱项目清单，并根据薄弱项目清单确定可靠性增长实施对象为压力调节与关断活门，为可靠性分析和设计优化提供参考，逐步提高整机可靠性水平。

2）确定可靠性增长目标

本案例以设备级压力调节关断活门为例，压力调节关断活门的 MTBF 是 8 000 h。

3）制订可靠性增长方案

目前，压力调节关断活门在飞机飞行 12 000 h 的故障次数是 3 次，则该型飞

机的 MTBF 为

$$MTBF = \frac{12\,000}{3} = 4\,000 \text{ h}$$

由于 4 000<8 000,因此需进行可靠性增长,且经过故障分析及可靠性增长试验后,初步的可靠性增长方案是使压力调节关断活门的 MTBF 达到 8 000 h。

4) 开展飞机级可靠性故障分析

以该机型中的压力调节关断活门为例,开展可靠性故障分析。

5) 开展系统级可靠性故障工程调查

后续在多个航段均发生类似事件背景中描述的问题。结合下载的飞行数据和系统工作原理,定位出机上系列报故的原因为左侧压力调节关断活门故障造成的非指令关闭。

6) 分析设备故障根本原因

(1) 运营环境影响导致活门污染和腐蚀,导致活门无法正常打开。

活门在手动开启的过程中就已存在明显卡阻,不符合活门的正常工作原理,因此可以推测活门阀瓣运动受到阻碍,造成了引气低压告警。造成该故障的原因一般为活门的运动机构损坏或活门内部污染或腐蚀。

对活门进行了子组件级的检查,发现阀体处存在黄色不明污染物积聚,但该污染物无法解释活门的卡阻问题。此外,发现主轴承旋转时存在卡阻,判定该轴承故障即为活门卡阻的原因。

根据供应商在相似机型上使用活门的经验,上述现象发生的原因可能为飞机的使用频率低于预计值,导致空气中的水汽在冷却的活门表面凝结,若水汽长期积聚则会发生腐蚀现象。

(2) 活门无故障,在地面状态下引气压力值低,系统产生低压告警。

根据故障统计状况,上述活门失效均发生在地面发动机慢车时或发动机起动完成后,空中未出现告警,在地面状态下发动机引气压力较低。根据试飞数据,在地面慢车条件下,空调包入口传感器的度数约为 1.2 barg(0.12 MPa),根据气源系统的低压告警逻辑,系统在引气压力低于 1.0 barg(0.1 MPa)并持续 15 s 时,将会出现低压告警,并产生"ENG BLEED FAIL"的 EICAS 信息。

7) 开展系统可靠性增长试验

活门污染和腐蚀导致活门无法正常打开是造成压力调节关断活门故障的根本原因之一,对压力调节关断活门进行可靠性增长试验。

　　该产品进行可靠性增长试验所采用的试验剖面模拟的是实际使用环境,确定以湿度为环境剖面,将试验环境中的湿度及其变化按时间轴排列,试验时对湿度的变化进行控制,观察湿度对试验对象压力调节关断活门的影响情况。

　　8) 开展运营阶段可靠性设计更改

　　(1) 取消引气过滤器选装构型,增加空调包入口压力。

　　(2) 修改低压告警阈值,由 1.0 barg(0.1 MPa)降低为 0.9 barg(0.09 MPa)。

　　9) 开展运营阶段可靠性数据分析

　　经过对设备的设计更改后,该型飞机在运营阶段飞行 17 000 h 的故障次数是 3 次,则

$$MTBF = \frac{17\,000}{2} = 8\,500 \text{ h}$$

　　10) 是否满足要求

　　通过分析各设备的故障次数,开展可靠性设计优化,达到可靠性增长。

　　11) 编制飞机级可靠性增长报告——《某机型飞机可靠性增长报告》

8 可靠性工程分析方法

8.1 引言

可靠性分析方法包括可靠性建模、FMEA、FTA、马尔科夫分析、事件树分析、潜在通路分析等,最常用的是 FMEA 和 FTA。

可靠性分析贯穿于可靠性工作的全部过程。在一般情况下,首先根据产品的需求,对产品各项功能、结构组成和产品的工作环境进行认真研究,在充分了解产品的各项任务剖面后,开展一系列的可靠性设计工作。可靠性分析作为可靠性设计的重要组成部分,在产品设计中占有重要的地位。

国内外的研究表明,可靠性分析对产品可靠性有重要的影响,要提高产品的可靠性,关键在于做好产品的可靠性分析和设计工作。可靠性分析是可靠性工程的重点和核心任务之一,其目的在于挖掘和确定产品潜在的隐患和薄弱环节,并通过设计、预防与改进,提前消除隐患和薄弱环节,从而提高产品的可靠性水平,满足产品的可靠性要求。可靠性分析工作必须遵循以预防为主,早期投入的原则。从产品的方案阶段就开展可靠性设计与分析工作,尽可能地把不利因素消除在设计早期。

航空产品结构复杂,导致其故障形式多样。为了有效地分析航空产品的故障,需要对这些故障进行正确、有效的识别。

故障形式复杂多样,其分类方法也不同。按照故障发生的原因,故障可以分为相关故障和非相关故障。相关故障是指由产品本身固有因素导致的故障,不是由外部条件引起的故障,也不是非规定条件引起的故障。非相关故障是指非产品自身固有因素导致的故障,主要包括以下几类。

(1)由测试或者其他辅助设备引起的故障。

(2)由操作人员操作错误引起的故障。

(3)超过设计规定的条件引起的故障。

（4）耗损件超过寿命期限引起的故障。

（5）从属故障，即由其他产品引起的故障。

根据故障发生的重要性程度划分，可以分为单点故障和组合故障。单点故障是指由产品内非冗余单元导致的故障，这种故障的重要度最高。组合故障是指产品内部所有并联冗余单元同时导致的故障，这种故障的重要度相对较低。故障的分析手段主要有 FMEA、FTA 和事件树分析等，将在本章进行详细介绍。

8.2　失效模式与影响分析

8.2.1　概述

20 世纪 50 年代初期，美国航空技术人员第一次把 FMEA 用于战斗机总系统的设计，并取得了良好的效果。从此以后，FMEA 技术在航空、航天以及其他领域得到了广泛的应用。1874 年，美国颁布了 MIL-STD-1629《故障模式、影响及致命性分析程序》，我国于 1987 年颁布了 GB/T 7826《系统可靠性分析技术失效模式和影响分析（FMEA）程序》，于 1992 年颁布了 GJB 1391《故障模式、影响及危害性分析指南》。以上标准的发布极大地促进了 FMEA 工作的规范性。

FMEA 是一种确定系统、设备、功能或硬件的失效模式及其对高一层级设计影响的系统分析方法，也可以确定每种失效模式的检测方法（如果存在）。FMEA 的定性分析或定量分析适用于任何类型的系统（包括电气、电子或机械系统）。FMEA 定量分析可以确定每种失效模式的失效率，其结果可以用于编制 FMES，也可以为系统安全性评估（system safety assessment，SSA）和 SRA 过程的其他分析技术（如 FTA）提供支持。

FMEA 有两种基本类型：硬件 FMEA 和功能 FMEA。

硬件 FMEA：这种方法根据产品的功能对每个失效模式进行评估，用表格列出各个产品，并对可能发生的失效模式及其影响进行分析。各产品的失效影响与系统及子系统功能有关。在初步设计阶段，当产品可按设计图样及其他工程设计资料明确确定时，一般采用硬件 FMEA。这种分析方法适用于从零件（或部件）级开始分析，再扩展到系统级，即自下而上进行分析。此外，也可以从任一层级开始向任一方向分析。因此，采用这种方法进行 FMEA 是较为严格的。

功能FMEA：这种方法认为每个产品都可以完成若干功能，而功能可以按输出分类。使用这种方法时，将输出一一列出，并对它们的失效模式进行分析。当产品构成不能确定时(如在产品研制初期，各个部件的设计尚未完成，得不到详细的部件清单、产品原理图及产品装配图)，或当产品的复杂程度要求从初始约定层级开始向下分析，即自上而下分析时，一般采用功能FMEA。此方法从分析系统的设备功能方框图开始。通常，分析从初始约定层级开始，向最低层级进行，或者从产品的任一层级开始向任一方向进行。这种方法比硬件FMEA简单，故可能忽略某些失效模式。

FMES中的每个失效模式的失效率是每个FMEA的失效模式的失效率之和。FMES不必单独分析，可作为FMEA的一部分。FMES有助于简化FTA(减少最低层次的或门数量)，将影响相同的产品失效和安装失效的影响合并。计算失效率时，应注意FMEA只考虑单个失效，FTA既考虑了单个失效又考虑了失效的组合。

FMES是对FMEA分析中具有相同影响的较低层级的失效模式总结。FMEA中的失效影响是FMES中的失效模式，FMEA中相同的失效影响在FMES中归为一个模式，较高层级的影响列在FMES的影响栏。此外，FMES也可作为FTA或其他分析的输入。

8.2.2　失效模式分析

失效时产品无法完成预定功能的事件或者状态。产品失效判断的依据主要来源于预先规定的失效判据，失效判据一般根据产品实现的性能指标或者允许基线确定。失效模式是失效的表现形式，比如短路、开路、断裂、磨损等。

一般在研究产品的失效时，都是从产品的失效现象入手，通过失效现象找到失效发生的原因。产品的失效与产品规定的功能以及特定的条件紧密相关，在对特定的系统做失效分析时，必须明确系统在特定条件下丧失特定功能的判断准则，也就是失效判断依据，这样才能确定某种非正常状态是否为其失效模式。

在进行失效模式分析时，应该特别注意两种不同的失效形式——功能失效和潜在失效。功能失效是指产品无法完成预定功能的状态；潜在失效是指有可能发生指示功能失效的一种可鉴别的状态。

对产品进行失效模式分析时，必须确定并描述产品在每一种功能下全部可能的失效模式。由于产品可以实现多种功能，而每一种功能可能存在多种不同的失效模式，因此分析人员应该确定产品在每一种功能下全部可能的失效模式。

一般而言,通过数学统计、试验、分析等手段可以获得产品的失效模式,主要遵照以下原则。

(1) 现有产品可以以使用过程中所发生的失效模式为基础,根据产品使用环境的差异进行分析修正,从而得到其失效模式。

(2) 新研产品可以对该产品的功能原理和结构特点进行分析、判断,从而得到其失效模式;或者以相似产品的同类失效模式为基础,分析、判断其失效模式。

(3) 对于引进的国外货架产品,应该向供应商索取其失效模式。

(4) 对于标准的元器件和零件,可以从相关的标准、手册中查询其失效模式。

表8-1列出了绝大多数产品常见的失效模式。

表 8-1 产品常见的失效模式

编号	失效模式	编号	失效模式	编号	失效模式
1	结构故障	16	错误指示	31	开路
2	卡滞	17	流动不畅	32	参数漂移
3	共振	18	错误动作	33	折断
4	不能保持正常位置	19	无法关机	34	裂纹
5	无法打开	20	无法开机	35	动作不到位
6	无法关闭	21	不能切换	36	动作过位
7	误开	22	提前运行	37	不匹配
8	误关	23	滞后运行	38	晃动
9	内部泄漏	24	输入过大	39	松动
10	外部泄漏	25	输入过小	40	脱落
11	超出允许值上限	26	输出过大	41	弯曲变形
12	超出允许值下限	27	输出过小	42	扭转变形
13	意外运行	28	无输入	43	拉伸变形
14	间歇性工作	29	无输出	44	压缩变形
15	漂移性工作	30	短路		

8.2.3 失效模式与影响分析方法

FMEA具有非常明显的特点,具体归纳起来共有以下三点:表格化工作、单因素分析、定性分析。

在FMEA工作过程中,主要涉及三种表格。第一种表格是"FMEA表",具体如表8-2所示。表8-2是FMEA最基本的表格,在分析过程中必须严格按要求逐栏填写。以 ATA21 章空调系统中制冷系统的流量控制活门部件为示例，填写 FMEA 表格如下。

表 8-2　FMEA 表（示例）

系统：空调系统	部件：流量控制活门（flow control valve, FCV）		
子系统：制冷系统——流量控制及指示	部件功能：控制进入空调组件的引气流量大小		ATA 编号：21
FMEA 编号	失效模式及原因	飞行阶段	故障影响	识别与纠正措施 (1) 给飞行机组指示 (2) 飞行机组对故障的识别、隔离以及纠正措施	带故障签派要求 (1) 能 (2) 限制条件	单个部件故障率/(1 ×10⁻⁶/h)	故障模式故障率/(1 ×10⁻⁶/h) 危害等级
21-52-01-01.03	FCV 无法关闭	所有阶段	丧失空调组件隔离功能	(1) 空调组件隔离失效（警戒） (2) 更换 FCV	(1) 能 (2) 另一侧流量控制及指示正常	70	1　　　Ⅳ

确定每一失效模式和产品的严苛度类别的目的是为安排改进措施的顺序提供依据。最优先考虑的是消除已确定的Ⅰ类（灾难性的）和Ⅱ类（危险性的）故障模式。当较低约定层次产品失去输入或输出危及较高约定层次产品正常工作时，也应该采取措施，以消除或控制所确定的故障模式。当确定的Ⅰ类和Ⅱ类故障模式不能消除或不能处于受控状态，以致到了不能接受的程度时，应提出其他控制措施和建议。

第二种表格是"Ⅰ类和Ⅱ类故障模式清单"，具体如表 8-3 所示，它是严苛度为Ⅰ类和Ⅱ类故障模式的汇总表；第三种表格是"关键项目清单"，清单中的项目严苛度为Ⅰ类和Ⅱ类，具体如表 8-4 所示。

表 8-3　Ⅰ类和Ⅱ类故障模式清单

代码	产品名称	失效模式	严苛度	故障原因	防止措施	备注

表 8-4 关键项目清单

代码	产品名称	失效模式	严苛度	发生的可能性	故障原因	防止措施	备注

8.2.4 FMEA 步骤

在实际工程实践中,FMEA 应该确定分析的最低约定层次、编号要求、分析表格、数据来源等,并按照分析步骤逐步分析。

(1) 完成系统定义,列出系统功能、系统构架和原理、系统组成、设备清单等。

(2) 画出系统可靠性框图。

(3) 确定分析层次。规定最低约定层次原则包括为保证每一个分析对象有完整输入而在分析对象清单中规定的最低层次;能导致 I 类(灾难性的)和 II 类(危险性的)的故障的产品所在的最低约定层次;规定或预期需要维修和修理的产品层次,这些产品可能导致较大的(III 类)或轻度的(IV 类)故障。

(4) 编号要求。应根据产品硬件分解结构和工作单元代码编号确定编号。遵守一种编号格式是为了给系统功能和设备规定统一的标志以及对故障模式起跟踪作用。编号格式如:××-××-××-××.××;FMEA 编号由 10 位数字组成,每两个数字表示一组,即"1,2,3,4,5",依次代表"系统代码、子系统代码、设备代码、零部件代码、故障模式代码"。

(5) 数据来源。对于定量的 FMEA,每一个故障模式都有一个故障率。凡可能时,都应根据已经在外场使用的类似设备的故障数据确定故障率,如供应商提供的试验数据和航线统计数据;电子设备的可靠性预计(MIL-HDBK-217F);非电子设备失效手册(RAC FMD-97 或 NPRD-2011)。

(6) 应按照主制造商提供的表格分析,示例参考表 8-2。

(7) 分析结论。列出设备清单对应的故障影响等级,分析是否存在单点故障导致的 I 类和 II 类飞机级影响。

8.3 故障树分析

8.3.1 概述

FTA 是一种分析复杂系统(如影响飞机安全和任务完成的系统)安全性和

可靠性的分析方法。FTA 由贝尔电话实验室的 H. A. Watson 于 1961 年提出,并且在 GJB/Z768A—1998 中有详细说明。

FTA 通过演绎的故障分析法研究系统特定的、不希望发生的事件,即顶事件。按照自上而下的顺序,严格按故障的层次进行因果逻辑分析,逐层找出故障事件的必要且充分的直接原因,画出逻辑关系图(故障树),最终确定导致顶事件发生的所有原因和原因组合。由分析结果可以确定被分析系统的薄弱环节、关键部位、应采取的措施以及对可靠性试验的要求等。对最终故障树来说,可以确定该顶事件各种可能的潜在故障,揭示系统内部的联系,指导故障诊断和维修方案的制订,确定系统检测装置的最佳配置等。故障树定性分析的目的在于寻找导致顶事件发生的原因和原因组合,即识别导致顶事件发生的所有故障模式,它可以帮助判明潜在故障,以便改进设计;也可以用于指导故障诊断,改进使用和维护方案。

FTA 把系统的故障与组成系统各部件的故障有机地联系在一起,可以找出系统全部可能的失效状态。

FTA 主要有以下特点:

(1) FTA 具有很大的灵活性,不只局限于对系统可靠性、安全性的一般分析,也是可以分析系统的各种故障状态。不仅可以分析某些元器件故障对系统的影响,而且可以对导致这些元器件故障的特殊原因(如环境的、人为的原因)进行分析。

(2) 进行 FTA 的过程也是一个对系统认识更深入的过程。它要求分析人员把握系统的内在联系,弄清各种潜在因素对故障产生影响的途径和程度,因而能够在分析的过程中发现和解决问题,提高系统的可靠性和安全性。

(3) 通过故障树可以定量计算复杂系统的故障概率及其他可靠性和安全性参数,为改善和评估系统可靠性、安全性提供定量数据。

(4) 故障树建成后,对不曾参与系统设计的管理和维修人员来说,相当于一个形象的管理、维修指南,因此对培训使用系统的人员来说具有很大的意义。

FTA 在工程上有着广泛的应用,主要体现在以下几个方面。

(1) 系统的可靠性和安全性分析。

(2) 系统的安全性分析与事故分析。

(3) 改进系统设计,对系统的可靠性和安全性进行评价。

(4) 概率风险评价。

(5) 进行系统在设计、维修、运行等各个重要阶段的重要度分析。

（6）故障诊断与检修表的制订。

（7）系统最佳探测器的配置。

（8）故障树的模拟。

（9）管理人员、运行人员的培训。

FTA 采用一些表示逻辑关系的门符号和事件符号表示事件之间的逻辑关系，以下是 FTA 中常用的一些事件和符号。

1）事件

FTA 中各种故障状态或不正常情况称为故障事件，各种完好状态或正常情况称为成功事件，两者均可简称为事件。

2）顶事件

顶事件是 FTA 所关心的最后结果事件，它位于故障树的顶端，总是作为所讨论故障树中逻辑门的输出事件而不是输入事件。

3）中间事件

中间事件是位于底事件和顶事件之间的结果事件，它既是某个逻辑门的输出事件，同时又是别的逻辑门的输入事件。

4）底事件

故障树的底事件是故障树中仅导致其他事件发生的原因事件，它位于所讨论的故障树的底端，总是某个逻辑门的输入事件而不是输出事件。基本事件和未探明事件统称为底事件。

5）外部事件

外部事件是在正常工作条件下必然发生或者必然不发生的事件。

6）非扩展事件

非扩展事件是检查结果无关紧要或难以展开，不需要深入的事件。

常用的事件符号如图 8-1 所示。

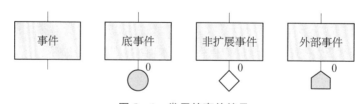

图 8-1　常用的事件符号

在故障分析中，逻辑门描述了输入事件与输出事件之间的因果关系。常用的逻辑门有如下 7 种。在以下对逻辑门的描述中，设 $B_i (i=1, 2, \cdots, n)$ 为逻辑门的输入事件,A 为逻辑门的输出事件。

1）与门

与门表示仅当所有输入事件(故障)全部发生时,输出事件(故障)才发生。这种逻辑关系称为事件交,相应的布尔代数表达式为

$$A = B_1 \bigcap B_2 \bigcap B_3 \bigcap \cdots \bigcap B_n \tag{8-1}$$

2）或门

或门表示当有一个输入事件发生时,输出事件就发生。这种逻辑关系称为事件并,相应的布尔代数表达式为

$$A = B_1 \bigcup B_2 \bigcup B_3 \bigcup \cdots \bigcup B_n \tag{8-2}$$

3）非门

非门表示输出事件是输入事件的对立事件。这种逻辑关系相应的布尔代数表达式为

$$A = \overline{B} \tag{8-3}$$

4）表决门

表决门表示当 n 个输入事件中有 r 个或 r 个以上的事件发生时,输出事件才发生。

5）禁门

禁门表示仅当条件事件发生时,输入事件的发生才能导致输出事件的发生。

6）异或门

异或门表示当且仅当一个输入事件发生时,输出事件才发生。

7）顺序与门

顺序与门表示仅当输入事件按规定的顺序发生时,输出事件才发生。

在 FTA 中,为了避免画图重复,使图形简明,使用了转移符号。它分为相同转移符号与相似转移符号两种顺序与门顺序条件。

（1）相同转移符号是由相同转向符号及相同转引符号组成的一对符号。相同转向符号表示下面转到以代号所指的子树去;相同转引符号表示由具有相同字母和数字的转向符号处转到这里来,如图 8 - 2 所示。

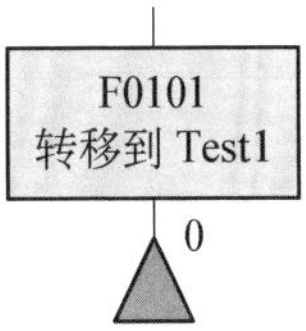

（2）相似转移符号是由相似转向符号及相似转引符号组成

图 8 - 2　相同转移符号

的一对符号。相似转向符号表示下面转到以字母和数字为代号,结构相似而事件标号不同的子树去,相似转向中的不同事件的标号在三角符号旁注明,相似转引符号表示相似转向符号所指子树与此处子树相似,但事件标号不同。相似转移符号在软件中较少使用。

8.3.2　FTA 程序

在进行 FTA 前必须熟悉需建立故障树的产品的设计说明书、原理图(流程图和结构图)、运行规程、维修规程和有关数据及其他相关资料。同时,还必须做好以下几方面工作。

(1) 应全面掌握产品的设计意图、结构、功能、边界(包括人机接口)和环境情况。

(2) 应辨明人为因素和软件对产品的影响。

(3) 应辨识产品可能采取的各种状态模式及它们和各单元状态的对应关系,辨识这些模式之间的相互转换,必要时应绘制产品状态模式及转换图,以帮助弄清产品功能成功或故障与单元成功或故障之间的关系,有利于建树的正确进行。

(4) 为全面了解产品,建树者除完成上述工作外,还应随时征求有经验的设计人员、使用人员和维修人员的意见,最好有上述人员参与建树工作,以保证建树工作顺利展开及建成的故障树的正确性,达到预期的分析目的。

在进行 FTA 前,应对在分析过程中必然出现的不可能分析或现有资料难以分析的情况进行合理假设,从而在不影响分析结果的基础上,简化分析过程或使分析过程能够顺利进行。

FTA 根据分析对象、分析目的、精细程度等不同而不同,但一般按如下步骤进行:

(1) 建造故障树。

(2) 故障树规范化、简化和模块分解。

(3) 定性分析。

(4) 定量分析。

(5) 编写 FTA 报告。

此外,进行 FTA 时还应该注意以下问题:

(1) FTA 应与设计工作结合进行,特别是对于故障树的建造,应在可靠性和安全性工程师的协助下,主要由系统的设计人员完成,同时应征求运行操作、维修保养人员的意见。

（2）FTA应与设计工作同步进行。FTA能够找到系统的薄弱环节，提供改进方向，只有与设计工作同步进行，FTA的结果对于设计才是及时有效的。

（3）FTA应随设计的深入逐步细化并合理简化。故障树的建造比较繁杂，容易错、漏，因此需在确定的合理边界条件下，深入细致地建立一棵完备的故障树，同时进行合理简化。

（4）选择恰当的顶事件。顶事件的选择可以参考类似系统发生过的故障事件，也可以在初步故障分析的基础上，结合FMEA进行，选择那些危害性大的、影响安全、任务完成的关键事件进行分析。

（5）FTA对系统设计是否有帮助取决于是否能找到系统的薄弱环节，采取恰当的改进或补偿措施，并落实到实际设计工作中。

8.3.3 最小割集以及定性分析结果的应用

故障树定性分析的主要结果是求得全部最小割集，在这里用严格逻辑演绎所求得的最小割集具有完整性和准确性，这些最小割集可以用于识别导致顶事件发生的所有可能的系统故障模式，有助于判明潜在的故障，避免遗漏重要的故障模式，也有助于指导故障诊断、故障定位以及维修方案的制订，定性分析结果也是定量分析的基础。

8.3.4 故障树的建造

故障树的建造是FTA的关键，建造故障树的目的是通过建树过程全面了解系统，找出薄弱环节，以便改进系统设计、运行和维修，从而提高系统的可靠性、维修性和安全性。复杂系统的建树工作一般十分繁杂，机理交错多变，所以要求建树者全面、仔细，并广泛掌握设计、使用、维护等各方面的经验和知识。正确建造故障树是FTA定性分析和定量计算的前提。

1）建树规则

（1）正确地选择并定义顶事件。

（2）必须分析清楚系统中各事件的逻辑关系及条件，不能有逻辑上的紊乱及条件矛盾。

（3）故障的定义要正确且明确。

（4）建树应从上到下逐级进行，在同一逻辑门的全部必要而充分的直接输入未列出之前，不得对另一个逻辑门的任何输入进行分析。

（5）建树时不允许门与门直接相连，不允许不经过结果事件而将门与门直接相连,每一个门的输出事件都应清楚定义。

(6) 为了使故障树向下发展,必须用等价的、比较具体的直接事件逐步取代比较抽象的间接事件,在建树时允许形成不经任何逻辑门的事件与事件直接相连。

(7) 故障事件分类的规则为输出事件的故障可以由一个元器件或零部件故障引起,称为元件类故障,否则称为系统类故障。根据定义判断故障是系统类故障还是元件类故障,以决定在其下面跟与门、或门、禁门,或不跟逻辑门而与另一个故障事件直接相连。若是元件类故障,则在其下面只跟或门,或门下面展开为原发故障、诱发故障、指令故障,也可能不跟逻辑门而与另一个故障事件直接相连。

2) 选择确定顶事件

(1) 选择顶事件的发生对系统有着决定性的影响。

(2) 顶事件必须有明确的定义。

(3) 顶事件能分解成若干个独立事件提供分析。

(4) 若要定量计算顶事件发生的概率,则该顶事件必须有度量的条件,便于定量分析。

3) 明确系统定义

建树前应根据分析目的,明确定义所分析的系统和其他系统的接口,同时给定一些必要的合理假设,从而由真实系统图得到一个主要逻辑关系等效的简化系统图,建树的出发点不是真实系统图,而是简化系统图。

4) 确定系统故障判据

根据系统成功判据确定系统故障判据,只有故障判据确切,才能辨明什么是故障,进而正确确定引起故障的、直接的、必要且充分的全部原因。

5) 绘制故障树

建树时,先将顶事件符号作为第一行,在其下面并列写出导致顶事件发生的直接原因——硬件故障、软件故障、环境因素、人为因素等作为第二行,把它们用相应的符号表示出来,并用逻辑关系的逻辑门与顶事件相连接。如果还要分析导致这些故障事件发生的原因,则把导致第二行故障事件发生的直接原因作为第三行,用适当的逻辑门与第二行的故障事件相连接。按照这个线索步步深入,一直追溯到引起系统发生故障的全部原因,或其失效机理和概率分布都已知,因而不需继续分析其原因为止(此时故障事件称为底事件)。

8.3.5 故障树定性分析

故障树定性分析的目的在于寻找导致顶事件发生的原因和原因组合,即识别出导致顶事件发生的所有故障模式,定性分析可以帮助判明潜在故障,以便改进设计;也可以用于指导故障诊断,改进使用方案和维护方案。

1) 割集和最小割集

故障树的定性分析即求取系统故障树的所有最小割集。所谓割集就是故障树中一些底事件的集合,当这些事件同时发生时,顶事件必然发生。所谓最小割集就是故障树中一些底事件的组合,当这些底事件同时发生时,顶事件必然发生,若这些底事件中去掉任意一个顶事件将不再发生,则这个底事件组合就是最小割集。因此,最小割集的意义在于描绘了处于故障状态的系统必须要处理的基本故障,指出了系统中最薄弱的环节。

一个最小割集代表系统的一种故障模式,故障树定性分析的任务就是寻找故障树的全部最小割集。

2) 求最小割集的方法

求最小割集的方法有下行法和上行法两种。为了节省分析工作量,在工程分析中可以根据分析的需要略去阶数(割集中所含底事件的个数)大于指定值的所有最小割集以进行近似分析。

对进行过规范化和模块分解处理的故障树,自下而上逐步进行事件集合运算,将或门输出事件表示为输入事件的并(布尔和),将与门输出事件表示为输入事件的交(布尔积),向上层层代入,在逐步代入过程中或是在最后,按照布尔代数吸收率和幂等率来简化,将顶事件表示成底事件积的和之最简式,其中每一项对应于故障树的一个最小割集,全部项就是该故障树的全部最小割集。

这种算法沿故障树自上而下进行,即从顶事件开始,逐级向下寻查,找出割集。在下行过程中,顺次将逻辑门的输出事件置换为输入事件。遇到与门就将其输入事件排在同一行(取输入事件的交,即布尔积),遇到或门就将其输入事件各自排成一列(取输入事件的并,即布尔和),直到全部换成底事件为止,这样得到的底事件集合就是割集(即最后一列的每一行为一个割集),再通过两两比较,运用集合运算规则进行简化、吸收,得到故障树的全部最小割集。

3) 最小割集的比较

根据每个最小割集中所包含底事件的数目多少(也称阶数高低)排列顺序。在各个底事件发生故障概率比较小,而且差别相对不大的条件下,定性分析按如下原则进行。

(1) 阶数越小的最小割集越重要。

(2) 在低阶最小割集中出现的底事件比在高阶最小割集中出现的底事件重要。

(3) 在同阶最小割集中重复出现次数越多的底事件越重要。

(4) 在最小割集中阶数相同,底事件出现的次数也相同,还应在不同阶的最小割集中寻找,底事件出现次数越多的越重要。

8.3.6 故障树定量分析

FTA 中的定量分析在底事件发生概率已知的情况下求出顶事件的发生概率。在定量分析前应准备好底事件的故障数据,在定量分析中,应假设底事件故障之间是相互独立的。若某些底事件互相不独立,则应进行不独立事件所需的修正。

在进行故障树的定量计算时,可以通过底事件的发生概率直接求得顶事件的发生概率,也可采用精确解法和近似解法,通过最小割集求顶事件发生的概率。在实际工程中可以略去高阶最小割集以减少分析工作量,此方法仍适用于定量分析方法。

在进行故障树的定量分析时,一般要求进行以下几个假设。

1) 底事件之间相互独立

在定量分析中,应假定各个底事件的故障是相互独立的。若某些底事件互相不独立,则按照统计独立的假设进行计算时将出现工程上难以接受的误差,此时应参考其他专门文献进行不独立所需的修正。

2) 在进行定量计算前必须准备底事件的故障数据,求出故障树最小割集

在进行 FTA 的定量计算时,可以通过底事件的发生概率直接求得顶事件的发生概率,也可采用精确解法$(X_1, X_2, \cdots X_{i-1}, 1, X_{i+1}, \cdots X_n) \neq \Phi$ 和近似解法通过最小割集求顶事件发生的概率;若工程能够给出大部分底事件发生概率的数据,则应参照类似情况对少数缺乏数据的底事件给出估计值。若相当多的底事件缺乏数据且又不能给出恰当的估计值,则不应进行定量分析,只进行定性分析。

3) 在一般情况下,故障分析假设为指数分布

复杂系统的故障树定量计算一般是很繁杂的,特别是当故障不服从指数分布时,难以用解析法求得精确结果。这时可用蒙特卡罗仿真的方法进行估计。

(1) 完全不相交最小割集顶事件发生的概率。

假定已求出了故障树的全部最小割集$\{k_1, k_2, \cdots k_N\}$,并且假定在一个很短的时间间隔内不考虑同时发生两个或两个以上最小割集的概率,且各最小割集中没有重复出现的底事件,也就是假定最小割集之间是不相交的,则有

$$T = \Phi(\boldsymbol{X}) = U_{i=1}^{n} K_j(t) \qquad (8-4)$$

$$P\left[K_j(t)\right] = \prod_{i \in K_j} F_i(t) \qquad (8-5)$$

式中,$P\left[K_j(t)\right]$为在时刻t时,第j个最小割集存在的概率;$F_i(t)$为在时刻t时,第j个最小割集中第i个部件故障的概率。

所以,顶事件发生的概率为

$$P(T) = F_s(t) = P[\Phi(\boldsymbol{X})] = \sum_{j=1}^{N_k} \prod_{i \in K_j} F_i(t) \qquad (8-6)$$

式中,N_k为最小割集数。

(2) 相交最小割集顶事件发生的概率。

如底事件在最小割集中重复出现,也就是说最小割集之间是相交的,则从这样的最小割集计算顶事件发生的概率就必须用相容事件的概率公式。

$$P(T) = P(K_1 \bigcup K_2 \bigcup \cdots, \bigcup K_{NK})$$
$$= \sum_{i<j=2}^{N_k} P(K_i K_j) + \sum_{i<j<k=2}^{N_k} P(K_i K_j K_k) + (-1)^{N_k-1} P(K_1 K_2 K_{NK}) \qquad (8-7)$$

式中,K_i、K_j、K_k为第i、j、k个最小割集;N_k为最小割集数。

由上式可以看出,它共有$(2^{N_k}-1)$项,当最小割集足够大时,就会产生"组合爆炸"问题,即使大型计算机也难以胜任其计算工作。可将故障树结构函数的最小割集表达式化为不交化表达式,再求顶事件发生概率的精确解。不交化算法如下所示。

$$K_1 + K_2 + \cdots + K_m = K_1 + \overline{K_1}\{K_2 + \overline{K_2}[K_3 + \overline{K_3}(K_4 + \cdots \overline{K_{r-2}}(K_{r-1} + \overline{K_{r-1}}K_R))]\} \qquad (8-8)$$

也可采用如下公式:

$$K_1 + K_2 + \cdots + K_m = K_1 + \overline{K_1}K_2 + \overline{K_1}\,\overline{K_2}\,K_3 + \cdots + \overline{K_1}\,\overline{K_2}\cdots \overline{K_{m-1}}K_m \qquad (8-9)$$

式中,设 $K_i = X_1, X_2, \cdots, X_i$,则有

$$\overline{K_i} = \overline{(X_1 X_2 \cdots X_i)} = \overline{X_1} + X_1 \overline{X_2} + X_1 X_2 \overline{K_3} + \cdots + X_1 X_2 \cdots X_{i-1} \overline{K_i}$$

$$(8-10)$$

将式(8-9)、式(8-10)中的 K_i 和$\overline{K_i}$按定义和式(8-10)代入后展开即可得系统的不交化表达式。

式(8-8)是递推的,从最内括号开始,由内向外逐层打开括号,最后得到的每一项积相互间为不交集,而不交集和的概率就是各项概率的和。采用式(8-8),计算工作量小,但各项物理意义不明显。式(8-9)是非递推的,其计算量比式(8-8)大,但各项物理意义明显,当最小割集数不是很大时,常用式(8-9)作为不交化计算式。

8.3.7 概率重要度

重要度是 FTA 中的一个重要概念,对改进设计、制订维修策略十分有益。产品分析常用三种重要度,即概率重要度、结构重要度和相对概率重要度。对于不同的对象和要求,应采用不同的重要度。这些重要度从不同角度反映了部件对顶事件发生的影响大小。在工程中,重要度分析一般用于以下几个方面:

(1) 改进产品设计。

(2) 确定产品运行中需监测的部位。

(3) 确定产品故障诊断时核对清单的顺序。

概率重要度定义为当第 i 个元器件由正常状态转化为故障状态时,系统由正常转为故障状态的概率。

$$\Delta g_i(t) = \frac{\partial F_s(t)}{\partial F_i(t)} \qquad (8-11)$$

式中,$\Delta g_i(t)$为第 i 个元器件的概率重要度;$F_s(t)$为系统不可靠度函数;$F_i(t)$为元器件不可靠度函数。

1) 相对比重要度

相对比重要度就是系统不可靠度的变化与元器件的故障率变化之比。

$$I_i(t) = \frac{\lambda_i}{F_s(t)} \cdot \frac{\partial F_s(t)}{\partial \lambda_i} \qquad (8-12)$$

式中,$I_i(t)$为第 i 个元器件相对比重要度;$F_s(t)$为系统不可靠度函数;λ_i 为第 i 个元器件故障率。

2) 结构重要度

结构重要度就是第 i 个元器件在系统中所处位置的重要程度。

$$I_i^\Phi = \frac{1}{2^{N-1}} n_i^\Phi \qquad (8-13)$$

$$n_i^\Phi = \sum_{2^{N-1}} \left[\Phi(1_i, \boldsymbol{X}) - \Phi(0_i, \boldsymbol{X})\right] \qquad (8-14)$$

式中，$\left[\Phi(1_i, \boldsymbol{X}) - \Phi(0_i, \boldsymbol{X})\right]$ 为当系统中第 i 个元器件由正常状态变为故障状态，其他元器件故障状态不变时，系统结构函数的变化。I_i^Φ 为第 i 个元器件的结构重要度。

8.3.8 起落架收放系统 FTA 实例

本实例选择某民用飞机起落架收放系统作为分析研究对象。

1) 广泛收集、分析有关技术资料

（1）主起落架放下。将起落架手柄置于"放下"位置，液压油通过选择活门打开舱门。当舱门全开时，顺序活门开启，液压油控制锁作动筒开锁，锁机构联动关断活门，切断用于打开舱门的液压油路，使门在收放起落架的过程中保持不动，经过顺序活门的液压油到达侧支柱作动筒和收放作动筒，放下起落架。主起落架达到"放下"位置时靠机械触动使舱门操纵活门就位。液压油被引向下位锁，锁住起落架于"放下"位置。液压油也被引向舱门作动筒关舱门一边。

（2）主起落架应急放下：顺序为前起落架—左起落架—右起落架。以左起落架为例，将摇把插入鼓轮组，顺时针转三圈打开舱门锁。舱门落下，再将主起落架打开，主起落架在自重的作用下放下，待摇把返回中立位置后，再逆时针转三圈，起落架上锁。

2) 选择顶事件

故障树顶事件是系统最不希望发生的事件。对于民用飞机的起落架系统，最不允许发生、对安全影响最大的就是起落架不能放下或放下后未到位，这可能直接导致机毁人亡。因此，选择"主起落架不能放下锁住"作为故障树的顶事件。

3) 绘制故障树

（1）确定边界条件。顶事件：主起落架不能放下锁住。初始条件：起落架手柄置于"放下"位置，主起落架在收上位置，舱门关闭。不许可事件：传动机构不会因行程方面的问题引起故障，切断活门及几个机械阀不会卡住；导管和接头不会故障。主起落架的所有故障都是偶然发生的，不存在因磨损等原因引起的故障。

（2）建故障树。

经过边建树边简化，得到如图 8-3 所示的故障树，图中各底事件号码所代表的故障事件的含义如表 8-5 所示。

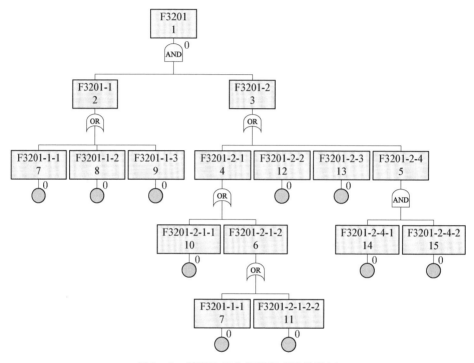

图 8-3　某型飞机主起落架系统故障树

表 8-5　故障事件的含义

事件号	故障树编号	事件名称
1	F3201	主起落架不能放下锁住
2	F3201-1	应急放时主起落架不能放下锁住
3	F3201-2	正常放时主起落架不能放下锁住
4	F3201-2-1	起落架锁打不开
5	F3201-2-4	作动筒故障
6	F3201-2-1-2	主起落架锁结构不动
7	F3201-1-1	主起落架锁机构卡住
8	F3201-1-2	应急放时舱门作动筒锁打不开
9	F3201-1-3	应急放时应急传动机构卡住
10	F3201-2-1-1	顺序活门内梭形活门卡住

事件号	故障树编号	事 件 名 称
11	F3201 - 2 - 1 - 2 - 2	主起落架锁作动筒故障
12	F3201 - 2 - 2	正常放时舱门作动筒锁打不开
13	F3201 - 2 - 3	舱门作动筒故障
14	F3201 - 2 - 4 - 1	主起落架收放作动筒故障
15	F3201 - 2 - 4 - 2	主起落架侧支柱作动筒故障

运用下行法进行分析,得到的最小割集为{7}、{8, 10}、{9, 10}、{8, 11}、{8, 12}、{8, 13}、{9, 11}、{9, 12}、{9, 13}、{8, 14, 15}、{9, 14, 15}。

分析这些最小割集可以发现,事件 8、9 在二阶最小割集中出现的次数较多,事件 7 组成单阶最小割集。因此,可以定性认为事件 7、8、9 是重要事件,在分析中应着重考虑。

收集到的系统工作 5 h 的故障树底事件的故障数据如表 8-6 所示。

表 8-6　故障树底事件故障数据

事件号	故障树编号	事件名称	概率
7	F3201 - 1 - 1	主起落架锁机构卡住	1×10^{-3}
8	F3201 - 1 - 2	应急放时舱门作动筒锁打不开	3.57×10^{-5}
9	F3201 - 1 - 3	应急放时应急传动机构卡住	1.25×10^{-5}
10	F3201 - 2 - 1 - 1	顺序活门内梭形活门卡住	1×10^{-16}
11	F3201 - 2 - 1 - 2 - 2	主起落架锁作动筒故障	1.25×10^{-5}
12	F3201 - 2 - 2	正常放时舱门作动筒锁打不开	7.15×10^{-5}
13	F3201 - 2 - 3	舱门作动筒故障	1×10^{-5}
14	F3201 - 2 - 4 - 1	主起落架收放作动筒故障	1.25×10^{-5}
15	F3201 - 2 - 4 - 2	主起落架侧支柱作动筒故障	1.25×10^{-5}

每个最小割集的概率为

$$P(K_1) = P(\{7\}) = 1 \times 10^{-3}$$

$$P(K_2) = P(\{8, 11\}) = 4.46 \times 10^{-10}$$

$$P(K_3) = P(\{8, 12\}) = 2.55 \times 10^{-11}$$

$$P(K_4) = P(\{8, 13\}) = 3.57 \times 10^{-10}$$

$$P(K_5) = P(\{9, 11\}) = 1.56 \times 10^{-10}$$

$$P(K_6) = P(\{9, 12\}) = 8.94 \times 10^{-10}$$

$$P(K_7) = P(\{9, 13\}) = 1.25 \times 10^{-10}$$

$$P(K_8) = P(\{8, 14, 15\}) = 5.58 \times 10^{-15}$$

$$P(K_9) = P(\{9, 14, 15\}) = 1.95 \times 10^{-15}$$

$$P(K_{10}) = P(\{8, 10\}) = 3.57 \times 10^{-21}$$

$$P(K_{11}) = P(\{9, 10\}) = 1.25 \times 10^{-21}$$

在最小割集中,由于 K_{10}、K_{11} 发生的概率较小,因此可以考虑删去。根据近似计算顶事件发生的概率公式,计算结果如下所示。

$$P(T) = \sum_{i=1}^{9} P(K_i) = 4.53 \times 10^{-9}$$

上述计算为系统工作 5 h 时,顶事件发生的概率,其值为 4.53×10^{-9},还可算出系统工作 1 h 时顶事件发生的概率为 9.06×10^{-10}。由于起落架工作时间比飞机工作时间少得多,因此每飞行小时顶事件发生概率取值为 9.06×10^{-10} 是偏保守的。又如该飞机飞行 1 h 相当于起落一次,故每次起落顶事件发生的概率也为 9.06×10^{-10}。

4) 选择顶事件

(1) 根据适航要求,灾难性故障每飞行小时发生的概率应小于 1×10^{-9},民用飞机一个主起落架不能放下锁住就会引起机毁人亡的灾难性事件,故其最小可接受概率为 1×10^{-9}/飞行小时。本例得出一个主起落架不能放下锁住的概率为 9.06×10^{-10},小于 1×10^{-9}/飞行小时,因此可以接受。因该飞机起落架经历一个飞行小时相当于一个起落,也可认为 9.06×10^{-10}/起落是可以接受的。

(2) 从定性分析最小割集的结果来看,该飞机起落架锁机构是否卡住在设计中应着重考虑。

(3) 由定量分析,即概率重要度计算结果看来,如果"一个主起落架不能放下锁住"故障状态概率不能满足适航要求(事实上能够满足适航要求),则应先考虑改进舱门作动筒锁的正常开和应急开的可靠性;再考虑改进应急传动机构的可靠性。

8.4 可靠性关键项目分析

确定可靠性关键部件是为了通过分析可靠性薄弱项目,为可靠性分析和设计优化提供参考,逐步提高整机可靠性水平。

确定可靠性薄弱项目可以从设计阶段和运营阶段分析。在设计阶段,各系统的可靠性薄弱项目可以根据以下原则确定。

（1）采用 FMEA 和可靠性关键部件判别矩阵，对其进行可靠性关键部件分析。

借助如图 8-4 所示的判别矩阵，比较部件的故障模式，以确定采取纠正措施的先后顺序，离原点越远，危害性越大。凡故障模式落在矩阵图中阴影区的部件都确认为可靠性关键部件，应采取措施降低其危害性。对于无法降低危害性的部分部件应填入可靠性关键部件清单，并对其可靠性进行重点控制。

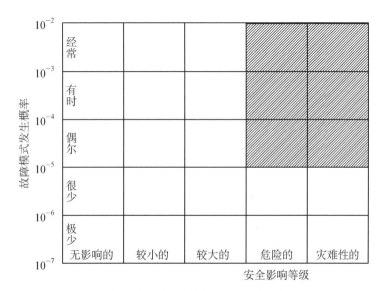

图 8-4 可靠性关键部件判别矩阵

根据故障模式发生的概率确定危害度类别。在尚未获得故障率数据的情况下，采用定性法确定故障模式发生概率的等级，等级的划分如表 8-7 所示。

表 8-7 危害度等级划分

危害度定义	按下列规定定义故障模式发生概率		
	机群	产品工作期间	产品工作期间故障模式发生概率
经常发生	接连发生	经常发生	单个故障模式发生概率大于产品在该期间内总故障概率的 20%
有时发生	发生较频繁	发生几次	单个故障模式发生概率大于产品在该期间内总故障概率的 10%，但小于 20%

（续表）

危害度定义	按下列规定定义故障模式发生概率		
	机群	产品工作期间	产品工作期间故障模式发生概率
偶然发生	发生几次	不大可能发生	单个故障模式发生概率大于产品在该期间内总故障概率的1%,但小于10%
很少发生	发生可能性很小	不大可能发生甚至不会发生	单个故障模式发生概率大于产品在该期间内总故障概率的0.1%,但小于1%
极少发生	几乎不可能发生,甚至可以不加以说明	发生概率基本为零	单个故障模式发生概率小于产品在该期间内总故障概率的0.1%

（2）从经济角度考虑选出影响 DR 的部件,同时考虑设备是否属于 MMEL。

（3）可靠性指标较低的设备。在设计阶段,根据飞机各系统的可靠性预计报告和 FMEA 报告,综合评价各系统部件的 MTBF、安全性影响等级以及对 DR 的影响水平,筛选出各系统可靠性水平较低、对可靠性影响较大的设备清单。

在运营阶段,根据运营阶段的故障数据,梳理发生重复性故障的设备,各系统的可靠性关键项目可以根据以下原则确定。

（1）故障次数较多的设备。

（2）实际运营可靠性指标 MTBF 较低的设备。

（3）发生故障导致影响飞机运营的设备。

8.5 符合性检查表法

8.5.1 符合性检查对象

可靠性设计符合性检查按照系统开展检查工作,及时发现、分析、处理各系统偏离可靠性设计要求的可靠性设计工作,对其进行有效监督与控制。

可靠性设计要求分为定性要求和定量要求,定量要求主要通过本章所述符合性检查,检查对象主要为可靠性设计中产生的通用可靠性定性设计要求、各系统可靠性定性要求、典型零件可靠性设计要求。

8.5.2 符合性检查方法

1) 符合性检查流程

符合性检查是以飞机可靠性设计准则为依据,检查各系统和供应商在可靠性设计中是否贯彻了可靠性设计准则要求,并针对不符合项提出改进措施,使飞机可靠性设计不断迭代完善。符合性检查的基本工作流程如图8-5所示。

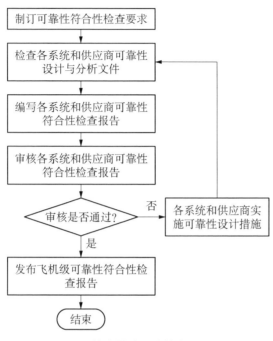

图8-5 符合性检查的基本工作流程

(1) 制订可靠性符合性检查要求。根据可靠性工作计划和可靠性设计准则,按照ATA章节所划分的系统开展检查工作,确定可靠性符合性检查的时间、人员安排、检查项目清单和具体检查流程。编制可靠性符合性检查单和检查报告模板,形成可靠性符合性检查要求文件。

(2) 检查各系统和供应商可靠性设计与分析文件。按照可靠性设计准则通用要求检查系统可靠性设计文件,按照可靠性设计准则详细要求检查系统与供应商可靠性设计、分析文件。

(3) 编写各系统和供应商可靠性符合性检查报告。各系统和供应商填写可靠性设计符合性检查表,编制检查报告,形成系统可靠性符合性检查报告和供应商可靠性符合性检查报告。

(4) 审核各系统和供应商可靠性符合性检查报告。可靠性工程师对各系统和供应商可靠性符合性检查报告进行审核,将审核意见反馈至系统和供应商。各系统和供应商根据审核意见制订并实施可靠性设计改进措施。

（5）发布飞机级可靠性符合性检查报告。对各系统和供应商可靠性符合性检查报告进行汇总，并对飞机级可靠性设计文件进行检查，发布飞机级可靠性符合性检查报告。

2) 符合性检查表

飞机可靠性符合性检查采用符合性检查表的形式，如表 8-8 所示。

表 8-8　飞机可靠性符合性检查表

系统所属部门			
子系统专业(ATA XX)			
供应商			
日期			
序号	可靠性设计准则详细要求	所采取的设计措施	备注
1			
2			
3			
4			
5			
6			
系统专业室主管签字			
可靠性专业室主管签字			

3) 符合性检查报告

各系统可靠性设计符合性检查报告应对系统、子系统基本架构、功能、原理等基本内容进行简介，详细介绍系统设计所开展的可靠性设计、分析工作，比对飞机可靠性设计准则进行符合性检查，完成可靠性设计符合性检查表。

飞机可靠性设计符合性检查报告模板如下所示。

（1）范围。

（2）依据性文件。

（3）引用文件。

（4）缩略语。

（5）系统概述。

a. 子系统 1：架构、功能、原理。

b. 子系统 2。

c. 子系统 3。

（6）系统设计中开展的可靠性工作。

a. 可靠性设计工作。

b. 可靠性分析工作。

（7）可靠性设计符合性检查。

8.5.3　符合性检查示例

符合性检查示例如表 8-9 所示。

表 8-9　符合性检查示例

系统所属部门			
子系统专业（ATA XX）			
供应商			
日期			
序号	可靠性设计准则详细要求	所采取的设计措施	备注
1	通信系统无线电设备的安装应为空勤人员在飞行中使用提供最佳的操作状态，控制器应清晰可见，指示应易于判断	通信系统为空勤人员提供的安装在中央操纵台上的三套音频控制板和三套调谐控制板均能清晰可见且易于操作；设备界面简单易懂、各项操作指令均易于空勤人员判断	
2	设计应使控制器便于操作，而且使误用的可能性减至最小	通信系统安装在中央操纵台上的三套音频控制板和三套调谐控制板均能够清晰可见且易于操作；同时设备各项操作指令均有自检功能且需按压对应行选键方能执行，防止误操作	
3	通信系统每一条线路的安装位置都应保证一条线路在事故中遭到破坏时，其他的余度线路不会同时遭到破坏	通信系统已发布的布线需求文件提出各设备线路的冗余要求：保证一条线路在事故中遭到破坏时，其他的余度线路不会同时遭到破坏	
4	通信系统的主要功能部件都应有状态显示，以监视系统的工作	通信系统的主要设备均自动向机组告警系统与机载维护系统报告自身状态并通过 EICAS 显示器显示	

（续表）

序号	可靠性设计准则详细要求	所采取的设计措施	备注
5	无线电设备的设计和安装应考虑各通道、波段间的相互干扰，并应采取防干扰措施	通信系统无线电设备在安装时已考虑通道、波段间的相互干扰。其中，甚高频收发机与 GPS 天线的位置间隔大于 7.62 m，与 GPS 接收机的位置间隔大于 1 m。增强型飞行数据记录器与驾驶舱备用磁罗盘的位置间隔大于 3 m	
6	设计应考虑电磁兼容，应采取措施排除或抑制电磁及其噪声对电路、元器件等的干扰	通信系统设计已考虑电磁兼容，不会对电路、元器件造成干扰	
系统专业室主管签字			
可靠性专业室主管签字			

9　可靠性试验

9.1　引言

可靠性试验是通过施加典型环境应力和工作载荷的方式,用于提出产品早期的缺陷和增长或测试产品可靠性水平、检验产品可靠性指标、评估产品寿命指标的一种有效手段。

可靠性试验是可靠性活动实施过程中的重要环节,产品是否适应预定的环境和满足可靠性指标,必须通过可靠性试验进行确认或考察。通过试验暴露产品在设计和工艺中存在的问题,通过故障分析确定主要的故障模式和发生原因,进而采取改进措施。因此,可靠性试验不仅是可靠性活动的重要环节,而且是进一步提高产品可靠性的有效措施。可靠性试验主要有以下三方面的作用。

（1）发现产品在设计、元器件、零部件、原材料和工艺等方面的各种缺陷。产品的可靠性是设计出来的,因此实现产品可靠性的关键是充分利用各种可靠性设计和分析技术对产品进行严格设计。但即便是经验丰富、功底深厚的设计师设计的产品也难免存在缺陷,经验表明,大约有 70% 左右的设计缺陷要通过对样件进行试验找出,可见产品在可靠性设计后存在的设计缺陷主要通过可靠性试验发现,为改进设计提供信息。整个产品设计完善的过程实际上是 TAAF 过程相结合的、反复迭代的过程。可靠性试验对于发现产品的缺陷具有不可替代的作用。

（2）确认是否符合可靠性定量要求或评价产品的可靠性水平。从确定可靠性是否符合合同要求和了解在产品研制过程中可靠性变化情况以进行相应决策的需要出发,验证研制产品的可靠性水平是一件必不可少的基本工作。在对产品进行设计定型或工艺定型时,必须知道产品的可靠性水平是否符合合同中的规定值或最低可接受值,以便为做出通过设计定型转入批生产的决策提供依据。

同样,在产品投入批生产以后,对拟出厂的产品也要抽样进行可靠性试验,以防止受制造和工艺过程偏离的影响而无法将达到可靠性要求的产品交付用户。

(3) 提供其他各种有用信息。试验是获取产品信息的过程,通过各种可靠性试验可以获取产品对应的响应特性信息、产品薄弱环节信息、产品性能变化趋势、产品寿命信息等。这些信息能够使人们对产品特性有更为全面的了解,从而有助于产品的全面评估和改善、其他使用环境的选择和确定、产品研制过程后续试验大纲的设计、产品的备件和维修计划制订、保障资源的分配以及后续产品的研制。

9.2　可靠性试验项目

可靠性试验是在产品研制和生产过程中完善产品设计、评价和考核产品的可靠性水平是否符合要求的必不可少的手段。国内外军机产品均采用传统的可靠性鉴定和验收试验验证产品的可靠性水平,GJB 450A《装备可靠性工作通用要求》中列出了 7 个可靠性试验与评价系统的工作项目,如图 9‐1 所示。这些试验的目的、适用对象和适用阶段如表 9‐1 所示。

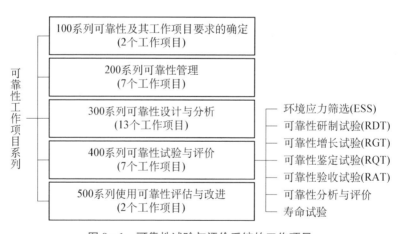

图 9‐1　可靠性试验与评价系统的工作项目

9.3　可靠性试验分类

按试验场地、施加应力原则、试验目的和性质等各种不同的分类原则,可将可靠性试验分为不同的类别,如图 9‐2 所示。

表 9-1　可靠性试验的目的、适用对象和适用阶段

序号	试验名称		目的	适用对象	样本量	适用阶段
1	环境应力筛选		在产品交付使用前发现和排除由不良元器件、制造工艺和其他原因引入的缺陷造成的早期故障	主要适用于电子产品，也可用于电气、机电、光电和电化学产品	所有产品	产品的研制阶段、生产阶段和产品出厂前
2	可靠性研制试验	可靠性增长摸底试验	通过对产品施加适当的环境应力和工作载荷，寻找产品中的缺陷，以改进设计，提高产品的固有可靠性水平	适用于电子、电气、机电、光电、电化学产品和机械产品	1~2件	产品研制阶段的前期和中期
		可靠性强化试验			至少3件	
3	可靠性增长试验		通过对产品施加模拟实际使用环境的综合环境应力，暴露产品中的潜在缺陷，并采取纠正措施，使产品的可靠性达到规定的要求	适用于电子、电气、机电、光电、电化学产品和机械产品	1件	产品研制阶段的中后期
4	可靠性验证试验	可靠性鉴定试验	验证产品的设计是否达到规定的可靠性要求	适用于电子、电气、机电、光电、电化学产品和成败型产品	随机抽样	产品设计定型阶段
		可靠性验收试验	验证批生产产品的可靠性是否保持在规定的水平上			产品批生产阶段
5	寿命试验		验证产品在规定条件下的使用寿命、储存寿命是否达到规定的要求	适用于有使用寿命和储存寿命要求的各类产品	至少2件	产品设计定型阶段、试用阶段和使用阶段

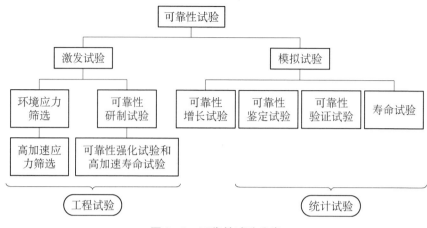

图 9 - 2　可靠性试验分类

9.3.1　按试验场地分类

按试验场地分类,可靠性试验可分为实验室可靠性试验(简称实验室试验)和现场使用可靠性试验(简称现场使用试验)。实验室试验是在实验室中模拟实际使用产品的环境条件,或实施预先规定的工作应力与环境应力的一种试验。现场使用试验是现场使用产品时收集数据和评估产品可靠性的一种试验。

现场使用试验是在真实的现场环境中进行的,其环境应力、复杂程度、接口、操作、维修及测量和记录等各因素均较真实,试验结果更准确。由于环境应力无法控制,导致试验的实施比较困难,且不能为产品设计改进提供参考,因此目前实施的可靠性试验项目均为实验室试验。

9.3.2　按施加应力原则分类

按照施加应力原则,可将可靠性试验分为激发试验和模拟试验。

激发试验是指不模拟实际使用环境的加速应力试验。通过施加应力使产品内部的潜在缺陷加速发展变成故障,进而检测出来,从而为修改设计和工艺提供信息。环境应力筛选和可靠性研制试验属于激发试验。

模拟试验是指施加的环境应力模拟真实环境应力的大小、时序和时间比例的试验。通过对产品施加这种应力并统计产品在这种应力作用下的故障情况,验证和评估产品的可靠性水平。可靠性鉴定试验、可靠性验收试验和可靠性增长试验均属于模拟试验的范畴。

9.3.3 按试验目的和性质分类

按照试验的目的和性质,可将可靠性试验分为工程试验和统计试验。

工程试验的目的是暴露故障并加以排除,包括环境应力筛选、可靠性研制试验、可靠性增长试验、高加速应力试验等。发现受试产品故障等于找到了对产品进行改进设计或修理的机会,因此工程试验是一种使产品增值的试验,是可靠性试验的重点。

统计试验的目的是为了验证产品的可靠性或寿命是否达到了规定的要求,包括可靠性鉴定试验、可靠性验收试验、寿命试验等。由于产品的可靠性指标确实存在但难以真正获得,因此只能应用统计的方法估计产品可靠性指标真值的范围。可靠性鉴定试验和可靠性验收试验又称为可靠性验证试验。

9.4 环境应力筛选

环境应力筛选(environmental stress screening,ESS)是一种通过向电子产品施加合理的环境应力和电应力,使其内部的潜在缺陷加速发展成为故障,以发现和剔除制造过程中的不良零部件、元器件和工艺缺陷的过程。它迫使存在于产品中会变成早期故障的缺陷提前变成故障,以便在产品投入使用前就加以剔除,从而保障产品在设计过程中获得的高可靠性不因制造过程而降低,并对产品的质量和可靠性进行持续监控。

ESS是一种工艺手段,主要适用于电子产品,包括电路板、组件和设备层次,也可用于电气、机电、光电和电化学产品,不适用于机械产品。ESS通常用于产品的研制和生产阶段及大修过程。在研制阶段,ESS可作为可靠性增长试验和可靠性鉴定试验的预处理手段,用以剔除产品的早期故障并提高这些试验的效率和结果的准确性。生产阶段和大修过程可作为出厂前的常规检验手段,用以剔除产品的早期故障,如图9-3所示。

9.4.1 ESS 的基本特性

1) 工艺性

ESS是一种工艺,而不是一种试验。制造、装配过程的各个环节都有可能引入潜在缺陷,而在不同组装等级下用来暴露潜在缺陷的应力水平也各不相同。例如,元器件级的筛选不能暴露板级故障,而板级的筛选应力有所下降,也不能完全暴露元器件级的故障。因此,在费效比和时间允许的条件下,ESS应贯穿电子产品生产过程的各个组件级别。可见,ESS实际上是制造过程中检验工作的

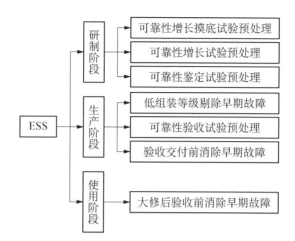

图 9-3　ESS 在产品寿命周期各阶段的用途

延伸，是制造过程中使用的一种剔除制造缺陷的工艺手段。

2）全数检验

产品缺陷可能在制造过程的任何环节引入，具有随机性。同批次产品中部分产品完好并不能证明所有产品均无缺陷。因此，在各个组装等级上进行的筛选应该针对全部产品进行，而不是抽样检验，只有这样才能充分筛选出所有存在缺陷的产品。以故障形式表现和暴露出来的缺陷越多，筛选越有效。

3）加速性

ESS 的目的是快速激发出产品的潜在缺陷，暴露可能发生的早期故障。如果采用产品正常的工作应力，那么通常需要经过很长的时间才能激发产品缺陷，这是现代产品的工期和生产成本要求都不能接受的。因此，必须采取超过产品正常工作应力水平的加速环境应力开展产品的筛选工作，同时还要保障产品不受到过应力，以免损坏好的部分或引入新的缺陷。通过加速环境应力，可把原来在产品使用寿命周期内可能发生的故障在相对短的时间内激发。

ESS 的应力主要取决于受筛选产品对应力的响应，而不仅是该应力的输入。应当在了解与产品设计极限有关的响应特性后确定筛选应力，这是因为筛选的有效性是由产品对施加应力的响应特性确定的，而不是单纯由应力输入确定的。

4）不通用性

ESS 的对象是多元化的。不仅电子设备要求进行筛选，机电、光电设备也要求将筛选作为一种工艺，对不同级别的产品筛选方案也各不相同。通常，不同产品对环境应力的响应是不同的，几乎不可能存在一种应力使所有产品都获得最佳筛选效果。在工程实践中,常存在对具体产品的筛选大纲设计不当,使产品筛选效果不明显、费效比低的情况。因此,需要根据每种产品的特征,为其指定合适的环境筛选方案和应力水平。

5) 动态性

在 ESS 过程中,生产工艺、组装技术和操作熟练程度是随着生产的进展而不断完善和成熟的,在各个筛选级别存在的缺陷数量、类型和分布情况也都随着生产过程而不断变化。因此,生产之初确定的筛选方案可能会不再适用,需要根据生产过程动态调整。

通常,应该持续评估各阶段的筛选有效性,以某等级和状态下能将已知缺陷完全暴露的筛选方案为基准,根据产品在不同阶段或同阶段不同状态下的特征动态改变筛选流程和条件。在条件允许时,可以对相似生产条件下同类产品的历史现场故障数据进行统计分析,制订适当调整环境应力筛选的条件。

9.4.2　产品各组装等级的 ESS

应尽量在每一组装层次上都进行 ESS,例如电子产品,应在元器件、组件和设备等各组装层次上进行,以剔除在将低层次产品组装成高层次产品过程中引入的缺陷和接口方面的缺陷。这是因为在将低组装等级的产品组装成高一级产品时,增加了外购件及组装工艺,会引入新的缺陷。对于任何一个高一级的筛选,虽然能部分替代低一级组件上的筛选,但筛选效率将降低,且筛选成本大大提高。大型电子产品应优先考虑在较低级别上进行筛选。

在制订筛选大纲时,应考虑每一组装等级,并从技术效果、费用效果以及故障可测试性等方面进行评估,做出决策。只要有可能,则在各组装等级上均应进行 100% 的 ESS。

9.4.3　环境应力的选取

ESS 施加于产品的应力主要用于激发故障,而不是模拟使用环境。根据以往的实践经验,不是所有应力在激发产品内部缺陷方面都特别有效,因此通常仅用几种典型应力进行筛选。

典型的 ESS 应力有恒定高温、温度循环(可细分为慢速温变和快速温变)、温度冲击和扫频振动,随机振动以及组合应力等。温度循环加随机振动的组合方法的筛选效果最好,但其费用也是最高的。GJB 1032—1990 和 GJB/Z 34—1993 中对各种筛选方法有详细的介绍。

9.4.4 ESS 方法

ESS 可分为常规筛选、定量筛选和高加速应力筛选。

1) 常规筛选

常规筛选是目前应用最广泛的筛选方法，它以剔除早期故障为目标，不要求筛选结果与产品可靠性目标和成本阈值建立定量关系。典型的常规筛选标准有 GJB 1032—1990《电子产品环境应力筛选方法》（对应美军标准 MIL‐STD‐2164）、QJ 3138—2001《航天产品环境应力筛选指南》、HB/Z 213—1992《机载电子设备环境应力筛选指南》（对应 IES 组件环境应力筛选指南和美军标 MIL‐HDBK‐2164A《电子设备环境应力筛选工序》等）。这些标准已经在工程实践中得到广泛应用，对提高产品可靠性发挥了重要作用。

2) 定量筛选

定量筛选主要参考 GJB/Z 34—1993《电子产品定量环境应力筛选指南》和 MIL‐HDBK‐344A《电子设备环境应力筛选》这两个标准。定量筛选要求筛选效果和成本与产品的可靠性目标、现场故障修理费用之间建立定量关系。定量筛选要对引入缺陷密度、筛选检出度、残留缺陷密度这 3 个变量进行评估。采用定量筛选的好处是能够根据产品的结构特点和可靠性要求，适当地调整筛选组装等级和筛选应力，而且筛选后产品的可靠性水平与可靠性要求能够保持一致。定量筛选的约束条件较多，如计算引入缺陷密度和残留缺陷密度、评估筛选检出度等，需要经验丰富的 ESS 专家以及元器件缺陷率和工艺缺陷率等基础数据。

3) 高加速应力筛选

HASS 是在 HALT 和增强 ESS 理论的基础上发展起来的，采用远大于常规 ESS 的应力，加速产品缺陷的暴露所需的时间比常规 ESS 短得多，详细内容见 9.9.5 节。

9.5 可靠性研制试验

可靠性研制试验（reliability development test，RDT）通过向受试产品施加应力，将产品中存在的材料、元器件、设计和工艺缺陷激发成故障，进行故障分析定位后，采取纠正措施加以排除。它的目的是通过对产品施加适当的环境应力和工作载荷，寻找产品中的设计缺陷，以改进设计，提高产品的固有可靠性水平，使产品尽快达到规定的可靠性要求。RDT 本质上是一个 TAAF 过程。

RDT 一般包括可靠性强化试验和可靠性增长摸底试验，也包括结合性能试验、环境试验而开展的可靠性研制试验。本书只涉及其中的可靠性增长摸底试验和可靠性强化试验。

9.5.1 可靠性研制试验的特点

1) 根本目的是暴露缺陷

RDT 主要为了暴露缺陷并采取纠正措施,更改设计,其核心理念是提高产品的鲁棒性,因此越早开展效果越好。一般在研制阶段初期或中期前开展,而且可以没有定量的可靠性目标要求。可靠性增长试验则有增长目标的要求,还要根据试验结果定量计算试验结束时产品的可靠性水平和评价是否达到增长目标。

2) 试验方法无强制性要求

由于 RDT 的目的就是发现缺陷,改进设计,使产品可靠性提高,因此,只要能够达到这一目的,试验方法是不限的,既可以是模拟试验也可以是激发试验,甚至还可以两种方法相结合。国外在研制阶段多采用加速试验充分暴露缺陷,我国在型号上最常采用的是可靠性增长摸底试验。

3) 试验对象无明确限制

基于 RDT 的上述目的,任何希望提高可靠性的产品都可以开展此项试验,合同中大多也不会规定哪些产品必须完成此项试验,也不限制受试产品的级别。

4) 可以和研制阶段的其他试验结合进行

RDT 用来激发产品的设计缺陷,是工程研制试验的一部分,因此在规划时应尽可能结合其他研制试验一起进行。例如,它和环境适应性研制试验关系密切,试验结果对提高环境适应性和可靠性有相同的影响,因此一般适宜结合进行。

5) 试验时机无明确规定

RDT 可以在研制阶段的任何时间进行,没有明确规定,但通常在产品首次装备试用前(如飞机首飞前)完成更有意义。

9.5.2 可靠性增长摸底试验

可靠性增长摸底试验是根据我国国情开展的一种可靠性研制试验,它是一种以可靠性增长为目的,但没有增长模型,也不确定增长目标值的短时间可靠性摸底试验。其试验目的是在模拟实际使用的综合环境应力条件下,用较短的时间和较少的费用,暴露产品的潜在缺陷,并及时采取纠正措施,使产品的可靠性得到增长。由于试验时间较短,因此一般不用于评估产品的可靠性指标,但能为产品以后的可靠性工作提供信息。

1) 受试产品

可靠性增长摸底试验应以较为复杂的、重要度较高的、无继承性的新研或改型电子产品为主要对象。受试产品应具备产品规范要求的功能和性能。它在设计、材料、结构和布局以及工艺等方面应能基本反映将来生产的产品的特性。

2) 试验时间

根据我国目前产品可靠性水平及工程经验,通常可靠性增长摸底试验时间取 100～200 h 较为合适;亦可根据产品特点确定试验时间。

3) 试验剖面

应尽量模拟产品实际使用条件制订试验剖面,包括环境条件、工作条件和使用维护条件。

9.5.3 可靠性强化试验

现代电子产品通常呈现可靠性高、研制和生产周期短的特点,而传统的环境模拟试验的试验时间往往是 MTBF 的若干倍,对可靠性指标要求较高的产品,试验时间长且费用昂贵。因此,快速有效且满足现代电子产品可靠性发展需求的可靠性强化试验方式已成为我国电子产品设计阶段可靠性工作的迫切需求。

20 世纪 80 年代后期,美国的 Gregg K. Hobbs 在强化设计理论的基础上提出了 HALT,又称为可靠性强化试验(reliability enhancement tes,RET),详细内容见 9.9.4 节。

9.6 可靠性增长试验

可靠性增长试验(reliability growth test,RGT)是为了暴露产品的薄弱环节,有计划、有目标地对产品施加模拟实际环境的综合环境应力及工作应力,以激发故障,分析故障,改进设计和工艺,并验证改进措施有效性而进行的试验。

根据定义,RGT 有 3 个层次的内涵。第一,RGT 是一个有目标、有计划的可靠性工作项目;第二,RGT 是一系列的 TAAF 活动,这一系列的 TAAF 活动组成了产品可靠性增长的迭代过程;第三,在这个过程中,产品应处在实际使用环境或模拟实际环境条件下,这样才能暴露由于设计与制造薄弱环节引起的系统性故障模式和潜在的故障隐患,并据此开展故障分析,确定故障原因,针对故障模式、故障原因采取相应的纠正措施,消除薄弱环节。

9.6.1 适用对象

由于 RGT 要求采用综合环境条件,需要综合试验设备,试验时间长,需要投入较大的资源,因此一般只对有定量可靠性要求、任务或安全关键的、新技术含量高且增长试验所需的时间和经费可以接受的电子产品进行。受试产品的具体原则可参照下列原则。

(1) 对飞机安全性及运营等有重大影响的产品。

(2) 新研重要度较高的、较为复杂和关键的、缺乏继承性的产品或重大技术更改后的产品。

(3) 对飞机的可靠性指标影响较大的产品。

(4) 在研制阶段暴露问题较多的产品。

9.6.2 试验时间

试验需要的总时间取决于可靠性增长模型、工程经验及对产品的可靠性要求。它是受试产品从现阶段开始,增长到可靠性目标值的最长试验时间。在一般情况下,当 MTBF 的要求值为 $50\sim200$ h 时,试验时间为要求值的 $5\sim25$ 倍;当 MTBF 的要求值为 2 000 h 时,总的试验时间至少应该是 MTBF 值的 1 倍。

在试验过程中,若没有出现故障,则可以允许在总试验时间内的某一时刻采取定时截尾。例如当试验进行到某一时刻,时间已达到 MTBF 值的 2.5 倍时,故障数仍为 0,则可以 90% 的置信水平确信受试产品的 MTBF 已达到了要求值,从而提前结束试验。应注意,总试验时间过低将会增大 RGT 达不到预期增长目标的风险。

9.6.3 受试产品

RGT 的受试产品应满足如下要求。

(1) 受试产品的技术状态应尽可能接近产品进行可靠性鉴定试验时的技术状态。

(2) 受试产品应具备产品规范要求的功能和性能。

(3) 受试产品应已开展可靠性预计,且最好预计值大于可靠性规定值。

(4) 试验前应开展 FMEA 工作,以便在试验中发生故障时有助于故障定位。

(5) 受试产品在试验前应通过 ESS,同批产品应完成规定的环境试验项目。

9.6.4 故障分类

在 RGT 中,对故障采取纠正措施十分重要,可以达到可靠性增长的目的。在可靠性试验期间出现的所有故障都应按 GJB 451A 分为关联故障和非关联故障。对于可靠性增长试验中诱发的关联故障,受到技术条件与研制经费等的限制,不一定都加以纠正,而且在满足可靠性增长目标的前提下,也并不要求所有的关联故障都必须纠正。因此,按是否采取纠正措施划分,可分为 A 类故障和 B 类故障。

A 类故障是指由于费用、时间、技术上的限制或其他原因,确定为不进行纠正的系统性故障;B 类故障是指确定需要进行纠正的系统性故障。在增长管理中,在判断一个系统性故障归属于 A 类故障或 B 类故障时,应综合考虑以下因素:

(1) 故障的危害度。

(2) 消除故障源的技术难度与费用。

(3) 对达到可靠性目标的影响。

A 类故障和 B 类故障的划分不是绝对的。随着技术水平等的提高,在研制周期的某个阶段定义为 A 类的故障,在另一个阶段可能会定义为 B 类;在阶段增长过程中,增长目标不同也可能导致某些 A 类故障转换成 B 类故障。

9.6.5 可靠性增长目标的确定

通常,增长目标是由合同或者研制任务书规定的。为了能够高概率地通过可靠性鉴定试验,可靠性增长的目标值 θ_F 应当稍高于合同或研制任务书中的规定值。如果合同和研制任务书没有具体规定,那么可综合考虑同类产品的国内外水平、产品的固有可靠性、产品的可靠性预计值以及产品的增长潜力等各种因素确定增长目标。

1) 产品成熟期的固有可靠性

产品成熟期的固有可靠性是指产品在不断改进的情况下达到成熟时,在技术上预期能达到的可靠性值。成熟期固有可靠性由两部分决定:一部分是全部残余性失效和降低失效率成本过高的系统性失效;另一部分是经过可靠性增长后,已经降到最低失效率的系统性失效。

2) 产品的可靠性预计值

(1) 在理想情况下,产品的可靠性预计值 θ_P 能够准确地反映产品成熟期固有可靠性。对于电子类产品,虽然有较充足的预计资料,但工程实践表明,由于元器件的质量水平、工艺条件和产品的环境工作条件等因素的影响,因此可靠性预计值与产品成熟期固有可靠性有较大差别。对于机械类产品(包括机电、机液产品),由于缺乏预计用的资料,因此更难达到理想情况。

(2)鉴于这种情况,为减少风险,通常要求可靠性预计值高于增长目标。经验上要求

$$\theta_P \geqslant 1.25\theta_F \tag{9-1}$$

3) 产品的可靠性增长潜力

产品的可靠性增长潜力 θ_{GP} 是产品在特定的增长管理策略下能达到的最大可靠性值。特定的增长管理策略是指在产品增长过程中对暴露出来的失效采取的具体决策,如下所示。

(1)该失效是残缺性失效还是系统性失效,是 A 类失效还是 B 类失效。

(2)若属于 B 类失效,则其纠正有效性系数为多少。

如果增长管理策略完善,则所有能经济地纠正的失效都得以暴露并归为 B 类失效,从而得到有效纠正,此时,产品的可靠性增长潜力与产品的固有可靠性相等。但是在增长过程中,系统性失效不一定能够全部暴露出来,而且在管理策略上将某个失效归为 B 类失效时,除考虑经济合理性以外,还要考虑日历时间和失效纠正的技术难度等,因此,可靠性增长潜力通常比成熟期固有可靠性低。

一般来说,增长目标 θ_F 略低于增长潜力 θ_{GP},即

$$\theta_F < \theta_{GP} \tag{9-2}$$

9.6.6 可靠性增长模型

在产品可靠性增长过程中,为了估算当前可靠性和预测将来可达到的可靠性水平,确定 RGT 时间和增长速度,需要建立可靠性增长模型。目前,较为成熟且应用广泛的模型是杜安模型和 AMSAA 模型。这两种模型适用于许多电子和机电产品的可靠性增长。

杜安模型用于在任一时间(区间)内,持续不断地进行可靠性改进工作,产品的累积故障数与累积时间符合函数关系;AMSAA 模型是在杜安模型的基础上提出的一个改进模型。AMSAA 模型假设在特定的试验阶段,每次故障发生后都对产品进行改进,即找出故障原因,消除故障,然后再继续试验,在此条件下其累积故障数 N 服从非齐次泊松过程。

按杜安模型与 AMSAA 模型开展的 RGT 方案适用于有条件按可靠性增长计划进行较长时间的增长试验,能观测到若干个故障数的情况。杜安模型便于试验的计划安排,AMSAA 模型适合对试验进行跟踪和数据处理,两者结合就形成了 RGT 设计的基础。

9.6.7 可靠性研制试验与可靠性增长试验的关系

任何产品在研制过程中,其可靠性都不可能一次性达到规定要求,而是一个不断试验、不断改进的过程,在这一过程中通过各种试验暴露产品的设计缺陷,经分析改进后的可靠性得以不断提高,因此从某种程度上讲,产品研制过程本身就应当是一个可靠性逐步增长的过程。因此,RGT 可视为一种特定的 RDT。但是在研制初期阶段不可能开展严格意义上的可靠性增长试验,除了时间和费用不允许外,产品本身也不允许。

RGT 和 RDT 的主要目的都是提高产品的可靠性水平,但两者在试验时机、试验流程、试验目的、试验条件、试验子样、试验对象等方面有一定差别,主要体现在如下方面。

(1) 试验时机:RGT 必须在产品性能试验完成后进行,否则增长基线无法确定;RDT 可以与产品的性能试验结合进行,但应该在 RGT 之前,若 RDT 成功则可以免去 RGT。

(2) 试验流程:原则上都是按照 TAAF 的流程进行,但无论是已知增长模型还是未知增长模型的 RGT,都应该按照固定的流程进行,RGT 必须覆盖流程的全过程;RDT 则可以根据每个试验的具体要求,制订每个试验不同的起始点。

(3) 试验目的:RGT 除了为暴露缺陷,采取纠正措施外,还有一个定量的增长指标,目标能否实现是判断增长试验是否成功的依据;RDT 通常仅仅是暴露缺陷,采取纠正措施,并进行验证,一般没有可靠性定量要求的约束。

(4) 试验条件:RGT 必须在真实的或模拟真实的环境条件下进行;而 RDT 则在一般环境条件、真实环境条件或加速环境条件下都可以进行。

(5) 试验子样:RGT 必须有一定数量的子样,通过一系列的试验才能说明产品的可靠性水平或可靠性增长程度;在 RDT 中,除了统计试验外,其他的研制试验可以仅仅通过单个子样、单次试验判断试验的好坏。

(6) 试验对象:RGT 必须是功能、性能已经达到一定要求的产品;RDT 则可以在产品的任何状态下进行。

RGT 与 RDT 的关系如表 9-2 所示。

表 9-2   RGT 与 RDT 的关系

项目	RGT	RDT
试验时机	产品研制阶段中、后期,具备应有的功能和性能,通过了环境试验,开展环境应力筛选试验,剔除材料和元器件的早期失效	研制阶段早期就可以开始,贯穿产品的整个研制过程
试验流程	遵循 TAAF 流程,按增长模型、增长计划进行,不能删减	遵循 TAAF 流程,可以根据具体试验制订不同的试验流程
试验目的	在暴露缺陷、采取改进措施的基础上,需实现产品的可靠性增长量化目标	暴露缺陷,采取改进措施,提高产品可靠性,不一定有量化目标
试验条件	模拟真实的环境条件	不一定
试验子样	需根据增长计划、阶段目标确定试验子样	不一定
试验对象	确定可靠性增长目标是选择的基线产品	不一定
结论	若开展了成功、充分的 RDT,实现了产品的可靠性增长,则可以不开展 RGT;但成功、充分的 RDT 仍然是研制试验,不是 RGT	

9.7 可靠性验证试验

可靠性验证试验(reliability verification test,RVT)是以概率论和数理统计为理论基础,针对可靠性指标设计试验方案,通过试验获得相关的信息,并应用统计学理论进行推断,判断装备可靠性水平是否满足指标要求的统计试验活动。按不同的试验最终目的和安排的阶段,RVT 通常包括可靠性鉴定试验(reliability qualification test,RQT)和可靠性验收试验(reliability acceptance test,RAT)。其中,RQT 是为验证产品可靠性设计水平是否达到规定的可靠性要求而进行的 RVT;RAT 则是为验证批生产产品可靠性是否保持在规定的可靠性水平而进行的 RVT。

RQT 一般用于新设计产品或经重大修改的产品的设计定型鉴定,是研制阶段的试验;产品通过设计定型的鉴定试验后转入批生产,产品可靠性在生产过程中的稳定性则通过 RAT 进行判断,是生产阶段的试验。RVT 的应用阶段如图 9-4所示。

产品按其层次级别通常可分为系统、组件、元器件及材料等。工程中主要针

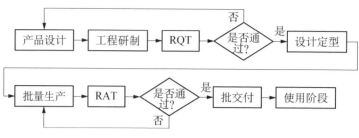

图 9 - 4　RVT 的应用阶段

对能够完成既定功能的产品进行 RVT,因而 RVT 的对象通常为组件和系统。组件是具有独立功能的产品单元,例如电路板、传感器、压力控制器、电磁阀等。系统则通常由多个功能独立的组件构成,实现系统内各组件不能单独完成的功能、性能与结果,例如惯组、伺服机构等。

9.7.1　可靠性鉴定试验

RQT 的目的是为了鉴定生产厂是否有能力生产出符合可靠性指标要求的产品,其结果作为对产品生产厂进行认证的依据之一。RQT 一般用于定型鉴定,是生产前的试验,为生产决策提供管理信息。此时产品仍属于研制阶段,但技术状态已经确定,设计及工艺图纸已经完备。RQT 必须按计划及时完成,使用方应在合同中规定 RQT 的要求。

需要进行 RQT 的产品有:新研产品、重大改型产品、重要度高而没有证据证明在使用条件下能满足系统分配的可靠性要求的产品。

鉴定检验应采用抽样检验的方式进行,从定型批量产品中随机抽取,抽取的样本数与检验的方法按有关标准的规定进行。鉴定试验检验的项目有外观检验、电性能检验、安全试验和主观评价试验等,对于鉴定检验中不合格的项目,应及时查明原因,提出改进措施,并重新进行该项目及相关项目的试验,直至合格。

9.7.2　可靠性验收试验

RAT 的目的是为了验证制造厂在连续批量生产时,能否维持鉴定试验所达到的可靠性水平(指标)。RAT 与 RQT 的综合环境条件相同,一般按照规定批量大小的抽样原则从生产批次中抽取一定数量的样本进行试验。

9.7.3　可靠性验证试验方案

RVT 方案均为统计实验方案,其工作原理建立在一定的寿命分布假设基础上。统计试验方案分类如图 9-5 所示。

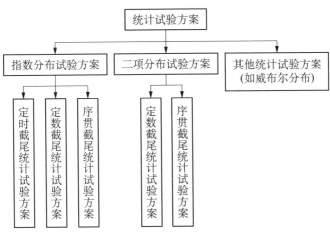

图 9 - 5 统计试验方案分类

（1）定时截尾试验是指事先规定试验截尾时间，利用试验数据评估产品的可靠性指标。定时截尾试验方案的优点是判决故障数及试验时间、费用在试验前已能确定，便于管理，是目前 RQT 中用得最多的试验方案。其主要缺点是为了做出判断，质量很好的或很差的产品都要经历最多的累计试验时间或故障数。

（2）定数截尾试验是指事先规定试验截尾的故障数，利用试验数据评估产品的可靠性指标。但由于其事先不易估计所需的试验时间，所以实际应用较少。定数截尾方案主要适用于成败型产品。

（3）序贯截尾试验是按事先拟定的接收、拒收及截尾时间，在试验期间连续观测受试产品，并将累计的试验时间和故障数与规定的接收、拒收或继续试验的判据做比较的一种试验。这种方案的优点是做出判决所要求的平均故障数和平均累计试验时间最小，因此常用于 RAT。其缺点是故障数、试验时间及费用在试验前难以确定，不便管理；且随着产品质量不同，其总的试验时间差别很大，尤其对于某些产品，由于不易做出接收或拒收的判断，因此最大累计时间和故障数可能会超过相应的定时截尾试验方案。

目前，国内已颁布的标准试验方案有 GB 5080.5—1985《设备可靠性试验成功率的验证试验方案》、GB 5080.7—1986《设备可靠性试验恒定失效率假设下的失效率与平均无故障时间的验证试验方案》及 GJB 899A—2009《可靠性鉴定和验收试验》。

9.8　寿命试验

寿命试验是指为了测定产品在规定条件下的寿命所进行的试验。在实验室中,模拟实际工作状态或储存状态,投入一定量的样品进行试验,记录样品数量、试验条件、失效个数、失效时间等,进行统计分析,从而评估产品的可靠性特征值。通过寿命试验,可以了解产品的寿命特征、失效规律、失效率、平均寿命以及在寿命试验过程中可能出现的各种失效模式,对产品的可靠性水平进行评价,并通过质量反馈提高新产品的可靠性水平。

寿命试验适用于产品设计定型阶段、试用阶段和使用阶段。

9.8.1　产品寿命参数

产品的耐久性是指产品在规定的使用、储存与维修条件下,达到极限状态之前完成规定功能的能力,一般用寿命参数度量。产品主要的寿命参数如下所示。

(1) 首次大修期限:在规定条件下,产品从开始使用到首次大修的寿命单位数,也称首次返修期限。

(2) 使用寿命:产品使用到无论是从技术上还是从经济上考虑都不宜再使用而必须大修或报废时的寿命单位数。

(3) 大修间隔期限:在规定条件下,产品相继两次大修间的寿命单位数,也称翻修间隔期。

(4) 总寿命:在规定条件下,产品从开始使用到报废的寿命单位数。

(5) 储存寿命:产品在规定的储存条件下能够满足规定要求的储存期限。

9.8.2　寿命试验分类及方法

寿命试验可分为非工作状态的储存寿命试验和工作状态的工作(加速)寿命试验。储存寿命试验将产品在一定条件下储存,定期测试其参数并进行例行试验,根据参数的变化确定产品的储存寿命。为了缩短试验周期,减少样品数量和试验费用,常常采用加速寿命试验,即将产品分组,在不改变产品的失效机理和增添新的失效因子的前提下,每组采用不同的应力(相对于工作状态的实际应力或产品的额定承受应力),这种应力是由专门的设备提供的,直到试验达到规定时间或每组的试验样品有一定数量失效为止,以此统计产品的工作寿命。

9.9　高加速应力试验

高加速应力试验(highly accelerated stress test,HAST)是 HALT 与

HASS 的统称。在国外叫法并不统一,Hobbs 公司分别称为 HALT 和 HASS,美国试验设备制造商热测公司则称为 HAST。由于 HAST 这一名称更为科学合理且具有包络性,因此书中采用 HAST 这一叫法,作为 HALT 和 HASS 的统称。

9.9.1　高加速应力试验的发展

HAST 是国外在 20 世纪 60 年代就开始研究和应用的技术,到 20 世纪 90 年代才较为成熟。由于 HAST 提高可靠性的效果特别明显,因此许多应用 HAST 取得成功的公司不愿公布其研究和应用成果,以保持自己的产品在市场竞争中的优势,直到 21 世纪初,这种技术才陆续解密和发布。

传统的可靠性试验大多在模拟环境下进行,其温度范围一般采用技术条件规定的上、下限,温度循环次数由产品的复杂程度决定。这些试验费用昂贵,试验时间过长,导致产品价格和研制周期不能满足当今市场激烈的竞争;此外,即使产品已顺利通过了设计阶段的鉴定试验和生产阶段的验收试验,使用时所暴露出的残留潜在缺陷仍然会造成外场返修频繁、担保费用和维修费用居高不下等问题,导致顾客不满意,严重影响研制部门和制造厂商的信誉。因此研究开发一种快速、经济、有效的新的可靠性试验技术与方法也就显得势在必行。

HAST 技术就是在这种背景下产生的,它们都是由美国 Hobbs 工程公司的 Gregg K. Hobbs 博士研究并于 1988 年在讲授"筛选技术"课程时提出来的。与传统的可靠性试验不同,HALT 的目的是激发故障,即把产品潜在的缺陷激发成可观察的故障;它不是通过模拟实际使用环境进行的试验,而是人为施加步进应力,在远大于技术条件规定的极限应力下快速进行试验,找出产品的工作极限和最终达到的损坏极限;再根据 HALT 确定的极限制订 HASS 方案,通过 HASS 剔除生产制造缺陷,使产品快速达到高可靠性水平。

HALT 和 HASS 这两种试验分别用于研制阶段早期改进设计和批生产阶段剔除早期故障,其效率较传统的 RDT、RGT 和 ESS 高得多,并能大大节省研制费用,其与产品设计、研制和生产过程的关系如下所示。HALT 发现设计缺陷的时间从传统试验的几周缩减到几天,而 HASS 剔除早期故障的时间从原来 ESS 的 80~120 h 减少到 1~2 h。按照国外一些公司的经验,由于 HAST 的应力远超出规范规定和使用中实际会遇到的应力,因此通过 HALT 的产品可不必进行 RQT,而是节约资源用于进行 HALT,提高产品的耐应力极限。倘若一定要评估产品的可靠性水平,则可以应用短时高风险方案进行验证。因此,随着产品设计思路从满足规范要求向达到技术基本极限转变,HAST 将在一定范围内逐步取代传统的可靠性试验。HAST 与产品设计、研制和生产过程关系如图 9 - 6 所示。

图 9 - 6　HAST 与产品设计、研制和生产过程关系

9.9.2　高加速应力试验的应用

从 20 世纪 80 年代末到 90 年代初开始,国外在各工业部门开始推广应用 HAST 技术,目前已广泛应用于通信、电子、医疗、能源、交通、航空航天和军事等领域,呈现出蓬勃发展的趋势,取得了巨大的成功。

国外大多数为机械和电子工业提供设计、制造和试验服务的公司已经把 HAST 作为一项很重要的服务内容。比如美国为航空航天、军事工业和一般民用工业提供试验服务的 Garwood Labratories 公司,它所提供的一项重要服务就是产品的可靠性试验,其主要内容是 HAST 和 ESS。它所服务的客户在军事工业方面包括雷神飞机、波音、Northrop Grumman、Meggitt Safety Systems 公司等;在交通方面包括 TRW、GMATV、Breed 等公司;在航天方面包括 AECABLE、Tecstar、JPL 等公司;在医疗方面包括 Baxter、Allergan、Alpha Therapeutic 等公司;在其他方面的客户还有 SONY、TEAC、AAI、OEA Aerospace 等著名公司。再如美国的一大主要电子加工服务供应商 MCMS 公司,它专门为复杂的印制电路板集成系统、存储模块及系统提供设计、工艺设计、质量保证、试验工程等服务,其中 ESS 和 HAST 都是试验工程中重要的试验内容。此外,美国的 Wyle Laboratories 公司、Telephonic 公司和在欧洲最具实力的跨国性集团认证公司,即德国的 TUV Provide Service 公司等都将 HAST 作为一种重要的可靠性保障服务提供给各个工业部门的客户。

国外机械、通信、交通运输、航空航天、国防等行业,特别是电子产品的供应商们,已经高度认识到 HAST 在其产品质量和可靠性保障方面的重要性,把 HAST 作为改进和优化产品、加快新产品研制步伐、提高产品质量、赢得用户和市场的重要技术手段。例如以擅长制造高可靠性的嵌入式系统计算机和外围设备而著名的美国 AMPRO 公司,它现在所开发和生产的新产品如核心模块 Core Module/4GE 和 Little Board/486e CPU 等产品都要经过 HALT 严格的试验来保障质量;再如在数据获取与转换元器件、数字面板伏特计、计算机模拟 I/O 板产品中占据世界主导地位的 DATEL 跨国电子制造公司,他们在产品设计和早期加工阶段,反复采用 HALT 技术,查找产品在电子和机械方面的潜在缺陷,使产品在尽可能短的时间内成为成熟和可靠的产品。此外,像世界著名的Compaq 公司、Motorala 公司、MSL 公司、TNAC 公司、Parker Hannifin 公司、VICOR 公司,以及著名的福特汽车和惠普公司都使用 HAST 获得产品的高可靠性,实现产品快速更新换代。在航空航天领域,HAST 技术近几年来应用越来越多,发展也快,波音公司从 1994 年开始在波音 777 飞机上成功采用强化试验方法,目前该技术在波音公司和空客公司的多数机型上都得到应用。

国外关于可靠性强化试验的学术活动也非常活跃,由各商家主办的 HAST 学术会议很多,有些学校把 HAST 作为可靠性教学中的一项重要内容。许多发达国家对加速试验技术的研究方兴未艾,美国 Entela 公司研究了一种新的可靠性加速试验技术——失效模式验证试验,并获得专利,这项技术在某些方面还优于 HALT。

总之,在国外一些工业发达的国家,HAST 技术由于其市场竞争优势,已经普遍被商家接受,并得到广泛的应用。近年来,国内也开始了对 HALT 的应用,尤其是通信市场竞争激烈,一些大型通信公司如华为、中兴已经开始重视HAST 技术的应用并取得了很大成效。在航空航天方面,HAST 技术主要在火箭发动机、惯性仪表等产品上应用,应用范围较窄,还有待进一步发展。

9.9.3 高加速应力试验的基本原理

HAST 作为一种激发试验方法,其理论依据是故障物理学。它把故障或失效当作研究的主要对象,通过激发、研究和根治产品缺陷达到提高可靠性的目的。

1) 疲劳损伤与机械应力之间的关系

提高应力能加速产品失效,疲劳损伤与机械应力具有如下的关系:

$$D \approx n\sigma^{\beta} \tag{9-3}$$

式中,D 为累积的疲劳损伤;n 为应力循环次数;σ 为机械应力,即单位面积的作用力;β 为疲劳试验确定的材料常数,其变化范围为 8~12。

一般来说,有缺陷部件和元器件(如焊点有气泡、元器件引线有划痕等)之所以容易失效是因为有缺陷部件的应力比无缺陷部件的应力要高。疲劳损伤与应力呈指数函数关系,一般有缺陷部件引起的应力集中系数可达到 2 或 3,其应力是无缺陷部件的 2 或 3 倍,可使疲劳寿命相应降低几个数量级。

2) 温度变化率与激发缺陷所需温度循环次数之间的关系

温度循环属热疲劳性质，S. A. Smithson 先生在 1990 年环境科学学会年会发表的论文中给出了如表 9-3 所示的不同温变率下的筛选效果。

表 9-3 不同温变率下的筛选效果

温变率/(℃/min)	5	10	15	18	20	25	30	40
循环次数	400.0	55.0	17.0	10.0	7.0	4.0	2.2	1.0
分钟/次	66.0	33.0	22.0	22.0	18.3	16.5	13.2	8.0
筛选时间/h	440.0	30.0	6.0	3.0	3.0	1.9	0.9	0.1

上表说明温变率为 5℃/min 时进行 400 个 66 分钟/次的温度循环与温变率为 40℃/min 时进行 1 个 8 分钟/次的温度循环的效果是一样的，而两者花费的时间比则达到 4 400∶1。施加的应力越高，产品的疲劳和破坏越快，但有缺陷的高应力部位累积疲劳损伤比低应力部位要快得多，这样就有可能使产品内有缺陷部件与无缺陷部件在相同的应力下拉开疲劳寿命档次，使缺陷在迅速暴露的同时，无缺陷部件损伤也很小。

HAST 利用高机械应力和高变温率实现高加速，在试验中对试件施加远远大于正常使用条件的环境应力，快速激发出产品缺陷，从而提高试验效率。

9.9.4 高加速寿命试验

HALT 是一种针对各种类型的单一或综合环境因素或负载，采用步进应力的方法，依次一步一步地使产品经受强度水平越来越高的应力，找出产品设计缺陷和薄弱环节，并加以改进，使产品鲁棒性越来越高，并最终确定产品耐应力极限的工艺过程。从上述定义可以看出，HALT 的关键是应用高应力快速将产品内部的设计和工艺缺陷激发出来，以变成可检测到的故障，对故障进行分析并采取纠正措施，改进设计，从而提高产品的鲁棒性。实际上，HALT 是产品设计强化工作的组成部分。由于该试验使用步进应力的方法，一步一步地用更高的应力进行"激发缺陷—设计改进"的过程，直到达到基本极限和经费、进度等条件不允许为止，因此应用 HALT 设计的产品已成为在经费、进度和技术能力条件允许下鲁棒性最优的产品。由于步进应力的高端应力远远超过规范规定的应力或使用现场可能遇到的最高应力，因此在投入使用后，通过 HALT 的产品一般不会出现故障。

1) 特点和目的

与传统的可靠性试验技术相比，HALT 试验技术具有以下特点。

（1）HALT 施加的环境应力和工作应力是以递增的形式变化的,其试验过程是通过施加不断增加的应力来激发产品设计中潜伏的各种缺陷,直到产品的破坏极限。

（2）HALT 在超出规范极限的情况下进行,具有很高的试验效率。

（3）在 HALT 过程中出现的各种失效模式是在远远超过设计规格的环境应力下激发出来的,但这些失效模式都是在实际现场使用中出现的失效形式,否则 HALT 试验将是无效的。

通过 HALT 试验可以达到以下目的。

（1）利用强化的环境应力,使产品的设计缺陷被激发出来,改善后可延长产品偶发失效期(浴盆曲线后段延伸)。

（2）了解产品的设计能力及失效模式。

（3）作为制订高加速应力筛选方案的参考。

（4）快速找出产品生产过程中的瑕疵。

（5）提高产品可靠性及减少维修成本。

（6）建立产品设计能力资料库,使其作为研发依据并缩短设计制造的进程。

2）试验对象

HALT 适用于 LRU 层级的产品(根据产品研制经验,在 HALT 过程中,对于带有导光板的 LRU 的产品,需要去除导光板后进行试验)。为了保证试验的有效性,HALT 必须在能够代表设计、元器件、材料和生产所使用的制造工艺都已落实的样件上进行,应能代表产品的预期功能、性能设计指标、元器件质量和工艺水平等。一般来说,例如 HALT 需要 3 个设备样品,其中至少 2 个设备样品将用于试验,如果其中 1 个试验样品可以完成组合应力试验,则可能不会需要第 3 个试验样品。由于 HALT 在产品寿命周期的早期进行,因此样品产品可以代替前期生产的产品。

HALT 适用于以下类型的电气、机械、液压机械、机电设备。

（1）新研电子组件。

（2）执行安全性关键功能的组件。

（3）使用无运营经验的技术的组件。

（4）使用与运营经验不良的产品类似的组件。

3）试验团队

在开展 HALT 前,应成立 HALT 试验团队,成员应来自不同的学科,包括系统工程师、测试工程师、研发工程师、可靠性工程师、制造工程师等,他们一起计划 HALT,预测失效。这些学科包括设计和测试工程,测试工程师具有 HALT 流程、理念方面的专业知识;预计设计工程将有助于产品功能测试的开发(包括识别可能有助于促成缺陷的额外应力),在 HALT 测试期间以及在故障分析过程中提供支持(如故障排除缺陷)。

进行 HALT 前应召开评审会,以确定 HALT 要求,会议应该有如下所示的议程。

(1) 定义 HALT 要求,描述温度和振动的最小值,定义施加于产品的额外的特定压力。

(2) 定义产品的功能试验要求。

(3) 确定将产品固定在桌上的方法。

(4) 描述使用热电偶和加速度计监控的产品组件和位置。

HALT 试验团队的职责包括下列方面。

(1) 制订 HALT 试验计划,预测产品失效模式及失效范围等。

(2) 定义 HALT 试验需求,描述试验的温度及振动的最小量值,定义额外的、特定的应力模式。

(3) 定义产品功能测试需求。

(4) 进行产品失效分析,制订纠正措施计划及修复方法。

4) 试验设备

HALT 对试验设备具有严格的要求,温度变化及振动量级要求如下所示。同时,试验设备应能够实现温度应力、振动应力以及产品特定测试应力的叠加测试。

(1) 振动要求。

a. 6 自由度的重复振动,包括 3 个自由度的线性振动,3 个自由度的旋转振动,多轴和拟随机振动。

b. 振动量级范围:2 Hz～10 kHz。

c. 无负载时振动台最小输出为 40 Grms[①](或至少为指定设备振动水平的 2 倍)。

d. 对于机械设备,建议使用低频和高排量。

(2) 温度要求。

a. 快速温度变化速率(最小为 35℃/min)。

---

① Grms: 总均方根加速度,指通过频谱曲线下面的面积开根号的值的总和。

b. 温度量级范围：－100～200℃。

（3）特定应力要求。

HALT 试验团队应根据定义的产品特定应力类型,配置相关试验设备,将特定应力与温变应力和振动应力叠加起来施加于 HALT 的每一个阶段,以促使额外的失效暴露。对于非电子产品,必须根据具体情况仔细确定这些产品的特定应力。对于电子产品,特定应力的要求一般包括供电循环、直流电压极限、输出负载、其他适用的要求。

5）工装夹具

采用适当的测试夹具将试验产品固定于振动平台,以确保温度及振动能量最大限度地传递至试验产品,加速疲劳损伤,发现产品缺陷。

利用热电偶与加速度计检测温度应力与振动应力的施加等级,确保在试验过程中按计划要求施加应力。将热电偶及加速度计安装在试验产品的典型部位上,数量不得少于 3 个,装好热电偶及加速度计后,应使产品恢复原状。加速度计的质量要轻(如 4 g),体积要尽量小,从而不会对待试验样品的振动性能产生重要的影响或改变。

6）功能测试

HALT 的目的在于检测试验产品的失效模式,暴露产品的缺陷。试验成功的关键在于当试验产品发生失效时,失效能够被准确、快速地检测出来。因此,功能测试应尽可能实现 100% 的测试覆盖率。若完成完整的功能测试所需的时间过长,例如需要 2 h,此时对于 HALT 而言不可能完成完整的功能测试,则应在试验前确定完整功能测试的测试子集。

必须记录被测单元的功能试验。文档应提供试验覆盖量的定义,以百分比表示,并包括所执行试验的详细描述,确定在产品上试验的方式和内容。文档还应提供如何实现开展 HALT 前会议中定义的功能试验目标的方法。

在开展 HALT 之前,试验单元应经历一个或多个功能试验循环以验证试验设置的完整性并获得试验单元的基本性能信息。

值得注意的是,产品安装在试验箱中后,必须重新进行试验产品的完整功能测试,确保安装过程未对试验产品的功能造成影响。

在试验过程中,在每一个应力等级下均须进行试验产品的完整功能测试,以评估产品的状态。

7）试验应力选择

常用的应力有振动、温度、电压拉偏、电源循环和湿度,还有一些独特的应力,如时钟频率、直流电压变化和元器件参数变化造成的应力。在对具体产品进行 HALT 时,需要参照同种或同类型产品成功的 HALT 方法,依据历史经验和实际情况改进,选择适用于该产品的最有效的应力类型和应力综合方式。下面将分析 HALT 中环境应力与诱发的故障模式之间的关系。

(1)温度应力。在温度恒定及温度循环过程中,高热应力和热疲劳交互作用在产品上,影响着产品的机械、物理化学和电气性能。在机械性能方面,产品由不同的材料组成,材料膨胀系数的差异会产生机械应力,在承受高、低温双向变化的热应力时,应力差变化在结合部产生有效作用,使缺陷暴露;在物理化学性能方面,产品中的橡胶和有机塑料等材料在低温时变硬发脆,在高温时软化松弛,在超出使用温度范围时,其机械性能和抗减振特性均会发生变化,导致产品失效;在电气性能方面,高温能够导致电路发生温漂,增大电路发热量,加速绝缘体的老化甚至发生热击穿,影响半导体器件如三极管的放大倍数和穿透电流,从而造成产品失效。

温度及循环激发的主要故障模式有参数漂移与电路稳定性,电路板开路、短路、分层等缺陷,电路板腐蚀,电路板裂纹、表面和过孔缺陷,元器件缺陷,元器件松动、装配不当或错装,结击穿,开焊、冷焊、焊料不足或没有等焊接缺陷,连线伸张或松脱以及电线掉头、连接不好等,接触不良,粘接不牢,紧固件缺陷,脆性断裂,电子迁移,热匹配,浪涌电流,金属化,密封失效等。

(2)振动应力。振动直接通过外力激起产品内部的元器件及其结合部的谐振以达到暴露产品潜在缺陷的目的。振动引发的失效有产品性能超差或失效,当振动应力作用于产品时,一方面改变了产品中各元器件、部件之间的相对关系,使产品结合部的相对位置发生变化,导致产品失效;另一方面,振动时产生干扰信号,干扰电流和电压太大会影响电路的工作点或工作状态,使产品性能超差或混乱。产品在振动应力的反复作用下,造成产品的部分结构、引线松动或磨损甚至脱落。振动使产品原来具有的微小缺陷和损伤经多次交变应力作用后扩大,造成材料电气、机械性能发生变化,或使产品的结构破坏。

振动诱发的主要故障模式有电路板开、短路,元器件装配不当或松脱,相邻元器件短路,元器件管脚或导线断裂或有缺陷,IC 插座缺陷,虚焊、开焊、冷焊、焊料不足或没有等焊接缺陷,粘接不牢,连线松脱或连接不好,硬件松脱,紧固件或护垫松动,晶体缺陷,机械缺陷,包装缺陷,外来物等。

(3)湿度应力。在可靠性试验中,湿度一般施加在高温段,在分析由湿度诱发的故障机理的同时要考虑高温及后期的低温的综合作用。在机械特性方面,湿气侵入材料的表面和内部,会使材料的强度、硬度、弹性等物理特性发生变化,在同时施加的高温和后期的低温作用下,会导致产品的机械强度变坏,甚至会造成机械失效;在物理化学特性方面,湿气能加速金属腐蚀,改变介电特性,导致材料分解、长霉及形变等。如果和高温同时作用,则绝缘材料的吸湿加快,甚至会产生吸附、扩散及吸收现象和呼吸作用,使材料表面肿胀、变形、起泡、变粗,还会使活动部件的摩擦增加甚至卡死;在电气特性方面,潮湿在温度变化时容易产生凝露现象,从而造成电气短路。潮湿引起的有机材料的表面劣化也会导致电性能劣化。同时在高温下潮湿还会导致接触部件的触点污染,使触点接触不良。湿度诱发的主要故障模式有电气短路、活动元器件卡死、电路板腐蚀、表层损坏、绝缘材料性能降低等。

(4) 电压循环。电压的高低循环可以诱发对电压变化比较敏感的部件的故障。一般情况下,这种应力仅影响电子产品中的稳压器件。对于非调整性器件,在电压的高低循环过程中,高压有利于暴露二极管和晶体管的缺陷,低压有利于暴露继电器以及其他开关器件和电路的故障(特别是在低温情况下)。电压循环诱发的主要故障模式有间歇失效、冷却回火、半导体性能减弱、导线搭接、电路误动作、电气短路、绝缘极限等。

当然,在产品可靠性试验中,施加综合应力比单一应力更能有效地激发产品的缺陷,因为某一种环境因素对产品的影响会在另一种环境因素诱发下得到加强并导致产品失效。这就要求在对具体产品进行 HAST 时,必须深入分析各类型应力对产品各类型缺陷作用的机理,确定 HAST 中各种应力的最优综合方式。

8) 试验流程

一个成功的 HALT 是激发产品失效、理解失效形式、采取相应的修正措施,不断重复试验—修正—再试验,向前推进产品的工作和破坏极限的优化设计过程,其流程如图 9-7 所示。

一般情况下,HALT 的主要试验项目包括温度步进应力试验、快速温变循环试验、振动步进应力试验、温度与振动综合应力试验、破坏极限检测试验 5 种。为了保护 HALT 中所选的试验样本,以保证从这些样本中获得尽可能多的信息,HALT 应当首先试验破坏性比较弱的应力类型,然后再试验破坏性比较强的应力。所以 HALT 的一般顺序为温度步进→快速温变循环→振动步进→温度与振动综合应力→破坏极限检测。

(1) 温度步进应力试验。低温和高温都属于温度步进应力,只是温度变化

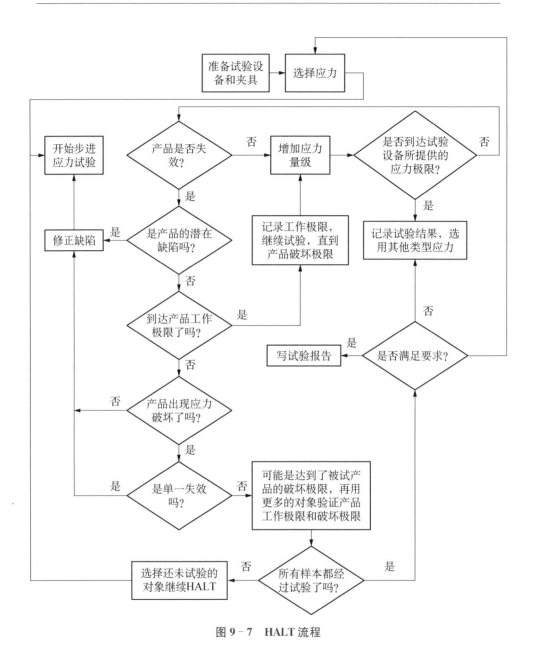

图 9-7 HALT 流程

方向不同。温度步进应力试验应包括如下所示的试验步骤。

a. 温度步进应力试验的起始温度为室温(20~30℃)。

b. 温度步进间隔设定为 10℃。

c. 温度步进设定点的温度保持时间为 10 min。

d. 温度达到步进设定点后,进行完整的功能测试(尽可能确保功能测试在温度保持时间内完成),并进行详细的试验记录。

e. 温度持续步进变化,直至检测出试验产品的温度工作极限,并绘制温度步进应力剖面图,横轴为时间,纵轴为温度。

f. 根据以上温度步进应力试验参数,选用同一类型(同一件号)的另外两个试验产品,重复进行试验,检测试验的重现性,如果结果一致,则试验完成;否则应重新取样,重复进行试验,直至试验完成。

通过温度步进应力试验,可以得到产品的高温工作极限(upper thermal operational limit,UTOL)和低温工作极限(lower thermal operational limit,LTOL)。

(2) 快速温变循环试验。完成温度步进应力试验后,应根据下列要求开展快速温变循环应力试验,试验步骤如下所示。

a. 快速温变循环试验的起始温度为室温(20~30℃)。

b. 热转换应以最大转换效率进行。

c. 温度变化速率为试验设备的极限温度变化速率(整个温度变化幅度内的平均值)。

d. 快速温变循环试验的高温极限设定为(UTOL-5)℃,低温极限设定为(LTOL+5)℃,例如,若 LTOL 是-50℃,UTOL 是 100℃,则可允许的温度转换范围就是-45~95℃。

e. 高温极限和低温极限的保持时间不少于 5 min。

f. 在温度达到高温设定点后,进行完整的功能测试(尽可能确保功能测试在温度保持时间内完成),并进行详细的试验记录。

g. 在温度达到低温设定点后,进行完整的功能测试(尽可能确保功能测试在温度保持时间内完成),并进行详细的试验记录。

h. 至少进行 3 个周期的快速温变循环应力试验,除非试验产品出现破坏失效。绘制快速温变循环应力剖面图,横轴为时间,纵轴为温度。

(3) 振动步进应力试验。振动步进应力试验应包括如下所示的试验步骤。

a. 设定的振动量级的保持时间为 10 min。

b. 振动步进应力试验的起始振动量级在 1~10 Grms 之间,建议为5 Grms,振动频率范围为 2~2 000 Hz。

c. 振动量级的增长速率为 5 Grms(整个振动变化幅度内的平均值)。

d. 在定点后,进行完整的功能测试(尽可能确保功能测试在振动量级保持时间内完成），并进行详细的试验记录。

e. 振动量级持续步进增长，直至检测出试验产品的振动工作极限。绘制振动步进应力试验剖面图，横轴为时间，纵轴为振动量级。

f. 根据以上振动步进应力试验参数，选用同一类型（同一件号）的另外两个试验产品，重复进行试验，检测试验的重现性，如果结果一致，则试验完成；否则应重新取样，重复进行试验，直至试验完成。

通过振动步进应力试验，可以得到产品的振动工作上限（upper vibration operational limit，UVOL）。

（4）温度与振动综合应力试验。温度与振动综合应力试验将快速温变应力与振动应力叠加施加于试验产品，进一步检测产品的缺陷，步骤如下所示。

a. 快速温变循环试验的起始温度为室温（20～30℃）。

b. 温度变化速率为试验设备的极限温度变化速率（整个温度变化幅度内的平均值）。

c. 快速温变循环试验的高温极限设定为（UTOL－5）℃，低温极限设定为（LTOL＋5）℃。

d. 高温极限和低温极限的保持时间不少于 10 min。

e. 振动步进应力试验的起始振动量级为 5 Grms。

f. 振动量级的增长速率为（UVOL/5）Grms（整个振动变化幅度内的平均值）。

g. 在每个后续热循环期间，振动水平以相同的增量增加。例如，如果装置在振动步进应力期间在 35 Grms 处出现操作失效，则初始测试循环将在 7 Grms 的振动水平下进行。振动水平在每个完整的热循环后，将增加 7 Grms，即循环 1 为 7 Grms，循环 2 为 14 Grms，循环 3 为 21 Grms，循环 4 为 28 Grms，循环 5 为 35 Grms。可以使用较小的起始振动水平和增量水平。

h. 在温度达到高温设定点后，进行完整的功能测试（尽可能确保功能测试在温度保持时间内完成），并进行详细的试验记录。

i. 在温度达到低温设定点后，进行完整的功能测试（尽可能确保功能测试在温度保持时间内完成），并进行详细的试验记录。

j. 至少进行 5 个周期的综合应力试验，除非试验产品出现破坏失效。绘制综合应力剖面图，横轴为时间，纵轴为温度和振动量级。

（5）破坏极限检测试验。若完成上述 4 个试验后尚未发现破坏性的失效，则最后进行破坏极限检测试验，步骤如下所示。

　　a. 高温破坏极限检测试验的起始温度为 UTOL,参照温度步进试验的步骤持续步进提高温度直至检测出试验产品的高温破坏极限。选用同一类型(同一件号)的另外两个试验产品,重复进行试验,检测试验的重现性,如果结果一致,则试验完成;否则应重新取样,重复进行试验,直至试验完成。

　　b. 低温破坏极限检测试验的起始温度为 LTOL,参照温度步进试验的步骤持续步进降低温度直至检测出试验产品的低温破坏极限。选用同一类型(同一件号)的另外两个试验产品,重复进行试验,检测试验的重现性,如果结果一致,则试验完成;否则应重新取样,重复进行试验,直至试验完成。

　　c. 振动破坏上限检测试验的起始振动量级为 UVOL,参照振动步进试验的步骤持续步进提高振动量级直至检测出试验产品的振动破坏上限。选用同一类型(同一件号)的另外两个试验产品,重复进行试验,检测试验的重现性,如果结果一致,则试验完成;否则应重新取样,重复进行试验,直至试验完成。

　　通过破坏极限检测试验,可以得到产品的高温破坏极限(upper thermal destructive limit,UTDL)、低温破坏极限(lower thermal destructive limit,LTDL)以及振动破坏上限(upper vibration destructive limit,UVDL)。

　　9) 试验数据处理

　　通过监测产品的功能和性能特性,对发现的设计、工艺缺陷进行分析、定位,确定故障并采取改进措施,将产品耐这类应力的工作极限和破坏极限推向更高的水平,直至达到破坏极限或满足所需裕度,或者出现非正常失效为止,记录该应力步进施加过程中出现的所有缺陷和改进措施、发现的所有薄弱环节、性能变化趋势和最终得到的工作应力极限和破坏应力极限。

　　HALT 完成后,要建立保存 HALT 所得到的各种有用信息的数据库,这些信息包括下列方面。

　　(1) HALT 过程中所施加的应力类型、应力量级、步进增量以及在试验中这些参数的优化过程。

　　(2) 试验过程中的故障监测方式(目测、实时监测、诊断等)。

　　(3) 试验所得到的产品工作极限、破坏极限、失效类型。

　　(4) 试验后对产品缺陷所采取的改进措施以及通过 HALT 产品可靠性增长过程的总结等。

　　HALT 积累起来的这些试验信息对产品以后的试验、设计和制造有下列好处。

　　(1) 根据数据库中所记录的 HALT 过程以及在各种环境应力和工作应力

作用下出现的失效类型和改进措施,可以分析产品改进或其他条件变化对产品可靠性带来的影响,这些变化包括工程设计的改进、器件特性参数的变化、使用标称参数不完全相同的新供应商的器件,或者工作裕量不足、生产过程失控、使用了一批与生产日期和批次相关的不好的器件等常见因素。借鉴这些信息用来分析和改进与该产品类型相同的其他产品。

(2) 利用数据库中记录的产品工作极限和破坏极限,一方面可以为以后本产品或同类产品的 HALT 提供参考,以选择合适的振动和温度应力量级,并指导换代产品的 HALT;另一方面,还可以通过比较各间段产品的基本信息,判定产品质量的改进和退化。

(3) 为产品以后的 HASS 试验剖面图的建立提供参考信息。

10) 故障分析和纠正措施

(1) 故障分析。试验时出现故障将导致试验中断,应记录当前试验数据及故障情况,并开展相应的分析,必要时需要对产品的安装位置、组装等进行更改。在排除故障后,在故障前试验基础上继续进行试验。

如果试验时施加的应力达到某个点后,出现很多相似的故障或故障来源于产品的材料方面的问题,则此时应停止试验,HALT 试验团队对故障进行评审以确定产品的设计确实满足鲁棒性。除非有特殊的要求,否则 HALT 试验分析均在室温环境下开展。

(2) 纠正措施。经过故障分析发现设备失效的根本原因后,需要开展相应的纠正措施。所有的纠正措施都需要记录下来并且需要得到故障评审委员会的认可。由于 HALT 通常在短期内完成,因此往往大部分需要开展实质性设计更改的纠正措施(包括硬件和固件)在试验期间无法完成,此时这些纠正措施的确认可以通过下列方法代替。

a. 对新设计和电路系统开展分析。

b. 通过其他已有系统或设备的相似性纠正。

c. 为该纠正措施计划额外试验片段,可能需要另外的设备或新设备进行试验,或者由于大部分的初始试验设备都已经完成了完整的 HALT,因此可能会对部分故障监控仪进行调整。

在 HALT 后进行的确认工作都将记录在最终的 HALT 报告中,所有经过确认的、可行的纠正措施都将会作为设备改进整合到设计中。

9.9.5　高加速应力筛选

HASS 是在传统的 ESS 和 HALT 的基础上发展起来的,是一种剔除批生产过程引入产品内的潜在缺陷的筛选方法。一般用快速温变循环和随机振动两个应力综合进行,根据 HALT 得到的产品的工作应力极限和破坏应力极限,采用超出产品技术规范很多,又不对产品造成破坏的应力,在极短的时间内激发出产品在外场可能出现的各种早期失效形式,确保出厂的产品不存在任何质量隐患或者至少在产品还没有出厂前找到并解决这些问题,以缩短实施纠正措施的周期,达到保证产品可靠性的目的。

1) 特点和目的

HASS 是一种高效的 ESS,因此它具备 ESS 的全部基本特征。除此之外,完成 HALT 是进行 HASS 的前提,只有完成了适当的 HALT,并且所发现的问题均已得到解决,才允许进行 HASS。根据 HALT 得到的工作极限和损坏极限,摸清产品的设计余量,以此来制订 HASS 方案,确定 HASS 的量级,以保证筛选所消耗的疲劳寿命的量始终处于可接受的状态。若未经过 HALT 的产品使用 HASS,则其设计的耐应力强度不够,会破坏产品。因此只能用低效的常规 ESS 方法剔除早期故障。

通过 HASS 可以达到以下目的。

(1) 以最低成本和最短时间将相关潜在缺陷析出为明显缺陷。

(2) 以最低成本和最短时间检测尽可能多的缺陷,以缩短反馈延迟并降低成本。

(3) 通过降低运营的故障总数,提高运营可靠性。

(4) 有针对性地用最低费用和最短时间激发和检测出产品的制造工艺和元器件批次缺陷,降低生产、筛选、维修和保证的总成本。

(5) 明显提高用户的满意度,提高市场份额。

2) 试验对象

HASS 能够快速发现产品早期缺陷,避免有制造缺陷的产品投入使用,这一点已为人们广泛认同,ESS 朝着 HASS 的方向发展,将来所有产品都通过 HASS 暴露缺陷,提高质量及竞争力是必然趋势。但是目前没有通用的标准,设备也不能普及,而且人们对自己的产品了解程度还不够。HASS 还有很大的科研试验的成分,其过程本身的实现和完成是复杂且相对昂贵的,而且许多成熟产品的早期失效主要集中在批生产过程中的工艺控制方面,也不一定必须通过 HASS 才能暴露问题。因此,目前不是所有的产品都能通过 HASS 受益。一般在下列情况下可以考虑利用 HASS 对产品进行筛选。

(1) 通过 HALT 发现产品存在制造工艺缺陷或器件的批次性故障的问题

等,并且很显然通过筛选能够提高产品外场可靠性。

（2）复杂程度比较高,ESS 没有暴露问题,但外场出现问题较多的产品。

（3）要求通过筛选获得有关产品余度的统计信息,需要大量的产品进行试验才能得到有意义的统计结果。

（4）要求设计一个鉴定、筛选、跟踪产品质量和可靠性的方案。

（5）一个产品可能有许多不同的组件或部件供应商,当供应商变化时需要通过筛选以衡量所提供的元器件或组件的性能。

（6）对于没有历史数据,又没有相近产品作为参考预计可靠性的新产品。

（7）产品本身就是一个低可靠性的产品。

当批生产阶段的生产过程未处于严格控制并达到一定水平时,HASS 不能抽样,要求所有产品都参加筛选。

3) 试验箱

HASS 对试验箱具有严格的要求,振动量级及温度变化要求如下。同时,试验箱应能够实现温度应力和振动应力的叠加测试。

（1）振动量级。

a. 6 自由度(3 线性和 3 旋转)的多轴和准随机重复冲击振动。

b. 振动范围为 2 Hz～10 kHz。

c. 无负载最小振动输出为 40 Grms(或最小为设备规定振动等级的 2 倍)。

d. 对于机械设备,建议使用低频和高位移。

（2）温度变化。

目的是在产品上施加快速温变,因此试验箱应具有足够的空气流速以在产品上产生与测量结果一致的、所需的快速温变并保持热稳定性。

a. 高变化率(最低气温平均 35℃/min)。

b. 推荐的温度范围为－100～120℃。

4) 辅助试验设备

在 HASS 试验中,必须记录试样的响应数据,这些数据包括热响应、振动响应以及产品的功能特性响应。测量产品的这些响应的辅助试验设备必须满足以下要求。

（1）用于测量产品热响应的热电偶。热电偶应在 HASS 试验箱的温度范围(约－100～200℃)内具有足够的稳定特性。应使用更轻的热电偶导线,以尽量减少热电偶质量对升、降温速率读数的影响。

（2）用于测量产品振动响应的加速计。

a. 加速计可以测量的频率范围至少为 2 Hz～10 kHz。

b. 加速计本身应尽可能轻，以使其质量不会显著影响或改变所测试样品的振动动态特性。

c. 加速计的体积应尽可能小，以便可以安装在所需的位置。

（3）数据记录。

a. 需要收集和储存温度数据，以提供可靠的证据来证明作用于产品上的热应力水平是正确的。这可以通过利用 HASS 试验系统的可用热电偶监测通道或使用能够进行多通道测量的数据采集仪器实现。

b. 需要收集和储存振动数据，以提供可靠的证据证明作用于产品上的振动应力水平是正确的。这可以通过利用 HASS 试验系统的可用加速计监视通道或使用能够测量传感器（如加速计）并显示数据的频谱分析仪实现。

5）工装夹具

正确的 HASS 夹具必须满足下列几个关键要求。

（1）在每种产品上施加相同的应力（在指定的变化范围内）。

（2）每次装入新产品时都始终施加这些压力。

（3）满足所需的人为因素考虑。

（4）最大限度地减少加载和卸载时间。

（5）最大限度地减少夹具对台式振动特性的所有限制作用。

（6）最大限度地提高空气流量和产品流量的均匀性。

（7）最大限度地减少配合部件之间的相对运动，从而降低磨损。

HASS 夹具设计的主要目标是满足产品之间应力变化的一致性。通常，在热停留结束时温度偏差为±5℃或更低，振动偏差为±15％或更低。这些偏离来自中值读数而不是设定值或系统控制值，并且在放置于夹具中每个位置的单个参考产品上测量。

设计中考虑固定装置本身的振动耐受性非常重要。如果紧固件松动、夹紧件变形等原因导致夹具特性发生变化，则筛选的有效性将受到影响。应该评估夹具中使用的所有连接部件的振动容限。

夹具设计需要考虑的人为因素包括上升极限、弯曲和拉伸极限、夹紧和切断风险等。

固定装置可能会对振动的光谱特性以及气流产生重大影响。为了获得最佳的筛选效果，应尽量减少这些影响，避免重型、大型和刚性夹具。

6) 试验应力选择

　　HASS 一般选用快速温变循环和随机振动作为其筛选选用的应力,因为快速温变循环和随机振动是激发制造缺陷的最佳应力。

　　HASS 应力要根据 HALT 中确定的工作极限和破坏极限确定,其应力大小与 HALT 得到的极限和应力裕度、产品设计规范应力大小之间的关系如图 9-8 所示,HASS 所用应力在破坏应力裕度范围内。

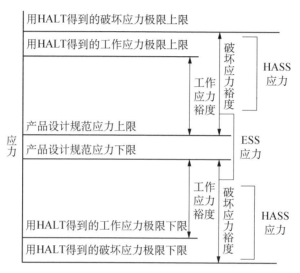

图 9-8　HASS 试验应力设计范围

　　HASS 应力的确定原则主要有以下几点。

　　(1) 应力量值尽可能高,最大限度压缩时间。HASS 使用的应力越高,产品有缺陷处由于应力集中造成的诸如疲劳、磨损、电迁移等引起的损耗越快,损伤速度随应力量值的幂指数增加。而产品中无缺陷部位虽然也有损伤,但由于应力较有缺陷处小得多,损伤积累要慢得多,因此在无缺陷处尚没有积累多少疲劳损伤的情况下,有缺陷处已因达到疲劳破坏而出现故障。可见 HASS 对激发缺陷具有明显缩短时间的作用,这种作用以增大应力的指数倍数加速。因此,HASS 的第一设计原则是尽可能高地提高应力,以大大缩短 HASS 的时间,其带来的好处是大大减少了筛选用电能和液氮等的消耗及所需的技术人员。

　　(2) 略低于 HALT 得到的应力极限。超过 HALT 中确定的应力极限,特别是破坏极限必然会破坏产品,这就违反了 HASS 本身的目的,这当然是不允许的。虽然通过 HALT 得到的应力极限是一个明确的值,但实际上呈一定的分布。也就是说,产品群体中有些产品极限值会低于此值,也有些产品的极限值会高于此值。HASS是对批生产的每个产品进行的,为了避免所用HASS应力超出产品群较薄弱产品的极限值,常常有意取比极限值低一定量的值作为HASS的最大应力。

(3)应用低应力的综合作用帮助检测缺陷。许多潜在缺陷虽然能用高应力激发成明显缺陷,但在高应力状态下难以检测出来,相反,在低应力或低应力综合作用下反而能方便地检测出来。因此,HASS剖面中还包括这一类低应力或低应力的综合,如低温和小量值振动的综合。

7)试验流程

典型的HASS实施过程包括HASS剖面设计、筛选验证和产品HASS试行三个阶段,如图9-9所示。HASS剖面设计和筛选验证的目的是提供一种最快、最有效的筛选方法。

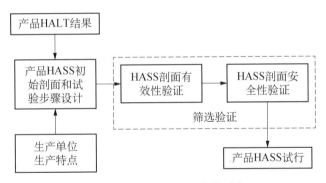

图9-9 典型的HASS实施过程

(1)剖面设计。设计出一个好的HASS剖面是成功开展HASS最关键的一步,而剖面的设计是一个反复试验论证的过程。HASS应力剖面一般均由快速温变循环和六轴向随机振动组成,温度和振动应是综合施加的,而不是像传统的ESS那样组合施加,即在快速温变循环的整个循环内,一直施加规定量值的随机振动。在整个过程中,一直对产品的功能和性能进行监视测量,并在高量值随机振动一定时间后进行受控激励,即将振动量值逐步降低到10~2 Grms范围内,进行微颤振动,以检测出高应力不易发现的缺陷,或用将温变循环范围缩小并与振动受控激励结合的方法进行检测,以发现缺陷。

a. 温度循环应力。HASS中温度循环需要确定的主要指标包括温度循环剖面中的高、低温度极值,温度变化率的大小,在最高和最低温度极值处的保温时间,温度循环的次数以及这些参数所影响的试验费用和试验效果等。

a) 最高和最低温度值。温度循环中的温度极值决定了试验强度。温度范围表明了产品在每一个循环中经受的热应力和应变。可选择最佳温度极值,使缺陷发展为故障析出所需的循环次数最少。在通常情况下,温度循环的上、下端点值选择产品工作极限的 90% 为佳。

b) 温度变化率。温度变化率以复杂的方式影响试验强度,产品上的应力和应变也主要发生在温度变化期间,温度变化率同时也会影响总筛选时间。HASS 的温度变化率一般不小于 15℃/min。在筛选中,应该根据实际情况设定温度变化率,目前很多产品采用 20~60℃/min 作为筛选的温度变化率。对温度变化敏感的产品,可以单独进行温度循环试验,考察温度变化率对产品的实际影响,以准确确定筛选时所需要的温度变化率。

c) 上、下限温度的持续时间。受试产品在温度箱的空气温度中停留时间包括元器件(零部件)温度达到温度所需时间和在温度极值下浸泡(温度达到稳定)后保持所需要的时间。浸泡时间需包含功能测试的时间,具体时间可以通过温度测定方法确定。

d) 温度循环次数。温度循环次数影响实验的有效性和持续时间。由于受试产品的类型不同,因此筛选循环次数也有所不同。总结国内外的 HASS 筛选结果,不同复杂程度产品的循环数如表 9-4 所示。一般为了节约试验费用、压缩试验时间,每次试验循环周期不超过 5 次。如果试件在 5~6 个循环之内还没有出现故障,则应该增大温度变化率,重新开始试验。

表 9-4 不同复杂程度产品的循环数

产品类型	电子器件数/个	所需循环次数
简单型	100	1
中等复杂型	500	2~3
复杂型	2 000	3~6

b. 随机振动应力。HASS 中振动应力需要确定的指标有振动谱、量值和振动持续时间。强化振动台能够提供 3 周 6 自由度随机振动激励信号,频率范围为 20~5 000 Hz,能够充分激发出产品潜在缺陷。振动量值的确定要以能激发出产品的制造工艺缺陷而不引入新缺陷为原则,根据经验,一般选取振动工作极限的 50%,再进行调整优化。振动持续时间就是缺陷发展为故障的时间,一般

对于一个完整的 HASS 剖面,振动持续 60 min 足以激发出对振动敏感的潜在缺陷。

c. 温度振动综合应力。虽然单独的温度循环应力和全轴随机振动对故障的激发效率都很高,但如果将两种应力综合作用,则激发出来的故障模式将比单独作用时所激发出来的故障模式多好几倍。这就是试验采用温度振动综合激发产品潜在缺陷的原因。在生成综合试验剖面图的过程中,应该解决应力类型的选择、量级大小、应力施加的先后顺序等几个方面的问题。

HASS 剖面的建立就是根据前面所述选择合适的应力类型、应力量级和综合方式,建立初步的 HASS 剖面,再通过验证筛选,以得到最佳的筛选效果。由振动和温度循环构成的 HASS 剖面参数包括上、下极限温度,端点温度滞留时间,温度变化率,振动量级,振动时间长短等。HASS 剖面结构有典型剖面和标准剖面两种。

方案 1:含析出和检测筛选的典型 HASS 剖面。对于工作极限和破坏极限差别大的产品,剖面结构包括析出筛选和检测筛选两部分。析出筛选部分用来激发产品中的各种薄弱环节,不仅温度变化速率快,而且范围宽,应力量级选在产品的工作极限和破坏极限之间,一般推荐取破坏极限和工作极限的平均值;检测筛选部分温度变化速率比析出筛选温度低,而且温度范围窄,其应力量级低于 HALT 过程中所测得的工作极限,一般取工作极限的 90%,这个过程可以暴露产品的薄弱环节。这种含析出和检测筛选的典型 HASS 剖面结构如图 9 - 10 所示。

方案 2:标准 HASS 剖面。对于工作极限和破坏极限接近的产品,没必要使用析出和检测筛选两部分组成的剖面,采用标准的 HASS 剖面结构,如图 9 - 11 所示。

在进行产品 HASS 时,根据具体的产品及 HALT 的试验结果,可灵活制订相应的初始筛选剖面,并根据验证筛选的效果和实际工作中的情况不断完善,得到经济、高速、有效的 HASS 剖面。

(2) 筛选验证。众所周知,HAST 是一种针对性的试验方法,一般先进行 FMEA,从理论的角度对现有产品常见故障模式、故障检测及纠正方法等进行分析,发现现有设计中潜在的薄弱环节,分析影响产品可靠性的敏感应力,从而确定加速试验的最佳激励应力,根据其潜在的故障模式确定进行加速试验时测试故障的手段;明确故障模式与失效机理之间的内在关系,便于加速试验后进行有效的故障分析,可以获得加速试验中产品可能出现的故障模式,并预先给出改进

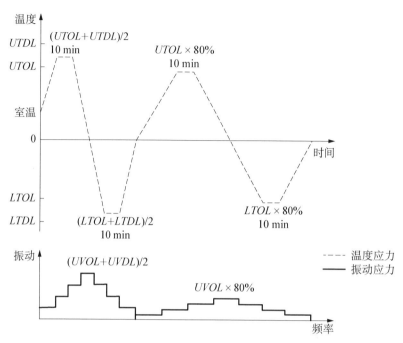

图 9-10　含析出和检测筛选的典型 HASS 剖面结构

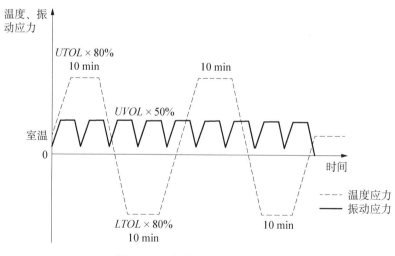

图 9-11　标准 HASS 剖面结构

方案,更好地分析加速试验的结果,提出改进措施。因此,在进行初始 HASS 筛选剖面验证之前,首先应明确剖面验证的目标值,如加速目标值、筛选度目标值、有效寿命消耗值等定量参数,以此作为筛选剖面验证的标准。

HASS 筛选过程的有效性和安全性是 HASS 试验剖面的判定标准。第一步(剖面有效性验证)是确定剖面在检测制造缺陷方面的有效程度,第二步(剖面安全性验证)是证明剖面是安全的,且不会过量消耗产品的有效寿命。

a. 剖面有效性验证。剖面的有效性通过析出潜在缺陷的能力来衡量。为了证明这种有效性,有必要筛选由于潜在缺陷而预期在 HASS 剖面上失效的产品,如果需要,则可以在好的产品上植入缺陷。这些缺陷应该代表制造过程失控,试图重现制造或采购过程中出现问题时可能产生的缺陷,即焊接工艺不良、元件插入损坏或不正确等。

所有的夹具位置都应该填充。如果没有足够的潜在缺陷单元填充夹具,则应该在剩余的夹具位置使用已知的优质产品。

产品应经受初始 HASS 剖面。如果筛选单元出现任何失效,则应对失效进行根本原因分析(root cause analysis,RCA)。

RCA 结果将决定剖面水平是否正确或需要修改。一方面,如果失效是由过应力或磨损造成的,则应降低剖面应力水平,并使用先前未经测试的单元重新执行剖面。另一方面,如果没有检测到缺陷,则应提高筛选强度,重复此过程。可以通过增加剖面应力水平或增加循环次数提高筛选强度:应力水平的递增量取决于产品变量,通常以 10℃ 为增量增加;循环次数的增加会延长 HASS 的总持续时间,因此不太理想。

b. 剖面安全性验证。该过程应证明 HASS 筛选剖面是安全的,且不会过量消耗产品的有效寿命。夹具应装载经过全面试验的、已知的良好单元。该剖面应重复至少 20 次不发生故障,这表明生产单元只经过一次剖面,仍然有 95% 的剩余使用寿命或最多消耗 5% 的寿命。例如,如果 HASS 剖面是 2 个周期,那么这些单元将经历 40 个周期。为了达到更好的效果,建议将筛选剖面重复 30～50 次。

如果筛选单元出现任何故障,则应对故障进行 RCA 以确定故障是由过度应力或磨损,还是由制造工艺缺陷造成的。如果在剖面执行过程中发生故障,则应停止剖面,并执行 RCA。

RCA 结果将决定剖面水平是否正确或需要修改。如果失效是由过应力或磨损造成的,则应降低剖面应力水平,并使用先前未经测试的单元重新执行剖面。

(3) 产品 HASS 试行。经过剖面验证的 HASS 试验通常被视为高速、有效的质量筛选利器,能够有效地对每个产品在生产制造过程中进行连续测试与筛选,从而保证产品的质量与可靠性。但 HASS 剖面不是一成不变的,可以根据生产过程和使用现场的数据进行适当的调整。不过,每次调整都必须慎重考虑、清楚分析。如果筛选遗漏了缺陷,则必须分析原因,必要的话,要对 HASS 进行修改;如果在 HASS 过程中出现某个失效,则必须仔细分析原因,了解是否由HASS 过程变更所致,任何应力出现变化都必须重新进行一次筛选验证。

a. HASS 筛选方案的调整。在 HASS 筛选方案确定以后,在整个生产过程中仍需要对筛选过程进行监测,因为有很多时候筛选方案需要变动,其中来自生产线和外场的反馈信息是决定筛选过程是否需要改变的主要依据。

来自生产线的反馈信息很重要,这些信息包括产品加工工艺的变动情况,原材料、元器件的变动情况,以及产品在生产线上质量检查过程中所暴露的缺陷情况等。将它与 HASS 筛选结果相比较,看 HASS 筛选过程中是否发现了这些失效形式,就可决定筛选方案是否需要调整。

在制订筛选方案的过程中,可能由于没有达到最佳的应力极限而停止HASS 筛选方案的进一步优化,使某些缺陷不能及时被发现;或者由于筛选应力量级定得太高而导致产品内部存在残余应力,并给产品注入缺陷(特别是累计损伤)。这些缺陷会加速某些疲劳失效,这些疲劳损伤可能不会在 HASS 中以故障的形式暴露出来,但却可能在外场使用的早期暴露出来,因此来自外场的反馈信息也很关键。这些信息包括产品在实际使用中暴露的缺陷以及产品的寿命情况,能反映除筛选的有效性及安全性(即筛选应力过低造成的漏筛及筛选应力过高引起的产品的潜在损伤)外,还可以在一定程度上指导 HASS 剖面的制订。

b. HASS 筛选方案的重新验证。在筛选过程中,当作用于产品上的热和振动应力发生改变时,就需要重新验证 HASS 筛选方案和筛选效果。作用于产品上的环境应力的改变往往是由于筛选方案或夹具发生了调整引起的,其中筛选方案的改变包括应力量级、停留时间、温度变化率还有应力施加时刻等。参加筛选的产品数目、产品的定向、气流、试验设备等的改变也会导致作用在产品上的环境应力发生改变,需要重新验证筛选方案的有效性。

如果筛选过程中作用于产品上的应力量级升高,则重新验证筛选效果是非常重要的,因为原来的筛选方案有可能在筛选过程中损伤好的产品。如果作用于筛选产品上的应力量级降低,则重新验证筛选效果也很有意义,它可以证明降低后的应力量级是否降低了 HASS 的筛选强度,是否还能够激发出那些潜在的制造缺陷。但是,如果应力变动很小,则重新验证的结果可能会很不确定。

此外,当产品在设计上发生很大变动时,必须重新修正和验证 HASS 筛选方案,以证明这种改变是否在某种程度上降低了产品的可靠性。特别是当产品在设计上变动较大时,要求重新进行 HALT,在此基础上重新制订 HASS 筛选方案,并对筛选效果进行验证。

8) 故障分析和纠正措施

如果筛选单元出现失效,则应对失效进行 RCA,以确定失效是由过应力或磨损,还是由制造工艺缺陷造成的。如果在剖面执行的过程中发生缺陷,且如果继续执行剖面可能会进一步破坏发生失效的单元而掩盖原来的缺陷,则应该暂停试验,并且将失效单元移除,进行 RCA 并换成另一个单位,然后,试验应该从停止的地方恢复。

RCA 结果将决定试验程序或材料是否存在缺陷。经过故障分析发现设备失效的根本原因后,需要开展相应的纠正措施。所有的纠正措施都需要记录下来,并且需要得到故障评审委员会的认可。

10 可靠性数据分析

10.1.1 可靠性数据分析概述

可靠性数据分析是描述、评价产品可靠性的理论方法,随着可靠性概念的提出和逐渐发展,现已成为可靠性工程的重要组成部分。可靠性数据分析通过收集系统或单元产品在研制、试验、生产和使用中所产生的可靠性数据,并依据系统功能或可靠性结构,利用概率统计方法,给出系统的各种可靠性数据指标的定量估计。它是一种既包括数学和可靠性理论,又包含工程分析处理的方法。可靠性数据分析的研究对象从简单到复杂,相关的可靠性数据从寿命数据扩展到非寿命数据;数据收集的范围从产品寿命试验延伸到整个产品的研制全过程和全寿命周期;数据分析方法从单元产品可靠性数据分析向系统可靠性数据分析发展。可靠性数据分析在可靠性工程的实际需求下,理论和方法都得到了长足发展,形成了完整、系统的理论和方法体系。

10.1.2 可靠性数据分析的目的和意义

可靠性数据分析是贯穿产品研制、试验、生产和使用全过程的一项活动,其最终目的是通过可靠性数据的定量和定性分析,对产品可靠性水平进行评估,找出影响产品可靠性水平的原因,提高产品可靠性。针对可靠性设计的各个阶段,可靠性数据分析也有着不同的详细要求。

在产品研制阶段,可靠性数据分析工作主要为依据可靠性设计的过程,开展系统层级或者单元层级的可靠性数据分析过程,验证产品设计,分析故障原因,提出改进措施,以提高产品的固有可靠性水平。可靠性数据分析用于对所进行的各项试验结果的参数进行评估,以验证试验的有效性。如进行可靠性增长试验时,应根据试验结果对参数进行评估,分析产品的故障原因,找出薄弱环节,提出改进措施,以使产品可靠性得到逐步增长。

在产品生产阶段,应在生产前根据可靠性鉴定试验的结果,评估其可靠性水平是否达到设计的要求,为生产决策提供管理信息,投入批生产后,应根据验收试验的数据评估可靠性,综合分析生产过程和设计过程中的可靠性数据,检验生产过程、生产工艺等,检验其生产工艺水平能否保证产品所需要的可靠性水平。

在产品投入使用阶段,应持续收集产品使用中的可靠性数据,特别是早期数据,以开展及时的数据分析和评估工作,找出产品的早期故障和主要原因,进行改进和加强质量管理,提出措施,以降低产品早期故障率,提高产品可靠性。

随着可靠性和维修性工作的不断深入,可靠性数据分析工作越来越体现出它的价值和重要地位。在产品寿命周期中,可靠性数据的收集和分析伴随着各个阶段的可靠性工程活动进行,可靠性数据分析是可靠性设计和可靠性试验的基础,也为可靠性管理决策提供了重要依据。

10.2　可靠性数据收集

10.2.1　可靠性数据的特点

民机的使用可靠性数据具有如下的特点。

1) 多源性

可靠性数据源于全寿命周期的整个过程,分布于产品的不同结构层次中,有实验室试验数据、外场使用数据、仿真数据和专家经验数据等。

2) 随机性

飞机何时发生故障是随机的,发生故障后的修复时间也是随机的,所以描述飞机故障发生和修复的时间量是随机变量,采取统计方法处理。

3) 高价值性

民机使用可靠性数据采集与分析技术研究民机的使用可靠性数据的种类、数量和来源决定了采集这些数据需要花费大量的时间、财力和物力,最常用的可靠性数据是试验数据和外场数据;可靠性试验,特别是寿命试验,周期长、费用高、工作量大。此外,对这些数据进行统计和分析的结果对保持和提高飞机的可靠性和安全性有重要的参考意义,并能创造可观的效益。从付出和收获两方面讲,可靠性数据都具有高价值。

4) 时效性

民机在投入使用后,也会不断地进行改进和完善。在某段时间内采集的使用可靠性数据仅能代表当前飞机当前阶段的可靠性状况,在飞机进行改进之后,前阶段的使用可靠性数据不再能反映现阶段可靠性状况,所以使用可靠性数据的时效性很强。

5) 不确定性

可靠性数据来源广泛,通常信息本身不完整,获取信息的方式不可靠,表达方式不精确,甚至不同信息来源之间存在矛盾等原因会导致可靠性数据具有一定的不确定性。

6) 可追溯性

随着时间的推移,可靠性数据反映了产品可靠性发展的趋势和过程,如经过改进的产品其可靠性得到了增长,当前的数据与过去的数据有关。

10.2.2　可靠性数据的内容和来源

对于民用飞机,可靠性数据可以分为研制阶段的可靠性数据和运营阶段的可靠性数据两个部分。为了获取全面的可靠性数据,在研制阶段,应对可靠性预计、可靠性分配、FRA、FMEA、FTA、可靠性确认与验证等可靠性工作开展数据收集工作。在试飞工作中,应收集试飞任务及其执行情况、试飞的架次和飞行时间、各系统工作时间、发生故障的报告、部件非计划拆换报告及按照维修手册进行计划维修的记录等数据。运营阶段的可靠性数据采集应当以航空器运营商(航空公司)为单位进行。各航空器运营商通过网络、电子邮件、报告等多种途径按月提交航空器运营阶段的可靠性数据,包括航空器运营商信息和航空器信息记录,并依据使用情况提交系统工作时间记录、发动机使用情况记录、APU 使用情况记录等。此外,还可能包括发动机拆换记录、APU 拆换记录、故障报告、发动机空中停车记录、航班不正常报告、使用困难报告、部件非计划拆换报告、计划维修记录、航空器信息变化表及发动机信息变化表等。

具体来讲,可靠性数据的主要来源有以下几类。

1) 试验数据

试验数据主要指在产品研制和生产阶段获得的数据。试验数据来自研制试验、可靠性鉴定与验收试验、寿命试验(包括加速寿命试验),也可来自产品功能试验、环境试验或生产验收试验等。RVT 主要以截尾试验为主,包括定数截尾试验、定时截尾试验和随机截尾试验,也有完全样本试验。因此,试验数据主要包括定数截尾试验数据、定时截尾试验数据、随机截尾试验数据和完全样本试验数据。

2) 现场数据

使用数据是指在用户使用产品过程中获得的数据。主要来自现场使用信息、顾客投诉、维修日志、备件库使用情况等。产品在实际使用中的地区和环境条件不同，数据记录人员不同，产品转移他处后使用，因意外原因中途撤离使用等，形成了现场数据的随机截尾特性。在这些随机截尾数据中，包括故障样品的故障时间和撤离样品的无故障工作时间。使用数据包含较多的删失数据。

3) 供应商数据

为了满足主制造商提出的产品和评价要求，一方面，系统和设备供应商必须依据 SAE ARP 4761 要求对产品进行 FTA、FME(C)A 和共因分析等安全性分析，并形成相关报告；另一方面，供应商也需对产品进行可靠性试验以确定产品的可靠性水平。在此过程中，供应商会参考相关数据手册或规范、可靠性预计标准等辅助完成产品的可靠性、安全性分析与评估。因此，供应商的数据来源包括自身积累的可靠性数据或工程经验、可靠性数据手册或规范、可靠性预计标准等，而自身产品的可靠性数据则多包含在所提交的可靠性、安全性预计与分析报告中。

4) 可靠性数据相关手册或标准中的数据

可靠性数据相关手册包括可靠性数据手册(如 NPRD95)以及可靠性预计手册，如 NSWC - 2006、MIL - HDBK - 217F(PLUS)、IEC TR 62380 和 GZB Z299 等。这些手册中的产品可靠性数据大多都有明确的关于质量水平、使用环境等的说明。

5) 专家经验信息

行业专家结合自己对本产品以及相似产品的可靠性认识，可以给出产品可靠性的大概范围，表达方式可以是点估计、区间估计或语言描述。这些信息也具有很大的参考价值，特别是在可靠性基础数据匮乏的情况下。

此外，相似产品的可靠性数据以及仿真数据也是很重要的可靠性数据。

10.2.3 可靠性数据收集的要求

数据本身对数据分析的结果影响很大，对数据的收集应满足以下基本要求。

1) 真实性

记录的数据必须如实反映产品状况，特别是对产品故障的描述，应针对具体产品进行具体的描述。对产品发生故障的时机、原因、故障现象及造成的影响均应有明确、详细的记录。数据的真实性是准确性的前提，只有对产品状况进行如实的记录和描述，才有助于准确判断问题。即使对于某次故障在现场可能存在误判，但对故障产品分解检查后，就能准确地描述这次故障的真实现象。由于技术水平及其他条件的限制，因此对故障的真实记录不等于是准确记录，还有待于进一步分析和判断。

2) 连续性

随着时间推移，可靠性数据反映了产品可靠性的趋势，因此为了保证可靠性数据具有可追溯性，要求数据的记录连续。其中最主要的是产品在工作过程中所有事件发生时的时间记录及对所经历过程的描述。在对产品实行可靠性监控和信息的闭环管理时，连续性是对数据的基本要求。

3) 完整性

为了充分利用数据对产品可靠性进行评估，要求所记录的数据项尽可能完整，及对每一次故障发生或维修的时间，故障产品本身的使用状况及该产品的历史及送修、报废等情况都应尽可能记录清楚，这样才有利于对产品的可靠性进行全面分析，也有利于更好地指定对其的监控及维护措施。

以上对数据的要求只有在信息管理体系下严格管理数据，事先确定数据收集点，有专人负责记录数据，有完善的数据收集系统才能做到。为满足这些要求以保证数据的质量，完善的信息管理体系必不可少。

10.2.4 可靠性数据收集程序与方法

可靠性数据的收集应有周密的计划。试验数据的收集一般比较完善，设计人员可根据事先的要求和目的记录所需数据。现场数据就不能做到这样完善，产品一旦投入使用，所及之处都会产生数据，在不可能做到面面俱到的情况下，应根据需求分析选择重点产品和地区作为数据收集点。

1) 进行需求分析

在收集数据以前必须进行需求分析，明确数据收集的内容和目的，不同寿命阶段对数据的需求是不同的，因而所收集的对象和内容应随之确定。

2) 确定数据收集点

在不同的寿命阶段有不同的数据收集点，如内厂试验数据就应该选择实验室、产品生产监测点、元器件及材料筛选试验点等作为数据收集点；对于现场数据，主要是使用部门的质控室和维修部门等。在选择重点地区或部门时，以有一定的代表性为好，如使用的产品群体较大、管理较好，使用中代表了典型的环境与使用条件等。对于新投入使用的产品，应尽可能从头开始跟踪记录，以反映其使用的全过程。

3) 制订数据收集表格

这是数据收集系统的重要任务。根据需求制订所需收集的内容统一、规范化的表格,便于计算机处理,也便于在同行业或同部门内流通;有利于减少重复工作量,提高效率,也有利于明确认识,统一观点。

4) 数据收集的方法

在建立了完善的数据收集系统后,数据可依传送的途径按正常流通渠道进行,当数据收集系统运行尚不完善时,可通过以下两种方式进行:一种方式是在使用现场聘请信息员,让其按所要求收集的内容,逐项填表,定期反馈;另一种方式是信息系统派专人下到现场收集,按预先制订好的计划进行。

5) 收集数据时应注意的问题

虽然现场数据反映了实际使用中产品的可靠性,但相同产品的使用条件不同,因此数据收集应区分不同条件和地区。

10.3 可靠性数据处理与评估

10.3.1 分布假设检验

分布假设检验通过试验或现场使用等得到的统计数据,推断产品寿命是否服从初步整理分析所选定的分布,推断的依据是拟合优度检验。拟合优度检验方法有两类,一类是作图法,另一类是解析法。作图法简单直观,但检验结果往往因人而异,判断不精确,因此,常用的是解析法。解析法有多重检验方法,如 χ^2 检验法、k-s 检验法、相关系数检验法、似然比检验法、F 检验法等。有些方法通用性较强,有些方法只适用于特定情况。

10.3.2 参数估计

在可靠性数据分析中,经常用一些参数或参数函数表征产品的可靠性指标,进行产品的可靠性定量分析需要先给出参数估计,再获得产品的可靠性指标。通过收集和分析国内外有关可靠性统计分析或估计的资料表明,产品可靠性评估所涉及的分布主要有威布尔分布、正态分布、对数正态分布、指数分布和二项分布等,其中常见的是指数分布。这里只对指数分布进行详细介绍。

1) 指数分布参数的点估计

电子产品的寿命分布一般都用指数分布描述,但大部分复杂非电产品也可以用指数分布描述其寿命分布。在非电产品中,指数分布适用于大型复杂系统,许多机械零部件经过磨合的一段时间,也就是偶然故障期,也可认为服从指数分布,如涡轮、齿轮、曲轴等。指数分布可以用来估计以下试验样本的参数的点估计:完全样本、定数截尾试验样本、定时截尾试验样本、随机截尾样本。

单参数指数分布的密度函数为

$$f(t) = \lambda e^{-\lambda t} = \frac{1}{\theta} e^{-\frac{t}{\theta}}, \ t \geqslant 0 \tag{10-1}$$

分布函数为

$$F(t) = 1 - e^{-\lambda t} = 1 - e^{-\frac{t}{\theta}}, \ t \geqslant 0 \tag{10-2}$$

式中,λ 或 $\theta = \frac{1}{\lambda}$,为待估参数。

使用条件为必须已知故障的发生时间,且需要有迭代法的计算机程序。

各种试验样本的指数分布参数的极大似然估计的计算公式如表 10-1 所示。

表 10-1 指数分布参数的极大似然估计计算公式

试验样本		总试验时间 T	参数估计 θ
完全样本 $n = r$		$\sum\limits_{i=1}^{n} t_i$	
定数截尾(无替换样本)	故障数 r 截尾时间 t_r	$\sum\limits_{i=1}^{r} t_i + (n-r)t_r$	
定时截尾(无替换样本)	故障数 r 截尾时间 t_0	$\sum\limits_{i=1}^{r} t_i + (n-r)t_0$	T/r
随机截尾 删除参数 k,故障数 r $n = k + r$ 故障时间 $t_1, t_2, \cdots, t_r$ 删除时间 $\tau_1, \tau_2, \cdots, \tau_k$		$\sum\limits_{i=1}^{r} t_i + \sum\limits_{j=1}^{k} \tau_j$	

2) 可靠性参数的点估计

(1) 可靠度。给定工作时间 t 的可靠度的点估计为

$$\hat{R}(t) = \exp\left[-\frac{t}{\hat{\theta}}\right] = \exp(-\hat{\lambda} t) \tag{10-3}$$

(2) 故障率。指数分布的故障率为常量。

$$\hat{\lambda} = \frac{r}{T} \tag{10-4}$$

（3）平均寿命。

$$\hat{\theta} = \frac{1}{\hat{\lambda}} = \frac{T}{r} \tag{10-5}$$

（4）可靠寿命。给定可靠度 R 时的寿命为

$$t_R = (-\ln R)\,\hat{\theta} \tag{10-6}$$

3）指数分布的区间估计

（1）适用范围。分定时和定数截尾（完全样本可归入定数截尾样本）两种样本类型给出指数分布的区间估计。

（2）使用条件：需要 χ^2 分布表，定时间隔测试样本的估计需要 F 分布表。

（3）定数截尾样本的区间估计。

a. 双侧置信区间。平均寿命 θ 的置信区间为 $(1-\alpha)$ 的双侧置信区间为

$$\theta_{\mathrm{L}} = \frac{2r\,\hat{\theta}}{\chi^2_{1-\frac{\alpha}{2}}(2r)} = \frac{2T}{\chi^2_{1-\frac{\alpha}{2}}(2r)} \tag{10-7}$$

$$\theta_{\mathrm{U}} = \frac{2r\,\hat{\theta}}{\chi^2_{\frac{\alpha}{2}}(2r)} = \frac{2T}{\chi^2_{\frac{\alpha}{2}}(2r)} \tag{10-8}$$

b. 单侧置信下限为

$$\theta_{\mathrm{L}} = \frac{2r\,\hat{\theta}}{\chi^2_{1-\alpha}(2r)} = \frac{2T}{\chi^2_{1-\alpha}(2r)} \tag{10-9}$$

（4）定时截尾样本的区间估计。

a. 双侧置信区间。平均寿命 θ 的置信度为 $(1-\alpha)$ 的双侧置信区间为

$$\theta_{\mathrm{L}} = \frac{2r\,\hat{\theta}}{\chi^2_{1-\frac{\alpha}{2}}(2r+2)} = \frac{2T}{\chi^2_{1-\frac{\alpha}{2}}(2r+2)} \tag{10-10}$$

$$\theta_{\mathrm{U}} = \frac{2r\,\hat{\theta}}{\chi^2_{\frac{\alpha}{2}}(2r+2)} = \frac{2T}{\chi^2_{\frac{\alpha}{2}}(2r+2)} \tag{10-11}$$

b. 单侧置信下限为

$$\theta_{\rm L} = \frac{2r\,\hat{\theta}}{\chi^2_{1-\alpha}(2r+2)} = \frac{2T}{\chi^2_{1-\alpha}(2r+2)} \tag{10-12}$$

4) 指数分布无故障数据的区间估计

(1) 适用范围。产品有故障数据时的估计方法已经比较成熟,而产品无故障数据时的估计方法还处于研究阶段。在完全样本、定时截尾、定数截尾中,定时截尾出现无故障的情况较多,因此这里主要给出在定时截尾情况下,无故障数据的可靠度、可靠寿命和平均寿命的置信下限。

(2) 使用条件:故障数 $r = 0$,需要有迭代的计算机程序。

(3) 估计公式。设在定时截尾情况下,n 个产品的工作时间为 $t_1 \leqslant t_2 \leqslant \cdots \leqslant t_n$,置信度为 $(1-\alpha)$。

a. 可靠度的最优单侧置信下限为

$$R_{\rm L}(t) = \alpha^{t / \sum\limits_{i=1}^{n} t_i} \tag{10-13}$$

b. 可靠寿命的最优单侧置信下限为

$$t_{\rm L}(R) = \frac{\ln R}{\ln \alpha} \sum_{i=1}^{n} t_i \tag{10-14}$$

c. 平均寿命的最优单侧置信下限为

$$\theta_{\rm L} = \Big(\sum_{i=1}^{n} t_i \Big) \Big/ (-\ln \alpha) \tag{10-15}$$

10.3.3　基于小样本信息的可靠性数据分析

目前,国内外已经发展出一些研究小样本数据可靠性的方法。主要有贝叶斯方法、基于计算机仿真的自助法、蒙特卡罗法、由金字塔式方法发展出的矩阵拟合法、历史数据融合法等。

1) 贝叶斯方法

贝叶斯方法于 20 世纪 50 年代提出,用于解决复杂系统的可靠性评估问题,在处理小样本数据时具有明显优势。贝叶斯方法与经典的统计理论的区别在于将所求参数本身看为随机变量,贝叶斯方法利用先验分布,不需要很大的子样也可以得到较好的概率估计值。

贝叶斯公式是贝叶斯方法的基础,它可以表示为

$$g(\theta/x) = \frac{f(x/\theta)g(x)}{f(x)} \tag{10-16}$$

其中 $f(x) = \sum f(x/\theta)g(\theta)$，$f(x/\theta) = \prod_{i=1}^{n} f(x_i/\theta)$，$f(x_i/\theta)$ 为给定 θ 时 x_i 的条件概率分布，称为似然分布(样本模型)，$g(\theta/x)$ 为给定 x 时 θ 的联合概率密度分布，即后验分布。在得到样本 X 前，对参数 θ 的认识总结于 $g(\theta)$ 中，样本中 θ 的新信息包含于似然函数 $f(x/\theta)$ 中。经过 $f(x/\theta)$ 修正后，可以得到更高一级的认识 $g(\theta/x)$，贝叶斯方法是"认识经实践而螺旋式上升"这一认识论观点的数学表述。进行数据分析时，先要进行先验分布，工程中常用的有无知先验和共轭先验两种分布。此外，也可以根据已有的且常见的十余种疲劳分布模型，如对数正态分布、正态分布、威布尔分布、Birnbaum-Sauders 分布等，确定先验分布后，贝叶斯方法的一般步骤如下所示。

（1）确定部件的可靠性(寿命)分布类型，如二项分布、指数分布、威布尔分布、正态分布等。

（2）根据先验信息得到先验分布的表示形式。

（3）获取部件相应的可靠性试验数据，根据贝叶斯公式得到部件可靠性参数的验后概率密度分布函数。

（4）进行贝叶斯分析，包括可靠性点估计、置信区间估计和假设检验等，得到所需的可靠性参数。

2）自助法

自助法是一种在小样本分析中经常使用的再抽样统计方法，目的是用现有的小样本数据在数理统计方法的基础上模拟未知分布，其本质是将小样本问题转化为大样本问题，它比较适用于小样本条件下的统计推断。

设随机样本 $X = (x_1, x_2, \cdots, x_n)$ 来自某未知的总体分布 F，$R(X, F)$ 为总体分布 F 的某个分布特征，$\theta = \theta(F)$ 为总体分布的未知参数，F_n 为抽样分布函数，$\hat{\theta} = \hat{\theta}(F_n)$ 为 θ 的估计。记 $T_n = \hat{\theta}(F_n) - \theta(F)$，为估计带来的误差；记 $X^* = (X_1^*, X_2^*, \cdots, X_n^*)$，为从抽样分布函数 F_n 中获得的再生样本，也就是自助法的子样；F_n^* 为从 X^* 中得到的样本抽样，记 $R_n = \hat{\theta}(F_n^*) - \hat{\theta}(F_n)$，称 R_n 为 T_n 的自助统计量。利用自助样本的 R_n 分布(给定 F_n 之下)模拟未知概率分布 T_n 的统计特性，从而得到未知参数 $\hat{\theta}$ 的近似，这就是自助法的核心思想，自助法应用在很大程度上取决于经验分布的选取和样本数的大小。

贝叶斯自助法(随机加权法)是自助法的发展，它将自助计量 R_n 中的 $\hat{\theta}(F_n^*)$ 替换为 $\hat{\theta}_v = \theta\left[\sum_{i=1}^{n} V_i f_i(X)\right]$。式中，$X = X_1, X_2, \cdots, X_n$，$f_i(X)$ 为波莱尔函

数，V_1，V_2，$\cdots$，V_n 为具有狄利克雷分布 $D(1, 1, \cdots, 1)$ 的随机向量。贝叶斯自助法是一种估计误差的统计处理方法，用随机加权的统计变量 $D_n = \hat{\theta}_v - \hat{\theta}(F_n)$ 模拟估计误差 T_n 的分布，在处理小样本问题时，它比自助法在均方意义下效果更好。

自助法以及贝叶斯自助法都是非参数统计的方法。利用现有的数据信息模仿未知的分布，采用再生抽样的方法将不便于统计处理的小样本失效数据转化为样本充足的信息，解决在小样本条件下的可靠性分析问题。

3) 蒙特卡罗法

在使用蒙特卡罗法处理小样本问题时，首先需要针对母体建立一个概率模型或随机过程，使得过程的参数即为所求问题的解，其次通过对建立的模型或过程进行取值和抽样以得到所求参数的统计特征，最后给出所求解的数值结果。

蒙特卡罗法是一种计算机仿真的方法，通常用来解决系统复杂、解析方法难以求解的问题。它以概率统计为主要理论，以随机抽样为主要手段。蒙特卡罗法的基本特点是方法及程序结构简单、适用性强；抽样在概率意义上满足收敛的条件；可以解决复杂的随机性问题，而不需要对数学模型进行简化或假设。蒙特卡罗法得到的结果的准确性取决于关于母体所建立的数学模型是否恰当以及输入参数的准确性，而与蒙特卡罗法本身无关。

4) 矩阵拟合法

矩阵拟合法是传统金字塔式方法的发展，根据数理统计原理，将部件和分系统的试验信息折合为系统的试验信息，这对于复杂产品和系统具有很好的适应性。矩阵拟合法充分利用了各个环节的试验信息，较为全面地考虑系统上、下级和同级间的联系，而且由于充分照顾了各环节、各环境的试验信息，因此计算结果变化缓慢且光滑。但是其对部件和分系统信息有一定量的需求，并且对于单一的机械部件不再适用。

5) 历史数据融合法

由于样本数量非常小，甚至出现没有失效的情况，因此为进行可靠性分析，需要对从外部得到的数据进行拟合以给出结果。历史数据融合法是一种基于加权最小二乘法融合历史数据和当前小样本数据，确定疲劳寿命分布的小样本参数估计方法。在一般情况下可以假定疲劳寿命服从三参数威布尔分布，利用其他应力水平下同类构件的历史试验数据，通过加权最小二乘法将历史信息量转换为小样本试验，确定分布参数。

10.4　可靠性故障数据分析

10.4.1　民机设计阶段故障数据分析

故障数据是可靠性数据中的重要组成部分,设计阶段的故障数据主要包括试飞数据和部分试验数据。

1) 试飞阶段故障数据

随着民机试飞架次、试飞验证任务增多,试飞期间不断出现试飞故障,其中不乏重复性故障和问题,影响飞机安全性和可靠性的问题。为从设计源头提升飞机可靠性和飞机质量,保障安全,防范风险,需全面持续关注试飞阶段可靠性故障数据,分析各系统故障影响,关注飞机频发故障、影响飞机安全性和可靠性的故障,总结可靠性关键项目,确保有针对性地开展设计优化,促进飞机可靠性增长,保障飞机交付及运营后具有高可靠性。

民机试飞阶段可靠性故障数据包括各系统故障分布情况、需要关注的故障信息、频发故障信息、关键项目及重点关注项目故障信息和可靠性工程调查等。具体数据信息及分析如下所示。

(1) 各系统故障分布情况。

a. 各系统故障次数情况汇总(见表10-2)。通过各系统故障次数情况汇总分析,可收集不同架次飞机试飞报送的故障条数,分布在哪些系统以及故障次数较多系统的数据。

表 10 - 2　各系统故障次数情况汇总

机型	系列	月份/年份	ATA	系统名称	故障次数			
					架次 1	架次 2	架次 3	合计
×××		01/2017	01 总体					
			03 结构强度					
			21 空调系统					
			27 飞行控制系统					
			31 指示/记录系统					
			52 舱门					
			70~80 推进					
			合计					

b. 各系统故障影响情况汇总(见表10-3)。通过对各系统故障影响情况汇

总分析,可得到影响飞机安全性和运营可靠性的故障主要分布的系统,并可获得影响飞机安全性和对运营可靠性有影响的故障类型。

表 10 - 3　各系统故障影响情况

ATA	系统名称	故障描述	故障次数	故障影响		累计情况汇总	
				影响飞机可靠性	影响飞机安全性	当年累计	历史累计
21	空调系统						
…	…						
	合计						

（2）需要关注的故障信息（见表 10 - 4）。

表 10 - 4　需要关注的故障信息

ATA	系统名称	序号	故障描述	故障影响	涉及部件类型
21	空调系统				
…	…				

详细故障信息如表 10 - 5 所示。

表 10 - 5　详细故障信息

发生日期	故障描述	飞机序列号	涉及ATA	涉及部件	部件件号	部件类型	故障现象	飞行阶段	初步分析	故障原因	建议措施	计划跟踪及评估情况	故障影响	责任方

（3）频发故障信息。频发故障可根据试飞阶段具体需求进行定义,如定义为同一设备在一个月内连续出现 2 次及以上的故障。详细的频发故障信息如表 10 - 6所示。

表 10 - 6   频发故障信息

ATA	系统名称	序号	故障描述	发生次数
21	空调系统			
⋯	⋯			

（4）可靠性关键项目分析（见表 10 - 7）。

表 10 - 7   可靠性关键项目分析

序号	系统件名称	累计使用时间	故障次数	MTBF（设计值）

（5）针对需要关注的故障和频发故障开展可靠性调查（见表 10 - 8）。

表 10 - 8   可靠性调查表

序号	故障描述	进展状态	所属ATA	涉及部件	是否为可靠性关键项目	故障影响	责任方

2）试验数据

试验阶段的故障数据收集为试验阶段数据工作的第一步，包括试验故障报告、故障分析和评估、故障处理几个环节，并应给出故障报告结论。对于存在的问题，在故障报告结论中应当提出问题，并制订纠正措施。

故障报告中故障信息如表 10 - 9 所示。

表 10 - 9   故障信息

数据项	说明	备注
故障类型代码	与故障类型关联的代码	
故障类型	故障的类别、预设值	编制相应的故障类型定义及代码库
故障现象	预设值	需定义相应的故障现象

（续表）

数据项	说明	备注
故障模式代码	与故障模式对应的代码	
故障模式	预设值	编制相应的故障模式及代码库,考虑与 FMECA 的结果相关联
故障描述	对故障的详细描述	
是否影响安全性	预设值是否为默认值：否	
影响功能	因故障而影响的功能	建议关联功能清单
相关文件		
附件	在试验过程中记录的与故障相关的图片、视频或文字资料	

10.4.2　民机运营阶段故障数据分析

航线运营原始数据中统计的问题并不都是可靠性故障,不能直接用于可靠性指标符合性分析,因此需要开展可靠性故障数据分析。故障数据分析的目标是判断哪些问题属于可靠性故障的问题,并进行统计分析。

1) 运营阶段可靠性确定原则

对于可靠性故障的统计原则,应该确定故障判据,统计计入可靠性指标分析的故障。但需要注意,下列故障不应计入。

(1) 判明的早期故障,并已经采取了相应的纠正措施。

(2) 因为操作、维修错误造成的故障。

(3) 超过规定的环境条件使用造成的故障。

(4) 不涉及具体设备、硬件、软件的故障和问题。

由于航线运营的原始数据属于问题报告数据,大部分是问题描述,并未开展故障分析,因此有些问题报告无法确认是否属于设备的故障。确定不涉及具体设备和件号的问题不属于可靠性故障;确定涉及具体设备和件号的故障属于可靠性故障;针对未确定是否涉及设备的故障,等待故障调查开展之后进行确认。

2) 可靠性数据统计

民机运营阶段可靠性数据统计表和系统级可靠性故障数据如表 10 - 10、表 10 - 11所示。

表 10 - 10　民机运营阶段可靠性数据统计表

时间	月运营时间/FH	故障次数/次	运营航班次数/次	航班取消次数/次	航班延误次数/次
总计					

表 10 - 11　系统级可靠性故障数据

ATA 章节	系统名称	取消架次数/次	延误架次数/次	故障次数/次
21	空调系统			
22	自动飞行系统			
23	通信系统			
…	…			

根据统计数据分析,可得民机在一定运营期间总运营飞行时间和发生的故障次数,从而计算得到实际运营的一系列可靠性指标值。

10.5　可靠性指标数据分析

10.5.1　民机设计阶段指标数据分析

飞机在全寿命周期的不同阶段主要涉及的可靠性指标有 MTBF、SR、DR、MTBUR。

设计过程中的可靠性确认及验证过程如图 10 - 1 所示,依据民用飞机可靠性设计研制流程及各项活动的输入和输出,设计过程中的可靠性数据分析工作主要包括可靠性分配、预计以及试飞阶段的可靠性指标数据分析。其中,可靠性分配和预计内容详见第 4 章,由于产品的寿命服从指数分布,因此故障率的倒数就是 MTBF。

试飞阶段指标数据需收集的信息包括飞机基本信息、试飞运行数据等内容,如表 10 - 12、表 10 - 13 所示。根据以下数据信息可计算得到 MTBF。

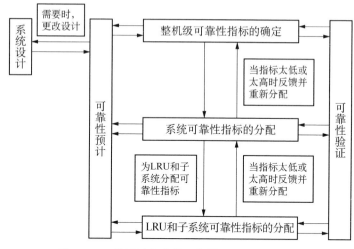

图 10 - 1   设计过程中的可靠性确认及验证过程

表 10 - 12   飞机基本信息

机型	系列	飞机序列号	首飞日期	累计总飞行小时/FH	累计总起落次数/次	统计截止日期

表 10 - 13   试飞运行数据

数据类型 \ 时间	2017 年													2016 整年数据
	1月	2月	3月	4月	5月	6月	7月	8月	9月	10月	11月	12月	合计	
飞行小时/FH														
起落次数/次														
故障次数/次														

10.5.2   民机运营阶段指标数据分析

民机运营阶段计算 MTBF 的数据收集和数据分析与试飞阶段类似。

DR 是民用飞机最为重要的可靠性指标,是衡量民用飞机使用可靠性水平的综合性指标,直接影响航空公司运营效益,深受航空公司的关注。通过对民机在一段时间内总计划运营航班次数、航班取消次数、航班延误次数的统计分析计算得到实际运营的 DR,如表 10 - 14 所示。

表 10 - 14　飞机 DR 数据分析

DR 要求值/%	总计划运营航班次数/次	航班取消次数/次	航班延误次数/次	实际运营的 DR/%

目前我国民机运营数据较少,飞行时间有限,样本量较小,数据可能同时符合多种假设检验,此时需充分利用专家的经验信息,判断产品的寿命分布,根据小样本数据信息的分析方法对运营数据进行处理,从而计算出合理的可靠性指标。随着运营经验的不断积累,数据收集的规范化和数据样本量的扩充,运营阶段可靠性数据分析工作将更加完善。

11 可靠性管理

11.1 引言

民用飞机可靠性管理是基于系统工程的理念,通过明确飞机全寿命阶段要进行的可靠性工作项目,确保飞机级、系统级、供应商的可靠性工作顺利完成,以实现飞机的可靠性目标。可靠性管理组织、监督和指导全寿命周期内与可靠性有关的所有活动,但重点是研制过程中的可靠性设计分析和验证,确实保证可靠性工作在型号上开展落实。由于寿命周期各阶段的活动是相互关联的,因此可靠性管理要贯穿整个寿命周期。

民用飞机可靠性管理主要包括以下工作。

1) 建立可靠性组织机构

为了保证可靠性工作科学有效地开展,须建立完善的可靠性工作组织机构和可靠性主管设计师系统,确定明晰的可靠性工作组织、设计部门、制造总装等部门和单位在可靠性方面的职责,建立科学、完善的可靠性工作程序和可靠性工作组织与管理程序。

2) 供应商可靠性工作的监督和控制

根据飞机的可靠性目标与研制模式,对供应商的可靠性工作进展情况进行有效监督与控制,制订相应的供应商可靠性管理程序,明晰供应商可靠性工作的责任与协助飞机可靠性工作的项目,在合同或其规定文件中明确规定可靠性工作项目(包括可靠性定性要求和定量要求、可靠性验收试验的要求、提供可靠性分析文件和报告的要求),监督可靠性工作的落实,评审可靠性设计,参加可靠性试验活动,审查可靠性验收试验方案及构型控制情况,保证对供应商的约束。

在系统或分系统的转阶段评审中,应审查供应商完成的可靠性工作项目,对于不能完成转阶段工作或文件不完整的,系统专业主管将要求反馈给供应商;对于不能满足转阶段技术要求的,系统专业主管须通过技术协调单与可靠性主管部门进行技术协调来确定是否放行。

3）建立故障报告系统

建立飞机 FRACAS,其供应商为飞机 FRACAS 的成员,及时收集研制、总装、试验、批生产与产业化过程中系统、部件和设备、零部件等不同产品层次上出现的故障信息,进行故障分析,找出故障原因,采取纠正措施,反馈到设计、总装、试验和批生产与产业化中,使故障得到及时而有效的纠正。所有故障报告、故障原因的调查分析、采取的纠正措施、得到的效果以及审查组的评审结论必须记录并归档,以确保良好的可追溯性。

建立由设计、可靠性、维修性、适航、质量管理、产品支援等部门人员组成的故障审查组织,获得飞机系统、部件、设备、零部件的所有故障信息及其分析报告,对重大故障或故障趋势的分析结论以及采取的纠正措施的有效性进行审查,编写故障审查报告,提出处理意见。故障审查的全部资料必须及时归档,以备适航部门审查和用户查阅。

4）可靠性评审

必须按计划的节点、日期及时进行可靠性评审,以确保可靠性工作按规定的程序进行,确保飞机系统、部件和设备达到规定的可靠性定性要求和定量要求。

飞机可靠性评审的目的是通过对设计依据、设计构思、设计方法和设计结果的分析、审查和评定,及时发现潜在的设计缺陷和设计薄弱环节,采取有效的纠正措施,加以解决。可靠性评审计划的内容包括评审类型、评审节点、评审要求等。可靠性评审可与飞机性能、安全性、维修性等方面的评审结合进行。

5）确定全寿命阶段可靠性工作

通过制订飞机可靠性工作计划,确定全寿命阶段可靠性工作,以实现飞机可靠性大纲规定的各项任务。

11.2　可靠性管理模式和组织机构

11.2.1　主制造商-供应商模式

目前,我国民用飞机可靠性管理模式是基于民机研制的主制造商-供应商模式。主制造商-供应商模式目前在国际航空工业界已广泛采用,波音、空客、庞巴迪等国际知名飞机制造商的一些大型的飞机项目都采用这个模式。在这种模式下,民用飞机供应商从民用飞机研制初期就开始参与,既承担民用飞机项目研制风险,也分享利润。

20世纪上半叶以前,大型民用飞机制造企业主要采取独立经营模式。主要的制造商和其供应商、各种竞争者以及顾客的关系都表现为一种对立和竞争。长期以来,民用飞机市场供不应求,民用飞机制造商所面对的市场相对稳定,供应链中各组织之间、各部门之间的协调问题相对容易,制造商的绩效也主要取决于本组织与部门的绩效。

20世纪七八十年代,民用飞机制造企业的竞争呈现新的特征,其主要表现是顾客的消费越来越倾向于个性化需求和高品质服务,企业的竞争开始由"以市场为中心"转变为"以客户为中心",客户在买卖关系中占据主导地位,企业的生存和发展取决于用户,而不再仅仅取决于供应链中各组织和各部门本身,因此提高顾客满意度成为民用飞机制造企业的首要目标。

为了赢得竞争优势,制造商根据自身特点,将自己的主要精力放在其核心业务上,其他非核心业务则转包给其他适合的企业,从而集中精力去做自己擅长的业务,进一步增强主业领域的竞争力,并与其他企业建立战略合作关系,于是主制造商-供应商制造管理模式就应运而生。

在主制造商-供应商模式中,供应商不再只是配套企业那么简单了,而是意味着合作契约中双方商务关系内涵的变化。供应商从一开始就参与相关产品项目,依照与主制造商签订的有关产权、投资、成本和分配等契约规定的分工原则,采取高端进入、全程合作、资源互济、风险共担、利润共享的方式与主制造商建立起以产品为纽带的、深层次的、联系紧密的集成式战略性合作关系;而不是像转包生产方式那样以产能的低端进入,与主制造商进行合作。

民用飞机制造业对供应商的管理模式也由简单的配套、转包生产发展到风险共担、利益共享的主制造商-供应商模式。

以全球合作范围最为广泛的项目——波音787为例,供应商承担该项目的近90%的部件和零件生产任务,其中一级供应商都是风险合作伙伴类型的供应商,他们从一开始就参与飞机的研制,其中富士重工等三家日本供应商共同承担了波音787机体工作份额的近35%,意大利的阿莱尼亚公司和美国的沃特公司共同承担了其机身工作份额的28%,而波音公司主要负责系统集成和总装工作。再以A350项目为例,该项目中风险共担的合作伙伴类型的供应商承担了约50%的飞机结构任务,相应地空客公司与一级供应商也建立了强大的风险共担的合作网络。

针对可靠性工作,采取主制造商-供应商模式将导致可靠性管理在组织机构、文件体系和管理方法上与传统可靠性管理不同。除了飞机级和系统级可靠性工作，供应商的可靠性工作也是重要环节。因此，民机可靠性管理需要统筹每一个研制阶段的飞机级、系统级和供应商的工作，并且这些工作需要在研制初期就规划完成，在选择供应商、谈判、签署合同的时候，将可靠性工作项目、要求、交付物等在合同中明确提出。

11.2.2　可靠性管理组织机构

民用飞机的主制造商主要负责飞机整机的装配和系统集成，与供应商是互利共赢的合作关系。主制造商设置项目管理部、供应商管理部、各系统设计专业、可靠性专业等，负责型号的研制工作，并与供应商开展协调合作。针对可靠性的具体工作，在与供应商的合作过程中，主要由各系统设计专业和可靠性专业负责。

主制造商的项目管理部和供应商管理部主要负责供应商的项目管理、主要节点评审、供应商绩效管理等工作。主制造商的系统专业部门包括航电系统专业、空调系统专业、起落架系统专业、飞行控制系统专业、电源系统专业等，负责具体系统的供应商选择、参与系统设计、系统级可靠性分析等。主制造商的可靠性专业部门负责编制飞机级可靠性要求文件和飞机级可靠性分析报告。并参与各系统的设计评审。

供应商负责具体系统的研发，并向主制造商的系统专业提供相关可靠性报告。以机载系统为例，供应商分为系统供应商和次级供应商，直接从主制造商处承接任务工作包的供应商为系统供应商，从系统供应商处承接工作任务的供应商为次级供应商。例如，飞行控制系统可分成主飞行控制系统、高升力系统、自动飞行系统三个工作包，分别对应三个系统供应商；每个系统供应商下的设备、零件供应商为次级供应商，一般由系统供应商管理。

主制造商对应多个供应商，供应商主要提供机体结构件、发动机、各种机载设备和相关技术支持等。系统供应商对应多个次级的零部件供应商，它们为前者提供具体零部件、设备、材料和技术服务等。针对可靠性工作，对所有系统供应商要求的标准是一致的。例如，在可靠性验证要求中，对安全性影响较大的新研产品需要完成可靠性验证试验，这一要求对所有系统供应商都是适用的；如果产品的安全性影响等级较低，则不需要完成可靠性验证试验，只需要分析验证。主制造商及其供应商组织机构如图 11-1 所示。

次级供应商由系统供应商管理。在一般情况下，系统供应商需要发布《次级

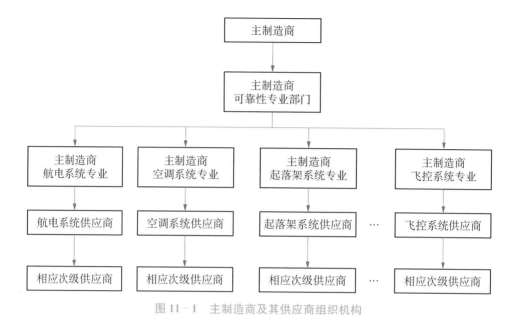

图 11 - 1　主制造商及其供应商组织机构

供应商管理要求》文件,对次级供应商进行管理,该文件需要得到主供应商的认可。

从可靠性设计要求的传递方面考虑,飞机级的可靠性要求由可靠性专业传递到主制造商系统专业,形成系统级可靠性设计要求;系统级可靠性设计要求再传递到系统供应商,系统供应商将设计要求分解细化后,传递到次级供应商。

对于主制造商来说,供应商管理的主要对象是系统供应商,不是次级供应商。系统供应商对所设计的系统负责。

此外,适航审定部门不直接参与产业链运作,但是对业内企业进行把关。适航标准是一个全过程控制的概念,贯穿于从提出新机型的设想到飞机退役的整个阶段,其证照监管体系包括型号合格证(type certificate,TC)、生产许可证(production certificate,PC)、适航证(airworthiness certificate,AC),以及其他相关运营许可证和人事资质执照。适航审定部门负责这些内容的具体监督和审定工作。

主制造商按照每一个工作包签订一份合同,复杂的系统一般分为多个工作包。典型的系统工作包如表 11 - 1 所示。

表 11 - 1 典型的系统工作包

系统	系统工作包	系统	系统工作包
飞行控制系统	主飞行控制系统 高升力系统 自动飞行系统	环控系统	气源系统 水/废水系统 空调系统 防冰/除雨系统 氧气系统
液压系统	液压能源系统 刹车系统 起落架控制系统		
动力燃油系统	燃油系统 惰化系统 APU 动力装置 防火系统	航电系统	导航系统 飞行记录系统 航电核心处理系统 通信系统 信息系统
电气系统	电源系统 照明系统 舱门信号系统		机载维护系统 客舱系统

针对每个工作包,主制造商直接考核系统供应商,次级供应商由系统供应商管理。

11.3 供应商可靠性管理与监控

供应商管理应对供应商的资格审定、管理对接、全寿命计划、联络通信、行为考核、合同管理、项目管理共七个方面进行管理。

1) 资格审定

在选择国外供应商时,除了产品的符合性和通常的资质考核外,还应注意对下述因素的评估:对外合作历史和业绩、客户接受的程度(尤其是客户服务的口碑)、与中国(或本行业)合作的历史、可能的政治(或行政体制)的影响、联络通信环境等。

在选择国内供应商时要注意参与项目的国内供应商必须遵守民机办法办民机事的原则,避免走用军机框架办民机事的老路,这点对国内供应商选择尤其重要。这里可以用以下原则评价供应商的资格:①是否建立了突出计划调度、信息管理和成本等要素的项目管理体系;②是否建立了适航管理体系并明确了相应的、适用的适航规章且与适航当局对接;③是否建立了包含所需技术专业的技术体系并通畅有效;④是否建立了有效的供应商管理体系;⑤是否建立了贯彻全寿命周期的客户服务体系;⑥是否有良好的信息技术环境。

2) 管理对接

对主制造商而言,供应商管理的要点是对口管理。对口管理意味着要将计划、技术、进度、质量、成本、服务、培训交流、商务合同等管理要素落实到相关部门,并与供应商相应的责任部门对接。所以从事供应商管理的人应该督促而不是阻挠这种关系的建立。这种对接应该始于选定供应商后,对接意味着双方管理团队的建立,对接商谈的内容是合同构成的内容,对接的过程就是供应商管理逐步建立的过程。

3) 全寿命计划

供应商管理的改善始于按计划制订协同工作,这将贯穿飞机全寿命阶段。接口对接的重要任务就是商谈全寿命周期双方的工作任务和计划。全寿命计划是联合定义阶段(joint definition phase, JDP)的工作目标和结果,也是合同的关键内容。全寿命计划必然是个逐次逼近的过程,需要不断地讨论和逼近真实,也并非每次都涉及商务变化。全寿命计划是供应商管理的基准和基础。供应商管理的基本目标就是保障双方商定的目标和计划顺利执行,保障计划的更改得以平和、通畅地实现。所以,全寿命计划的管理是对供应商管理者能力和水平的巨大挑战。

4) 联络通信

制订主制造商-供应商两方不同层次项目管理和对话机制是实施供应商管理的重要手段。其中包含高管层的不定期对话、项目管理层的频繁对话、各业务口的日常对话、质量对口检查与对话、紧急情况的“绿色通道”对话。应商定两方联络方式,包括双方通信、互访、交流和应急联络等的通道和相互的支援等,保障在紧急时双方最高领导能够平和地通话是对供应商管理能力的极大挑战。信息传递的格式、程序和途径是双方信息和数据交流的唯一性、实时性和可追溯性的重要保障,也是供应商管理的重要目标之一。

5) 行为考核

飞机交付后对服务业绩的考核应包含制订考核标准和实施细则,特别是服务的业绩。考核贵在求实、坚持,结果公布又需有策略和艺术,充分利用考核和供应商大会加强与供应商间的合作关系。供应商管理人员要不断改进供应链工作、加强日常交流,于细微处发现问题,要会做供应商的思想工作,学会利用质量审计方法加强对供应商日常业务和质量的监督。

6）合同管理

合同是主制造商和供应商双方的行动准则，因此合同管理无疑是供应商管理的重要内容。供应商管理部门应该是从合同形成、更改到结束的主管部门，除了管理技术状态、工作内容和计划、商务安排等传统因素外，还应对项目的成本起到监控作用。合同管理不仅要监督合同的执行，而且要起到管理和告警的作用。

7）项目管理

供应商管理要以供应链和合同管理为切入点参加项目管理，包括但不限于参与项目各环节主制造商和供应商双方协调，尤其是在采购数据、构型与订单，采购物流与交付，采购计划与项目进度等方面的协调。供应商管理者要承担主要工作，实时提供供应商产品、生产、质量监控报告，提出预警或修正的措施建议，并应具有说服项目管理者听从建议的能力。供应商管理要有预见性，要掌握动态，对项目管理提供动态的建议。供应商管理同时也是合同谈判和修改的主要组织和执行者。

供应商管理的机制是以主管部门牵头，各相关部门承担供应商对口工作的责任人员组成的团队式的工作。团队模式非常重要，就如同项目管理部门，执行的是一个机制，必须善于组织起一个团队进行工作。供应商管理工作涉及的因素至少有 10 种，如计划、工程技术、适航、质量、进度、成本、交流、服务、制造、合同等方面，都是内部管理的因素，必然会反映到供应商管理工作中。供应商管理工作不是单项管理，而是各种因素的综合管理。

11.3.1　供应商可靠性管理方法

民机主制造商对供应商可靠性工作的管理应按照整机级的可靠性工作计划为依据开展。根据主制造商-供应商模式的角色定位，主制造商应该提出整机级可靠性指标、可靠性工作计划和顶层分析要求；供应商根据相关的工作包、合同要求和技术要求开展可靠性工作。

从民用飞机全寿命周期的可靠性管理角度出发，供应商可靠性管理和监控应该从供应商选择阶段就考虑飞机可靠性方面的要求，主要包括供应商合同签订中的可靠性考虑、产品可靠性设计、可靠性分析、可靠性试验、产品交付后的故障收集和处理等；监控手段包括可靠性计划到可靠性分工作的过程监控、设计工程评审、技术指标监控（从预计、验证到运营）几个方面。

对供应商可靠性工作的管理按照管理和技术的角度，包括工作项的管理和技术指标的管理。从管理的角度,应该保证可靠性的各项工作顺利开展和实施;从技术的角度,应该保证可靠性指标达到系统级、飞机级的要求。主制造商-供应商可靠性文件体系如图 11 - 2 所示。

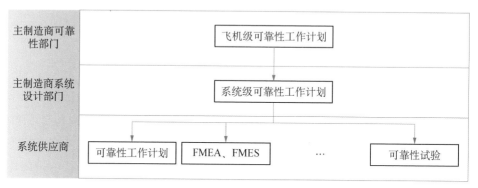

图 11 - 2　主制造商-供应商可靠性文件体系

11.3.2　合同文件可靠性要求

在主制造商-供应商模式中,签署合同文件是一项重要工作,合同文件是供应商开展所有工作的依据。

国外供应商有严格按照契约完成工作的观念,供应商可以完全按照合同文件的规定内容开展工作。由于很难在后期修改合同的工作项,因此要求在合同文件中详细列出具体的工作项。合同的各项要求应该尽量明确,例如工作项、进度节点、开展具体工作的依据文件、评审要求、交付物等。如果合同文件要求不明确,则后期修改和补充合同将会涉及商务问题,同时影响项目的进度和成本。例如,合同要求甚至应该详细到供应商提交的报告是中文版还是英文版。

在一般情况下,主制造商以每个系统和子系统对应一个工作包的形式,与供应商签署合同。合同文件中包括系统研制的所有工作要求,可靠性要求是其中一部分。

由于在文件签署阶段可靠性工作并未深入开展,因此在合同文件中可靠性要求一般为工作项、各阶段完成节点、交付物等。此外,应规定开展进一步工作的依据,确保供应商按照主制造商的要求开展工作。例如,规定供应商制订系统可靠性计划文件,应该按照主制造商飞机级可靠性计划制订。总之,在合同签署阶段,应列出系统研制需要进行的可靠性工作项。由于飞机级的可靠性指标并未分配到系统,不能提出具体的可靠性指标定量要求,因此可以在具体工作开展时发布可靠性要求文件。

研发项目的各种合作都以合同或协议的形式出现。而且项目的全球化合作会产生诸多涉外合同。如果合同条款不严谨，则容易让对方钻空子，造成自己在蒙受损失时应有的索赔条款不能成立，产生不必要的损失。可能有以下几类风险。

1) 合同当事人在执行合同过程中发生争议带来的风险

在我国，合同一旦签订，一切条款都不能变动，但是通常合同签约日期与最后发货日期间隔很长，其中会出现原材料和工资上涨等情况给合同的卖方带来成本超出其控制的风险，合同双方当事人就会因是否修改价格条款而产生争议。消除争议带来的风险的最佳方法就是在签订合同文本前，增加仲裁条款。仲裁有着灵活的程序，它利用仲裁员的专门知识和经验，在友好的气氛下解决合同当事人之间的争议，减小风险，实现当事人利益最大化。对于国际项目，仲裁地点和仲裁机构通常选择第三国的民间仲裁机构，目的是保证仲裁结果的公正性。

2) 合同当事人对国际惯例不清楚带来的风险

由于存在国别差异，因此当事人（出口商和进口商）对各自的权利和义务的理解不一致，极易造成合同当事人一方遭受损失。

3) 意外风险

典型的意外风险有下列几点。一是不可抗力，严谨的合同包括一条不可抗力条款，如允许由于战争、天灾、政府法令和罢工等引起的延误交货或解除合同，规避了合同卖方的风险。但对合同买方来讲，虽然不可抗力带来的风险可以通过保险解决一部分，但仍有部分风险需自身承担。取消合同，即买方单方面拒绝履行合同条款，这种风险可以通过在合同中规定赔偿条款规避。二是艰难情形——在签订合同后，发生了当事人不能预见并超出其控制的事件，破坏了合同平衡，使其中一方履约成本增加或所获履约价值减少。对这种风险可通过在合同中订立艰难条款，具体规定艰难情形的范围和处理方法规避。三是违约合同当事人一方没有正当理由不履行、没有全部履行或没有正确履行合同义务，给合同当事人另一方造成损失，这种风险可通过在合同中订立违约条款、规定违约金额的数额以减少风险。此外，还有必要对合同当事方所在国的政治、经济状况和当事方的信誉风险进行评估，以便做出正确的决策，主动消除风险。

在对外交流与合作的过程中，必须以合同（包括协议和备忘录）明确合作双方的权利和义务，这就牵涉到合同的签订问题。一般而言，项目组对外签订的技术合同较多，主要应当设立专业人员和合同标准，要有相对固定的经济合同管理人员,并且精通经济合同法规有关知识,必要时应持证上岗,加强经济合同管理人员的工作责任心。要制订相应固定的合同标准格式,各种合同条款在形成之前应由工程、技术、合同、财务、成本等业务部门参与定稿,使各项条款内涵清楚,严谨不漏。

在一般情况下,与供应商签订的主合同包含多个合同附件,如工作分工(statement of work,SOW)、产品规范(product specification,PS)等。SOW 文件规定了供应商、主制造商的责任和义务,同时规定了产品整个研制阶段的工作项、项目管理和次级供应商管理等内容。PS 文件规定了产品的功能要求、技术要求、安全性可靠性要求、设备级产品规范等。可靠性工作是 SOW 和 PS 文件内容中的一部分,规定了供应商需要完成的可靠性工作和要求。

11.3.3 可靠性分析要求文件体系

一般可靠性分析要求由主制造商提出,通过编制各项分析工作的要求文件,指导系统供应商完成可靠性分析工作。

根据可靠性分析的需要,主要的可靠性分析要求文件如表 11-2 所示。

表 11-2 可靠性分析要求文件

编号	可靠性分析要求文件
1	可靠性工作计划
2	可靠性预计要求
3	可靠性验证要求
4	FMEA 要求
5	ESS 要求
6	FTA 要求
7	可靠性指标文件
8	可靠性设计准则
9	FRACAS 工作计划

以可靠性工作计划为例,飞机级可靠性工作计划是供应商开展可靠性工作的指导文件,供应商需要按照飞机级可靠性工作要求,制订相应系统的可靠性工作计划,并提交报告。

11.3.4 产品可靠性设计评审

供应商按照可靠性设计准则完成系统设计,并完成相关分析报告,提交主制造商评审。可靠性设计评审应按照可靠性设计符合性检查要求文件进行。

民用飞机可靠性设计准则包括总体准则和系统设计准则。设计准则是设计评审的一个依据。

11.3.5　供应商可靠性试验管理

针对民用飞机研制，一般采用成熟度较高的货架产品，有大量的运营数据可以证明产品的可靠性；同时考虑到试验的成本问题，主制造商仅要求供应商完成 ESS 和 HAST。

在国外，GJB 450A 中规定的试验已被称为传统的试验项目，并认为其已不能适应现代产品研制生产的思路和要求。第一，实践表明传统可靠性试验的作用是有限的，且随着人们对产品质量和可靠性要求的不断提高，传统的可靠性试验方法已不能适应这一需要。第二，产品市场和竞争的国际化及快速发展趋势和一些重大高成本项目的出现，使产品设计的观念产生了根本性的变化，即不再像原来按合同或规范要求的环境应力条件设计产品，而是按技术基本极限，即按最大可能能力设计产品，从而使产品耐应力的实际能力远远超过规范规定或使用中遇到的应力。这一设计思路完全背离了以往的原则，从而也对传统的试验设计思路和方法提出了挑战。第三，现代研制产品所用原材料和元器件质量水平提高，产品设计技术快速发展，产品的寿命和可靠性迅速提高，应用传统的可靠性统计试验来验证这一可靠性指标需要很长的时间和很高的费用，往往难以承受，甚至不太可能，迫使人们去寻求一种更为有效的试验方法。实际上，20 世纪中叶，国外就开始将可靠性试验的重点转向快速激发故障的 HAST 方法，并用于对产品进行强化设计。

按照国外一些公司的经验，由于 HAST 中的环境应力远远超出规范和使用中实际遇到的应力值，因此通过 HALT 的产品，可不必进行可靠性鉴定试验。他们认为花费大量时间和费用，不如将这些资源用于进行 HALT，以提高产品的耐应力极限。倘若一定要评估产品的可靠性水平，则可以应用短时高风险方案进行验证。因此，随着产品设计思路从满足规范要求向达到技术基本极限的转变，HAST 试验将在一定范围内逐步取代传统的可靠性试验。

从供应商管理的角度分析，确定需要做试验的设备和试验类型在民机研制过程中非常重要。实际上，民机一般采用成熟度较高的货架产品，有大量的运营数据可以证明产品的可靠性，需要做实验的设备比例较小。除了要求所有设备都开展 ESS 试验外，HAST 主要针对新研设备和改型设备。

供应商可靠性试验管理内容包括确定需要做试验的设备和试验项目、制订和批准试验大纲、目击试验、提交和审批可靠性试验报告。

1) 确定需要做试验的设备和试验项目

在签订合同阶段,供应商确定设备类型是否属于货架产品,主制造商和供应商共同确定需要开展试验的设备和试验项目。可靠性试验涉及成本和商务问题,应该引起高度重视。

2) 制订和批准试验大纲

针对需要开展可靠性试验的设备,供应商制订试验大纲和试验程序,提交主制造商审批。

3) 目击试验

主制造商为确认供应商开展了可靠性试验,按需要对可靠性试验进行现场目击。

4) 提交和审批试验报告

供应商提交试验报告,主制造商审批试验报告。

11.3.6　供应商可靠性监控

将对供应商监控的要求列入可靠性工作中,根据必要与可能制订监督与控制供应商的专门文件。对于产品和供货产品的可靠性要求,都应将其纳入双方的合同之中。合同内容应包括下述可靠性内容和监控要求。

(1) 可靠性定量、定性要求。

(2) 对供应商产品可靠性工作计划的要求。

(3) 对供应商可靠性活动参与或检查的规定。

(4) 对供应商可靠性验证和试验的规定。

(5) 对参加供应商产品评审、鉴定、协调及必要会议的规定。

(6) 对供应商必须参加可靠性数据收集、分析、纠正措施系统,并负责提供该产品所有有关可靠性信息和数据等资料的规定。

可靠性监控的工作要严格执行合同、协议、文件要求,并采用分析、评审、试验验证、首件鉴定手段,利用程序、规范、标准、检验验收以及外场质量信息反馈等实施监控。主要方法和手段包括下列方面。

(1) 按计划定期检查供应商可靠性工作计划执行情况。

(2) 供应商阶段计划执行情况应有明确的记录和阶段报告(如试验记录、验证分析报告)备查。

(3) 参加供应商可靠性工作会议,如技术协调、设计评审、试验验证、产品验收等。

（4）利用可靠性数据收集、分析、纠正措施系统，掌握被监控产品的可靠性设计活动的开展。

（5）应严格按照合同（或协议）要求及有关规定把好产品验收这一关。

11.3.7 可靠性交付物管理

在合同文件中，产品规范描述了供应商应该提供的所有文件和节点，可靠性文件是其中的一部分。按照研制节点对交付物进行评审，一般与设计的节点评审同时进行。但是供应商需要在研制节点前提交报告，以便主制造商系统设计部门和可靠性部门审查，提出修改意见。供应商可靠性交付物如表 11-3 所示。

表 11-3 供应商可靠性交付物（示例）

交付文件	工 程 阶 段
可靠性工作计划	PDR-2M, CDR-2M, DDR-2M, PD-2M
可靠性预计报告	PDR-2M, CDR-2M, DDR-2M
可靠性分析（确认）报告	PD-2M, TC-12M
FRACAS 工作计划	PDR-2M, CDR-2M, DDR-2M
FRACAS 报告	按需
ESS 程序	CDR+2M, DDR-2M
ESS 报告	PD-2M, TC-12M
HALT 程序	CDR+2M, DDR-2M
HALT 报告	PD-2M, TC-12M
FMEA、FMES	PDR-2M, CDR-2M, DDR-2M, PD-2M, TC-12M
设备清单	PDR-2M, CDR-2M, DDR-2M, PD-2M, TC-12M
可靠性确认计划	PDR+5M, CDR-2M

注："PDR-2M"表示 PDR 评审前两个月。

在不同研制阶段，供应商需要根据项目研制进展更新文件版本。

11.4 FRACAS 系统管理

建立一个闭环的故障报告和数据收集系统，用以了解故障原因，确定纠正措施以提高产品的可靠性。

（1）收集、分析和记录产品交付前，发现早期暴露的硬件故障。

（2）确定为取得并汇集下述信息的程序，如故障报告，维修性数据收集，故障分析，关于设计、制造和试验过程中采取的纠正措施等。所做的故障分析应足以确定故障的原因并对这些原因进行分类。

（3）确定、实施纠正措施，并持续地跟踪，以便评价纠正措施的有效性。

实施 FRACAS 管理是可靠性大纲中的重要工作项目，FRACAS 是由故障报告、故障核实、故障分析、采取纠正措施和反馈等一系列工作组成的闭环系统。

主制造商应根据产品特点和可靠性大纲的要求，尽早建立和实施 FRACAS，以保证所有硬、软件错误均记录在案，并向规定的管理级别报告。供应商应根据主制造商的要求积极参与型号 FRACAS 系统管理。

应充分利用现有的故障信息系统建立 FRACAS，如质量和可靠性信息中心、信息站等。FRACAS 的信息处理应充分利用故障信息系统的设备和条件。FRACAS 系统的运行流程如图 11-3 所示。

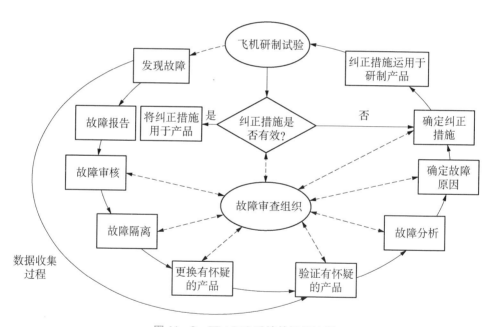

图 11-3　FRACAS 系统的运行流程

11.5　可靠性评审

可靠性设计评审的主要目标是通过对设计依据、设计构思、设计方法和设计结果的分析、审查和评定，找出可靠性设计上的疑点和薄弱环节，提出改进措施并作出决策。可靠性工作评审的主要目标是通过对可靠性工程的进展、文件、规范的制订,经费使用等方面的评审,找出工作中的遗留问题和不足,并加以改进。

评审的内容如下所示。

(1) 评审可靠性设计是否满足研制任务书或研制合同的要求,是否符合设计规范、标准和有关规定。

(2) 发现并确定设计薄弱环节和可靠性风险较高的区域,研究并提出改进意见。

(3) 检查和监督可靠性工作计划的实施。

按研制阶段分类,可把可靠性设计评审分为总体方案论证评审和型号研制阶段评审两大部分。其中型号研制阶段评审又可以分为以下四个部分。

(1) 初步设计阶段评审。

(2) 详细设计阶段评审。

(3) 试飞阶段评审。

(4) 型号研制阶段结束评审。

11.6　全寿命阶段可靠性工作

11.6.1　需求与概念论证阶段

民用飞机研制阶段一般分为需求与概念论证、初步设计、详细设计、试制与验证、批量生产五个阶段。

在需求与概念论证阶段的主要可靠性任务是通过调研和论证,初步确定整机可靠性定量、定性要求。

在需求与概念论证阶段应进行的可靠性工作主要包括以下几个方面。

(1) 确定可靠性参数体系。

(2) 根据相似产品的经验,考虑新研产品的特点,确定可靠性要求,进行指标论证工作。

(3) 建立可靠性组织机构并确定职责。

(4) 开展飞机、系统、供应商等各层级可靠性工作的规划等。

(5) 制订详细的可靠性工作计划,明确在各阶段的可靠性工作。

(6) 开展可靠性顶层文件体系的编制工作,如制订 FTA 要求、可靠性预计要求等。

(7) 开展可靠性关键技术攻关工作。

(8) 根据飞机功能清单,开展 PARA 工作。

（9）进行初步的 FTA 分析工作，确定影响飞行中断和签派中断的失效状态，并纳入薄弱项目清单。

（10）开展初步的功能 FMEA。

（11）进行飞机级的可靠性建模工作。

（12）制订供应商可靠性管理及技术要求文件。

（13）进行综合权衡研究，评价设计对可靠性的影响，并根据研究结果提出对系统设计的改进建议，以确保达到符合性能和其他要求的最佳可靠性水平。

（14）分析相似系统的成功设计经验。

（15）按照已确定的可靠性定性要求，制订初步的可靠性设计准则，以指导系统设计。

（16）按照已确定的可靠性定量要求，进行系统可靠性指标的分配，使各系统、各层次设计人员明确各自的设计目标。

（17）确保将可靠性要求纳入最新的可靠性设计分析、验证的研制规范和设计文件中。

（18）完成需求与概念论证阶段可靠性评审。

11.6.2　初步设计阶段

本阶段主要的可靠性任务是对各候选方案进行关于可靠性的技术与经济分析、论证和评价，为选定总体设计方案、编制设计任务书和进行技术设计提供依据，编制整机及系统可靠性规范（如可靠性定量要求、设计准则和验收试验准则）。

在初步设计阶段应确定可靠性参数和指标，制订更加详细、准确的可靠性设计准则，综合权衡性能、安全性、可靠性、维修性等要求。具体的可靠性工作主要包括以下几个方面。

（1）随着工程设计工作的开展，建立可靠性模型，进行系统可靠性指标的分配与预计工作，同时进行系统可靠性分配指标的调整工作，使指标分配更合理。

（2）完善可靠性设计准则，并对设计工作进行初步的符合性检查。

（3）开展 PARA 工作。

（4）进行 FTA 等分析工作。

（5）开始 PSRA。

（6）开展初步的功能 FMEA。

（7）制订 FRACAS 初步方案。

（8）开展初步的可靠性薄弱环节分析工作,确定关键和重要功能。

（9）完成初步设计阶段可靠性评审。

11.6.3 详细设计阶段

本阶段的主要任务是进行整机、系统、部件和设备的可靠性设计、分析工作,具体贯彻落实可靠性设计准则和可靠性技术措施。

贯彻执行可靠性设计准则,全面开展飞机级、系统级和设备级的可靠性设计工作。详细设计阶段的可靠性工作主要包括以下几个方面。

（1）随着设计工作的深入,建立更加详细准确的可靠性模型,进行新一轮的系统可靠性预计工作,并初步判断设计方案能否达到系统的可靠性指标要求,以便及时进行设计调整。

（2）完成 PARA。

（3）完成 PSRA。

（4）进行 FMEA 和 FTA 工作。

（5）开始 ARA。

（6）开始 SRA。

（7）开展其他可靠性设计分析工作(如余度设计、降额设计、环境防护性设计等)。

（8）确定飞机级、系统级和设备级中的关键件和重要件,落实相应的可靠性控制和管理措施。

（9）完成详细设计阶段可靠性评审。

11.6.4 试制与验证阶段

试制与验证阶段的可靠性工作主要包括开展并完成可靠性试验和验证工作,评估系统实现与飞机集成对可靠性要求的制造符合性,完成 ARA 和 SRA,并按照规定的要求对相关的文件进行升级。

11.6.5 批生产阶段

本阶段的主要任务是完善可靠性信息网络,验证可靠性的实际水平,分析存在的问题,采取改进措施,为持续适航提供必要的保证。主要内容包括评估飞机级、系统级和设备级在实际使用中的可靠性水平,完成运营阶段的可靠性验证和可靠性增长,收集、分析、反馈航空公司航线使用的可靠性数据及故障纠正措施。

参 考 文 献

［1］ AC 25.1309-1A System design and analysis［S］. 1988.

［2］ CAAC. CCAR-25 运输类飞机适航标准［S］. 2011.

［3］ EUROCAE ED-79A Guidelines for development of civil aircraft and systems［S］. 2011.

［4］ GEIA-STD-0009. Reliability program standard for systems design, development, and manufacturing［S］. 2008.

［5］ GJB/Z 768A—1998 故障树分析指南［S］. 1998.

［6］ GJB/Z77-1995 可靠性增长管理手册［S］. 1995.

［7］ GJB 1621.8A—2006 技术侦察装备通用技术要求 第8部分：可靠性指标和验证试验方法［S］. 2006.

［8］ GJB450A-2004 装备可靠性工作通用要求［S］. 2004.

［9］ GJB451A—2005 可靠性维修性术语［S］. 2005.

［10］ GJB899A-2009 可靠性鉴定和验收试验［S］. 2009.

［11］ IPC TM-650 2.6 Environmental test methods［S］. 1998.

［12］ MIL-HDBK-189C Reliability growth management［S］. 2011.

［13］ MIL-HDBK-2164A Environmental stress screening process for electronic equipment［S］. 1996.

［14］ MIL-HDBK-217F Reliability prediction of electronic equipment［S］. 1990.

［15］ MIL-HDBK-338B Electronic reliability design handbook［S］. 1998.

［16］ MIL-HDBK-344A Environmental stress screening of electronic equipment［S］. 1993.

［17］ MIL-HDBK-781A Reliability test methods, plans and environments for engineering development, qualification and production［S］. 1996.

［18］ MIL-HDBK-785 Design of towed artillery weapon systems［S］. 1990.

［19］ SAE ARP 4761 Guidelines and methods for conducting the safety assessment process on civil airborne systems and equipment［S］. 1996.

［20］ SAE ARP 5638 RMS terms and definitions［S］. 2005.

［21］ Tiassou K, Kanoun K, Ka M, et al. Modeling Aircraft Operational Reliability ［M］// Computer Safety, Reliability, and Security. Springer Berlin Heidelberg,

2011.

[22] 包丽,韩冰冰,包健波.民用飞机初始主最低设备清单的制定[J].科技创新导报,2013(10):55-58.

[23] 褚卫华,陈循,陶俊勇,等.高加速寿命试验(HALT)与高加速应力筛选(HASS)[J].强度与环境,2002,29(4):23-37.

[24] 《飞机设计手册》编委会.飞机设计手册.第20册,可靠性、维修性设计[M].航空工业出版社,1999.

[25] 冯静,孙权,罗鹏程,等.装备可靠性与综合保障[M].长沙:国防科技大学出版社,2008.

[26] 龚庆祥.型号可靠性工程手册[M].北京:国防工业出版社,2007.

[27] 韩庆田,杨兴根,高晓燕,等.高加速寿命试验技术[J].强度与环境,2003,30(4):54-58.

[28] 胡湘洪,高军,李劲.可靠性试验[M].北京:电子工业出版社,2015.

[29] 姜同敏.可靠性与寿命试验[M].北京:国防工业出版社,2012.

[30] 康春华.装备可靠性验证程序和方法研究[J].船舶工程,2005,27(3):64-67.

[31] 康锐.可靠性维修性保障性工程基础[M].北京:国防工业出版社,2012.

[32] 李劲,张蕊.电子产品高加速应力筛选的应用探讨[J].环境技术,2012(3):5-10.

[33] 李良巧.可靠性工程师手册[M].北京:中国人民大学出版社,2012.

[34] 刘宏,全凌云.高加速寿命试验和高加速应力筛选技术[J].电子质量,2009(2):55-57.

[35] 马麟,吕川.虚拟维修技术的探讨[J].计算机辅助设计与图形学学报,2005,17(12):2729-2733.

[36] 潘佑.民机使用可靠性信息采集与分析技术研究[D].南京:南京航空航天大学,2011.

[37] 任占勇.航空装备任务可靠性设计与验证技术[M].北京:航空工业出版社,2018.

[38] 孙有朝,张永进,李龙彪.可靠性原理与方法[M].北京:科学出版社,2016.

[39] 王继利.基于可靠性分配与预计的高速精密冲压机床可靠性增长设计[D].吉林:吉林大学,2014.

[40] 王自力.可靠性维修性保障性要求论证[M].北京:国防工业出版社,2011.

[41] 徐晶.民机主最低设备清单建议书项目确认过程解析[J].科技创新导报,2012(27):108-109.

[42] 许科龙.民用航空器主最低设备清单建议书(PMMEL)编制工作研究[J].民用飞机设计与研究,2009(1):22-22.

[43] 杨云,杨旭.电子设备的可靠性试验[J].数字通信,2011,38(6):66-69.

[44] 余欣.主最低设备清单(MMEL)评估报告的研究[J].民用飞机设计与研究,2011(4):1-4.

[45] 曾生奎,赵廷弟,张建国,等.系统可靠性设计分析教程[M].北京:北京航空航天大学出版社,2001.

[46] 曾声奎. 可靠性设计与分析[M]. 北京：国防工业出版社, 2011.

[47] 赵莉, 杜玉峰, 唐微, 等. 机车可靠性指标验证方法分析[J]. 电力机车与城轨车辆, 2016(2)：79 - 81.

[48] 赵宇. 可靠性数据分析[M]. 北京：国防工业出版社, 2011.

[49] 祝耀昌. 高加速寿命试验[J]. 航空标准化与质量, 2005(6)：36 - 40.

[50] 祝耀昌. 高加速应力筛选[J]. 航空标准化与质量, 2006(1)：32 - 35.

缩 略 语

序号	缩略语	英文名称	中文名称
1	AFRA	aircraft functional reliability assessment	飞机级功能可靠性评估
2	ARA	aircraft reliability assessment	飞机可靠性评估
3	DI	dispatch interruption	签派中断
4	DR	dispatch reliability	签派可靠度
5	ESS	environmental stress screening	环境应力筛选
6	ETOPS	extended twin operations	双发飞机延伸航程飞行
7	FHA	functional hazard assessment	功能危险性评估
8	FI	flight interruption	飞行中断
9	FMEA	failure mode and effect analysis	失效模式与影响分析
10	FMES	failure mode and effect summary	失效模式与影响摘要
11	FRA	functional reliability assessment	功能可靠性评估
12	FRACAS	fault reporting, analysis and corrective action system	故障报告、分析和纠正措施系统
13	FTA	fault tree analysis	故障树分析
14	HALT	highly accelerated life test	高加速寿命试验
15	HASS	highly accelerated stress screening	高加速应力筛选
16	HAST	highly accelerated stress test	高加速应力试验
17	HAZ	hazardous	危险的
18	IFSDR	in flight shutdown rate	空中停车率
19	LRU	line replaceable unit	航线可更换单元
20	LTDL	lower thermal destructive limit	低温破坏极限
21	LTOL	lower thermal operational limit	低温工作极限
22	MAJ	major	较大的
23	MIN	minor	较小的
24	MEL	minimum equipment list	最低设备清单
25	MMEL	master minimum equipment list	主最低设备清单

序号	缩略语	英 文 名 称	中 文 名 称
26	MTBF	mean time between failures	平均失效间隔时间
27	MTBUR	mean time between unscheduled removals	平均非计划拆卸间隔时间
28	MTTR	mean time to repair	平均修复时间
29	NOE	no operational effect	无运营影响
30	NSE	no safety effect	无安全影响
31	PARA	preliminary aircraft reliability assessment	初步飞机可靠性评估
32	PMMEL	preliminary master minimum equipment list	初始主最低设备清单
33	PSRA	preliminary system reliability assessment	初步系统可靠性评估
34	RAT	reliability acceptance test	可靠性验收试验
35	RCA	root cause analysis	根本原因分析
36	RDT	reliability development test	可靠性研制试验
37	RET	reliability enhancement test	可靠性强化试验
38	RGT	reliability growth test	可靠性增长试验
39	RQT	reliability qualification test	可靠性鉴定试验
40	RVT	reliability verification test	可靠性验证试验
41	SFRA	system functional reliability assessment	系统级功能可靠性评估
42	SR	schedule reliability	航班可靠度
43	SRA	system reliability assessment	系统可靠性评估
44	SSA	system safety assessment	系统安全性评估
45	UTDL	upper thermal destructive limit	高温破坏极限
46	UTOL	upper thermal operational limit	高温工作极限
47	UVDL	upper vibration destructive limit	振动破坏上限
48	UVOL	upper vibration operational limit	振动工作上限

索　引

F

FRACAS 系统　16

飞机级　1

符合性　7

符合性检查　14

G

高加速应力试验　21

功能　3

功能可靠性评估　12

供应商管理　249

故障　2

故障树分析　8

故障数据　18

H

航班可靠度　20

航班中断率　77

环境应力筛选　2

K

可靠性　1

可靠性分析　2

可靠性关键项目　19

可靠性管理　2

可靠性建模　8

可靠性评估　6

可靠性评审　1

可靠性试验　5

可靠性数据　8

可靠性研制试验　21

可靠性验证　8

可靠性验证试验　9

可靠性影响等级　34

可靠性预计　3

可靠性增长　4

可靠性增长试验　21

可靠性指标　4,

M

民用飞机　1

P

平均失效间隔时间　4

Q

签派可靠度　20

签派中断率　77

全寿命周期　1

S

设备级　6

设计要求　16

失效模式　15

失效模式与影响分析　3

失效状态　13

寿命试验　3

数据处理　198

数据收集　8

X

系统级　1

Y

运营可靠性　11

Z

指标分配　14

指标数据　243

主最低设备清单　23